印后工艺
技术与实战

沈国荣◎主　编

姜婷婷　崔庆斌　刘　毅◎副主编

陈有娥　刘吉燕　卢　冰　卢艳林　余　堃

邵芬娟　殷永建　李孟成　陆永春　亓　军◎编　者

顾　萍◎主审

YINHOU GONGYI

JISHU YU SHIZHAN

文化发展出版社
Cultural Development Press
·北京·

图书在版编目（CIP）数据

印后工艺技术与实战 / 沈国荣主编. -- 北京 ：文
化发展出版社，2024．7． -- ISBN 978-7-5142-4364-2

Ⅰ．TS88

中国国家版本馆CIP数据核字第2024VX3074号

印后工艺技术与实战

主　　编：沈国荣

副 主 编：姜婷婷　崔庆斌　刘　毅

主　　审：顾　萍

出版人：宋　娜

责任编辑：杨　琪　　　　　责任校对：岳智勇

责任印制：邓辉明　　　　　封面设计：侯　铮

出版发行：文化发展出版社（北京市翠微路2号 邮编：100036）

发行电话：010-88275993　010-88275711

网　　址：www.wenhuafazhan.com

经　　销：全国新华书店

印　　刷：北京虎彩文化传播有限公司

开　　本：787mm×1092mm　　1/16

字　　数：468千字

印　　张：20.5

版　　次：2024年7月第1版

印　　次：2024年7月第1次印刷

定　　价：68.00元

ＩＳＢＮ：978-7-5142-4364-2

◆ 如有印装质量问题，请与我社印制部联系　电话：010-88275720

前言

印刷是一个系统工程，印前、印刷（印中）、印后三个部分既相互独立又相互联系，三个部分均影响着印刷品最终的产品质量。印后加工是印刷流程中的重要组成部分，不仅是"印刷接力赛"的最后一棒，还是直接影响消费者体验的关键工序，更是提升印刷品附加值的重要手段。在印刷生产过程中印后加工有 70% 以上的质量弊病在印前就已经存在，例如，产品尺寸与纸张规格不符；印刷品出血尺寸设计不当造成裁切出血；印前设计与印后加工材料不匹配等。究其原因，是由于印刷品设计人员对印后加工了解甚少的一个通病。当今随着印后加工新材料、新工艺、新设备的应用及自动化、数字化、智能化、网络化的不断发展，与之相匹配的印前设计地位十分凸显，人们对印后加工的工艺流程和质量控制的关联性日趋提高，印前设计与印后加工已密不可分，即印后产品生产加工流程和质量控制已前移到了印前设计中。《印后工艺技术与实战》旨在打通印前工艺设计与印后生产制作的沟通屏障，使印后工艺设计完全融入印前工艺设计中，使印前设计和印后制作互联贯通，以最优化的印前设计来提升印后制作的效率和品质。当今，精美印刷一定是从印后工艺设计开始。

本书通过理论与实践穿插讲解、实用案例分析介绍了印前设计与印后加工生产制作的关联与融通，旨在为印前工艺设计人员、印后加工制作人员和印刷类高职院校提供专业印后工艺设计与制作参考。

一、印后工艺技术与实战教学目标

本书通过印后加工的理论学习与技能实操，使读者了解印后加工中裁切、折页、配页、锁线、骑马订、胶订、精装、覆膜、上光、模切、烫金、压凹凸、糊盒等加工工艺及设备的操作，重点掌握各工艺流程中的工作任务、生产制作方案和质量要求，并能提出方案，解决印后设计和生产制作过程中的常见质量弊病与生产故障。通过理论教学、案例分析、印后制作实例等手段，读者能全面掌握从印前工艺设计开始到完成印后产品制作的整个生产工艺过程，从而培养印后工艺设计、印后生产制作、印后样本制作、质量控制方法等技能，真正做到印前工艺设计与印后实操相融合，具有一定的实战性。本书既能作为印后工艺设计的技术手册，又是高职高专院校印刷专业的实用教材。

二、印后工艺技术与实战内容

为在内容和体例上紧密贴合高职教育倡导的以工作模块为导向，用工作任务进行驱动的教学模式，本书根据印后流程共分为九个模块及问题集与解析，每个模块又分为若干任务，每个任务包含印后工艺设计、生产工艺流程、样本制作、设备操作方法、印后质量要求、常见印后设计质量弊病及排除方法、思考题等内容，所有模块及任务的排列顺序均按照生产工艺真实流程设置，与印后实际生产完全接轨，努力为印前工艺设计学习者提供贴近现实的学习资料。同时，本书中涉及的设计任务、制作加工、案例分析及注意事项等提升了学习过程的针对性。

三、印后工艺技术与实战实施

本书中编写所采用的印前和印后设备主要为上海出版印刷高等专科学校印前设计制作及印后加工实训设备及东莞市浩信精密机械有限公司、深圳精密达智能机器有限公司的印后加工设备，并结合了《印后制作员》国家职业技能标准要求及世界技能大赛印刷媒体技术项目决赛、全国印刷行业职业技能大赛印后决赛的比赛机型，选用了印刷企业普遍使用的印后加工设备，可能存在设备覆盖面不全的问题，但各生产厂商印后设备结构基本原理类似，若学习者在使用该教材时实际操作设备与书中设备品牌、型号不同，笔者建议在教学实施过程中根据具体情况对教材中内容、参数作出相应的调整与修改。笔者深知在印后加工技术这个领域进行探索的实战意义，并期望通过这种努力为印后工艺设计、印后制作提供解决问题的方法与思路。

本教材由浩信CP印后学院专家团队编写，沈国荣担任主编，姜婷婷、崔庆斌、刘毅担任副主编。参与本书编写的人员有上海出版印刷高等专科学校沈国荣、姜婷婷、崔庆斌、邵芬娟，东莞市浩信精密机械有限公司刘毅、卢冰、卢艳林、余堃，湖南科学技术出版社有限责任公司陈有娥，深圳精密达智能机器有限公司殷永建、李孟成，云南省新闻出版产业技术中心刘吉燕，广西民族包装印刷集团公司陆永春，山东新华印务有限公司泰安分公司亓军。全书由上海出版印刷高等专科学校顾萍教授审定。编者和主审都是长期从事印刷专业教学和培训的资深专家，对印前设计和印后加工领域均有深入的研究和丰富的经验。本书在编写过程中，得到了上海出版印刷高等专科学校领导及印刷包装工程系部领导、中国印刷技术协会、上海印刷技术协会、东莞市浩信精密机械有限公司、深圳精密达智能机器有限公司、深圳高登设备有限公司、浙江国望印刷机械有限公司、天津长荣股份有限公司的大力支持，也得到了有关印后机械设备制造公司、印刷企业和技术人员的支持与帮助，在此表示衷心感谢！尤其要感谢东莞市浩信精密机械有限公司董事长刘毅、副总经理卢冰，深圳精密达智能机器有限公司董事长郑斌、副总经理刘文，深圳高登设备有限公司总经理潘登宇，天津长荣股份有限公司技术总监刘帅，浙江国望印刷机械有限公司销售经理贾明，上海闽泰印刷材料有限公司总经理陈兰，上海中华印刷股份公司装订部经理李伟民，浙江新华数码印务有限公司装订部经理李坚，河南新华印刷集团有限公司王向阳主任、顾问专家程晖，好利用上海技术总监刘宇，悠印数码科技有限公司总监邵光明，北京泰克正通科贸有限公司总经理牟文正、副总经理李永亮，北京中科印刷有限公司技术部经理龙青，北京新华印刷有限公司高级技师关峰等业内领导和专家的指导与帮助，谨此致谢。由于编者理论知识和实践经验的局限性，在编写过程中难免存在不足及疏漏，期望读者在使用本教材过程中随时提出宝贵意见，以便本书修订时补充更正。

编者

2024 年 4 月

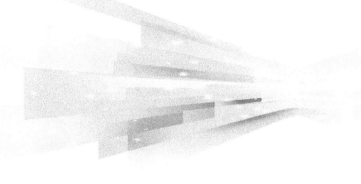

目录

模块四　骑马订工艺与实战

模块五　精装工艺与实战

模块六　覆膜、上光工艺与实战

模块七 烫印工艺与实战

模块八 模切工艺设计与制作

模块九　糊盒工艺与实战

绪论

《印后工艺技术与实战》通过印后装订工艺设计、印品整饰工艺设计，印后制作设备，印后生产流程，印后质量判定与规范等内容，讲解了印后制作工艺与加工技术的融通和结合。

完美之作，设计为先。众所周知，印刷品制作工艺设计包括印前、印刷（印中）和印后工艺设计。随着印后加工数字化、智能化、网络化设备的普及和发展，印后加工技术发生了巨大变化，促进了传统印刷业的改革与创新。印刷产品的外观、色彩和造型是现代印刷工艺设计的重要组成部分，而印后外观和造型设计是视觉传达的重要手段，表面上看是一种文字和图案的拼排版设计，实际上是一种加工技术和艺术的统一。当前印后加工设备的快速设置和一键启动都依赖于生产信息的导入，而这些生产信息就是印后工艺设计的内容和数据，包括所用材料、工艺造型、印张规格、成品尺寸等。印后加工制作能否做到高质量、高效率，很大程度上取决于印后工艺设计的科学性、规范性和合理性，即印后制作工艺设计的重点就是印后工艺技术的数据化、规范化、标准化的设计与管控。

印后工艺设计大部分是在印刷企业里完成，印后工艺设计的依据当然是客户的要求，其最终目的也是要最大限度满足客户的要求。为了达到这一目的，从事印后生产工艺设计和制作人员必须具备如下基本功。

一、对印后加工技术与应用有深刻认识

印刷产品的形式表现是通过整体设计、制作印刷、印后加工等一系列流程，才能得到呈现给消费者的产品。完美设计后的精美印刷品不但能彰显商品装帧、内容、价值，而且能直接满足消费者的使用和心理要求，精美的外观大大提高商品的销售量，已成为商品增值的重要手段。一件精美的设计作品是设计人员智慧与灵感的结晶。但是，从"作品"变成"产品"，之间有相当大的距离。印后生产工艺设计不仅需要艺术设计师的功底，也需要考虑与其匹配的印后制作技术，并体现在具体的产品设计中，这样才能完成从"作品"到"产品"的完美蜕变。

印后加工设计：是指印后工艺设计人员根据产品属性和客户提出的要求，对印后生产工艺技术诸要素进行的一种科学设计与技术应用。

印后加工制作：是指根据印后工艺技术中的诸要素，实施的具体施工、制作方案。

印后工艺技术中的诸要素：是指印后生产工艺中的加工材料、工艺流程、加工手段、生产设备、质量控制等生产制作要素。

印刷产品中无论是广告、书籍或包装盒，其印后工艺设计都是一种立体的造型艺术设计，与一般的绘画创作设计不同，印后设计是一种整体性较强的美术方案设计，而不是最终的作品，因此设计完成后还要经过制作、印刷、印后加工等生产环节，通过纸张、各种装帧材料和印装技术工艺，将印后工艺设计转化为具有物质形态的商品。不难发现，印刷产品的最终形态、效果及质量，必须依赖于印前设计、印刷和印后加工技术的应用。

二、对印后加工材料要有广泛了解

印后工艺设计从程序上来说第一步就是选择印后加工的主体材料和装帧材料，明确这一点非常重要，因为印后加工产品的最终形态、视觉效果和使用寿命不仅与材料的选择密切相关，而且从整个印刷原理上来说都应该在材料选择后才予以考虑，这是避免印刷设计少走弯路的方法。印后材料设计与应用是设计人员要解决的一个综合性问题，比如，我们经常发现一些包装盒、书刊印前制作已经完成，或印刷已经付印才想起材料选择，甚至到了印后加工再来选择辅助材料，此时许多弊病已很难避免了。因为印后加工材料涉及许多因素，如产品功能、质地、视觉效果、牢度、成本等，如果预先没有对印后加工材料做出选择，很有可能到印后环节发现原先的生产工艺设计是不合理的，或是失败的。为了少走弯路，我们强调材料设计先行，应该成为印后工艺设计的一条理念。

三、对印后加工技术与应用有深入研究

材料设计完成后，选择何种印后生产工艺手段及采用哪些印后加工技术是设计人员另一项课题。各种印后加工技术都有特定的加工对象，理论上各有优劣。例如，书籍封面是选择覆膜还是上光还是要根据书籍封面材料、使用寿命、成本、周期等方面来考虑，首先覆膜和上光的设计都是起到耐磨、耐脏、防水和保护印刷产品表面的作用。覆膜的优点是能增加纸质品的牢度、耐折、耐光线照射；缺点是塑料不利于环保、封面容易卷曲、印后加工相对困难、成本略高。上光的优点是价格低廉，还能局部上光、局部消光，印后加工容易，较环保；上光的缺点是不能增加纸质品牢度，耐光性也不如覆膜。所以，印后设计必须特别清晰地了解各种印后加工工艺的特点、技术、成本、使用寿命等知识点。印后工艺设计人员只有对印后工艺、印后技术手段有深入了解、研究和应用，包括各种印后加工原理、适用材料选择、设备技术、生产周期、成本等，才能达到事半功倍的效果。

四、对印后加工各种技术手段有所了解

印后加工近年来发展迅速，不但出现了许多新的加工技术手段，而且印后加工设备、材料也有了长足发展。印后加工技术的应用能在相当大程度上提高印刷品档次，提高印刷品使用功能，决定印刷品最终形态，从而成为印刷工艺无法替代的一种重要手段。

虽然从生产顺序上讲，印后加工处于末道加工，但设计人员绝对不能在印前和印

刷已经完成后才考虑印后加工，印后加工生产制作方案必须作为印刷的重要组成部分在整体设计时予以同步考虑。印后设计人员必须熟悉各种印后加工效果、适性以及成本。我们经常遇到的情况是在印刷工艺设计时，需要向客户提供各类样本、样张、样盒，使客户对效果有直接的感观认识，要向客户说明除了强化视觉效果外，印后加工还能增加哪些功能，一个好的设计方案往往是在与客户沟通后才诞生的。

本书要解决的问题是：如何选择与设计匹配的最佳材料、工艺的造型、优良的品质来满足客户的要求。既要解决问题，又要有科学的方法与程序。《印后工艺技术与实战》是一本提供解决问题的方法和过程的工具书，包括对问题的了解、分析，对解决问题方法的提出、优化。印前设计实际上是前端创意设计，而印后工艺设计是末端实施设计，二者是有机的设计结合，所以没有印前设计就谈不上印后加工。由于印前设计的处理软件具有强大的图文处理功能，为印后生产制作提供了多种选择的方法，而且容易实施、落实和生产，这也是当今印后生产工艺流程、质量控制、生产数据设置等整合到印前设计的原因所在。同时，这也给印前设计人员提出了掌握印后加工技术的新要求，一个优秀设计人员应该具有优化组合的理念和思路。为了实现从"作品"到"产品"的成功跨越，设计人员必须深入学习印后生产制作工艺的有关知识，做好印后加工技术的应用和工艺参数的设定和选择，并熟练应用到具体的设计中去，才能提升自己的综合设计能力，并成功实现印后加工技术批量生产的要求、不断引导和降低生产成本和提高印品质量，为客户和企业创造出更多的价值。

模块一
裁切技术与实战

教学目标

切纸机是印刷企业生产加工必不可少的设备，裁切是通过切纸机对平板纸产品和平形的各种装帧材料的裁切。本项目通过裁切技术和与之相关的生产工艺设计和操作方法，来掌握裁切操作中的常见问题与质量弊病，并掌握裁切质量判定与规范要求。

能力目标

1. 掌握纸张规格判定；
2. 掌握版面裁切标识设定；
3. 掌握裁切工艺与应用；
4. 完成裁切程序设定。

知识目标

1. 掌握裁切工序制定；
2. 掌握自动裁切程序应用；
3. 完成不同产品的裁切任务；
4. 掌握裁切质量判定标准与问题解决。

切纸机（见图1-1）是一种纸张加工设备，它在一系列的纸类和非纸类加工领域都有着广泛的应用，小到数码印刷门店、大到印刷工厂以及从印前的原纸裁切到印后的半成品或成品的裁切，切纸机始终是不可缺少的设备。切纸机从最初的机械式切纸机发展到液压式切纸机，又发展到当今全自动微机程控、彩色显示、CIP4接口、全图像操作引导可视化处理及计算机辅助裁切外部编程和编辑生产数据的裁切系统，使生产准备时间更短，裁切精度更高，劳动强度更低，操作也更简便、安全。

图1-1　裁切系统

任务一　纸张规格判定

印后加工生产从主体材料纸张的开料到各种辅助整饰材料的裁切，最后到成品的裁切都需要裁切设备。产品质量从源头抓起，而原纸裁切的规格和精度，会直接影响印刷和印后加工的尺寸精度，所以裁切设备是印刷加工不可缺少的重要设备。

印刷质量要从源头抓起，而这个源头就是原纸裁切。如果印刷上机用纸的尺寸设计过大则浪费纸张；如果印刷用纸的尺寸设计过小则会导致印后加工困难，甚至会出现严重质量问题。同样，原纸裁切后，印刷上机用纸出现规格大小不合适、偏差、歪斜等弊病，那么印刷就无法把握产品规格的准确，印后加工也无法保证产品质量。因此，印后裁切尺寸的设计是印前设计的重中之重，它包括纸张幅面尺寸、印刷实地尺寸、开本尺寸、成品尺寸等，这些因素会直接影响印刷成本和最终产品质量。

一、开本规格尺寸

对客户提供的原稿、原版、原样的质量及原材料情况要全面了解，仔细核查，对能否达到客户要求的质量目标，使用要求，做出正确判断，发现问题及时解决纠正。

1. 原纸规格尺寸

裁切工艺设计时，必须清楚地掌握各种常用开本的成品尺寸以及合理页码的制定，并要决定用何种规格的印刷机印刷。纸张规格是指纸张尺寸的大小是按照长度和宽度不同进行分类的，在印刷成本中，纸张成本约占了 70%，设计时必须熟练掌握国内外印刷常用纸张规格及市场行情。中华人民共和国国家标准 GB 系列的常用正度单张纸有：787mm×1092mm、850mm×1168mm；大度单张纸：880mm×1230mm，889mm×1194mm 等，还有常用卷筒纸规格尺寸都必须牢记于心。

近年来，我国和国际上的交往越来越密切，随着印刷设备的引进与出口，包装、书籍等印刷品贸易呈不断增长趋势，为了与国际标准接轨，我国开始使用 ISO-A 系列和 ISO-B 系统国际标准化组织制定的纸张幅面和开本尺寸。例如，打印机、复印机、传真机、数字印刷机等都使用 A3、A4 纸，而这些设备最初都是从国外引进的，执行的都是国际标准。

2. 全张纸几何图形

纸张的几何图形和开本的几何图形有密切的关系。所谓几何图形，就是纸张及开本的长度和宽度的比例。图书开本的理想比例应当是黄金比例，这个比例就是1∶0.618。由黄金比例所延伸的黄金数列为 1、3、5、8、13、21…它的规律是前两个数之和为下一个数。由两个相邻数组成的比例，都可成为近似的黄金比例，也可以用来作为开本幅面的比例。

国际标准化组织（International Standardization Organization，ISO）的 A0 的尺寸为：841mm×1189mm（见图 1-2 左），它在制定纸张幅面及开本比例时，确定了一条原则就是相似形原则。也就是说，在一个系列内所有的开本尺寸都为彼此相似的几何图形，即纸张由长边对折后，其几何图形不变。根据这一原则所规定的纸张尺寸比例为：以正方形一边长度为短边，而以正方形对角线的长度为长边尺寸，这样形成了纸张比例为 1.414∶1，这个比值 1.414 既近似于黄金比值 1.618，又能满足其相似形的原则。如图 1-2 右所示，A4 尺寸的长边为 297mm，短边为 210mm，对角线是 $\sqrt[2]{2}$，那么长边与短边的比值正好是 1.414，近似于黄金比值也符合人的视觉原理。

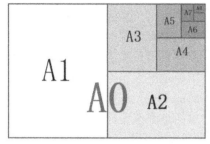  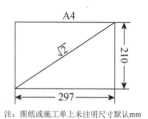

ISO—A系列纸张尺寸

A0（全张）　=841×1189mm
A1（对开）　=841×594mm
A2（四开）　=420×594mm
A3（八开）　=420×297mm
A4（十六开）=210×297mm
A5（三十二开）=210×148mm
A6（六十四开）=105×148mm

注：图纸或施工单上未注明尺寸默认mm

图 1-2　A 系列纸规格

3. 开本规格与设计方法

样本、样盒的开本是展示给读者或消费者的第一外观形象，人们识别纸张开本规格也是通过外观来辨别开本的大小。

①开本规格

书刊开本是指书刊成型后单面的面积相当于全张纸单面面积的多少分之一。例如图书 32 开（K），则表明它的单面面积相当于全张纸面积的 1/32；期刊常为 16 开，则表明它的单面面积相当于全张纸面积的 1/16。全张纸对折一次，一分为二，幅面变为原来全张纸的 1/2，称对开或半开。对开纸再对折一次，幅面变为全张纸的 1/4，称 4 开。如果以 m 表示书刊的开本数，n 表示对折次数，则上述关系式为：$m=2^n$。

由于机器设备的幅面不同，印刷上机纸张的规格也有大有小。例如地图的印刷就是采用大幅面尺寸，而名片印刷则采用 128 开小幅面尺寸。设计人员在满足视觉美观的前提下，纸张规格的设计应保证为客户最大限度地节约纸张成本。

②开本设计方法

对于书刊出版社的客户来说，书刊开本已经确定，无须印刷企业更改。而对于大量的社会客户，他们中的许多人对书刊开本并不熟悉，这就需要印刷设计人员有对客户负责的态度，认真设计书刊开本。在当下追求个性的时代，不同的书刊也体现了各个不同的开本规格。开本按照尺寸的大小通常分为大型开本、中型开本、小型开本、微型开本，通常 12 开以上为大型开本，16 ～ 32 开为中型开本，64 开以下为小型开本，128 开以下为超小型开本（见图 1-3）。从设计艺术上来说，一般大型画册为一类图书，属精致印刷品，有较高的欣赏、收藏价值，为了充分展示画面的艺术魅力，常设计成 12 开、10 开，甚至 8 开。以文字为主的理论、文艺、教材等书籍通常设计成 16 ～ 32 开的中型开本，这样方便放在各类包中。手册、工具书、新华字典等读物常设计成 64 开左右的小型开本，这样查阅时便于双手翻阅。口袋书、袖珍书通常被设计成微型开本，便于随身携带和随时使用。而宣传册、招生广告等通常用比较狭长的小型开本。

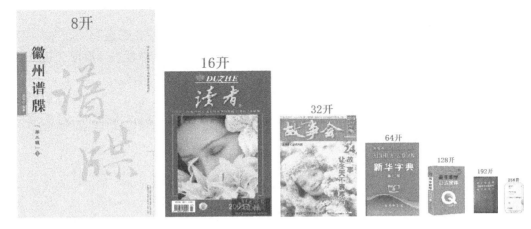

图 1-3　开本大小

在国标标准化组织 ISO-A 系列中的 A 表示纸张规格以及所形成的开本系列，A 后面的数字表示全张纸对折长边的次数，如 A4 表示全张纸长边折叠 4 次是 16 开，A5 表示全张纸长边折叠 5 次是 32 开。而在 ISO-B 系列中，常用的只有 B5：169mm×239mm。

从经济性分析来看，在个性、美观的前提下，节约成本是一个不可忽视的要素，如果开本选择不合理或用纸过大，将使裁切边料增加，纸张的有效面积减少，增加了纸张成本。但也有特殊情况，学术、科普类著作采用大开本，由于周空比小开本大，阅读时便于学者批注和记载，为读者带来了便利和视觉宽松感。如果开本设计得过小，同样容量页张就会增加，同时大幅面印张折数就会增加，折页精度就会降低，印后加工难度就会增大，因此篇幅多的图书通常采用大开本，否则页数太多，不利于印后装订生产制作。

二、纸张定量认知

在 ISO 国际标准中规定了单张纸的面积为 $1m^2$，即长边 × 短边的得数应最接近于 $1m^2$。根据相似形的原则，A0 纸张的长边为 1.189m，短边为 0.841mm，其实际面积 0.841m×1.189m = $0.9999g/m^2$。在国际标准中把这个规格的纸张称为 A 系列纸，而纸张的定量就是以 A 系列纸的面积 $1m^2$ 为标准计算，即纸张定量是以每平方米多少克（g/m^2）作为单位。

根据纸张定量的大小，通常可分为三种纸：①纸张；②卡纸；③纸板。

1.纸张定量

纸张是一种由极为纤细的植物纤维，经填料加工处理，使其相互牢牢交织而成的纤维薄片，其定量：纸张 ≤ $250g/m^2$。常用作报纸、图书、教材、广告、说明书等印刷品的主体材料，也用于包装用纸。

2.卡纸定量

卡纸比纸张克重大、厚度大，其定量：$250g/m^2$ < 卡纸 < $350g/m^2$。常用于日用品、药品、食品等承载重量较轻的包装盒，书刊中的软精装封面等也常用到。

3. 纸板定量

纸板是一种厚度大、重量大、挺括坚实的纸制品，其定量：纸板 ≥ 350g/m²。常用于承载重量较大的包装盒，精装本书壳、函套等装帧材料。纸板按照厚度又可分为1mm、1.5mm、2mm、2.5mm、3mm、3.5mm、4mm、4.5mm、5mm。

由于纸张定量和厚度成正比，不同的纸张厚度的书芯厚度差相当大，同时由于在纸张折页、卡纸弯折、纸板开槽等折叠过程中，也要损耗其长度，因此设计者在印后设计中必须考虑到诸因素，做到未雨绸缪。

任务二　裁切工序制定

纸张的开本是按照全张纸张均匀开切的数量而命名。常用的开本裁切法：正开法、偏开法和变开法。作为设计师不但要熟记大度、正度、ISO-A 系列纸的各种开本尺寸，而且要熟记经过光边、抽刀与裁切后的净尺寸，即成品尺寸。

一、裁切方案制定

以往纸张开数尺寸都是以全开尺寸机械的等分整除后计算，缺乏实用性和可操作性。裁切开料方法是根据版面的排版、开数及尺寸的变化规律而设计，常见裁切开料设计方案有三种：①正开法；②偏开法；③变开法。（见图 1-4）。

1. 正开法

正开法［见图 1-4（a）］，亦称正裁，是常用的普通裁切法，即将大幅面页张对裁后再对裁，依次裁切成所需的幅面，另一含义是将大幅面的页张，进行平行裁切成面积相等的若干小张，正开有一定的规律，它是以几何级数法来展开的。如对开、4 开、8 开、16 开、32 开、64 开、128 开、256 开，等等。正开的方法，因版面设计有一定的规律，裁切时较方便，是一种较容易掌握的开料方法。正式出版物普遍采用这种开法，其优点如下：①符合国家规定的开本规格标准；②它是一种相似型裁法，在书刊装订时无论是奇数折页或偶数折页，其图书的开本长、宽比例是不变的；③纸张利用率高，特别适合机器自动化折页。

2. 偏开法

偏开法［见图 1-4（b）］，亦称不对裁或第一次对裁，以后几次间接地不对裁的开料方法。这种裁切方法比正开难度要大些，偏开的版面设计不太规律，书刊开数大还好些，开数小（排版多）就不大好掌握。因此，一定要做好开料前的准备工作，确定无误后再进行裁切。如 3 开、5 开、6 开、9 开、12 开、18 开、24 开、25 开、27 开，等等。

3. 变开法

变开法［见图 1-4（c）］，亦称异开法，是指在一全张页上裁出不规则开数和形状的方法。书刊中的插图设计是根据书籍内容的需要和出版者的要求来规定的，幅面有大有小、形状有长有短，排版时为了充分利用纸张、减少纸张裁切的损失，往往在一张纸上排有多种不同规格的小页张，此时就要采用变开的方法进行加工。变开的方法是变化不定的开料方法，其优点是纸张利用率高，可降低成本；其缺点是操作难度大，相比正开和偏开要复杂得多。同时，变开法纸张丝缕纵横交错，伸缩不一，给印后加工带来了一定困难。

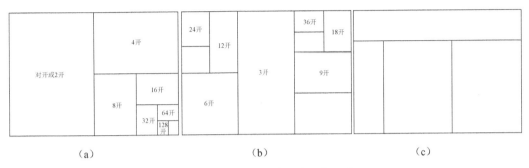

图1-4　正开法、偏开法、变开法

4.裁切方案规律

正开有规律，偏开时有规律，变开无规律。裁切操作时要科学地计算，掌握各种裁切方法，然后取一张样张进行预先划样，以保证裁切工作的正确性。

5.裁切方案经济性分析

正开法设计是最经济的，例如，正开法的书刊便于印后装订机械化折页装订，适合大批量生产，有利于降低成本。变开法的设计多数是为了节约纸张成本及开本尺寸以满足一些特殊幅面的需要，但也会给操作带来一定难度，甚至导致成本上升。又如，和版印刷对于裁切就增大了难度，有的印刷产品折页机无法折叠，只得手工操作，生产成本反而会增加。大多数出版物开本的设计，实际上是有一定规律可循的。再如，图书、教材通常采用16开或32开正开法，这种外型尺寸既便于携带，也有一定的字数容量；而期刊、杂志、大卖场广告等字数不多，考虑到邮寄方便，通常采用16开正开法，机器折页、骑马订都十分便利。如果设计画册、图册等高档出版物，为了凸显出版物的个性，不考虑时间周期和成本因素时，才可选用变开书本，此时成本要让位于装帧的需要，而对于普通出版物，美观的需要就应让位于成本因素，还是要采用正开法。

特别提示：采用合理的裁切方法能有效减少纸张在裁切台上的移动次数，避免由于纸张滑动、多次定位而引起的误差，提高裁切效率和质量。在进行裁切方法设计时，还要尽可能秉持沿纸张长边裁切及相同方向多次平行裁切的总思想，以提高裁切精度。

二、预裁切准备流程

使用切纸机前（见图1-5），操作者必须认真阅读说明书，了解切纸机安全操作指南，熟记关键技术数据，掌握操作面板上按钮、旋钮作用及开关位置，掌握人机界面触摸屏的功能。

图1-5 切纸机操作

1. 认知切纸机

切纸机是裁切机械的一种，采用重型机架设计，精密加工，性能稳定，坚固耐用；切纸机自动控制采用新型高集成、高稳定性元器件，电子刀位指示线，保证切纸机可靠运行；触摸式按键面板，双手联锁装置，自动复位功能，保障了裁切安全。裁切刀采用高速钢刀片，锋利耐用；独特的故障自我检测功能，使裁切操作简捷、准确。切纸机的使用范围广泛，可以用于单张纸、皮革、塑料、纸板等材料的切断。

如图1-6所示，裁切机构主要由推纸器、压纸器、切刀、裁刀条、侧挡板、裁切台等组成。推纸器用于推送纸张定位并作后规，压纸器则将定好位的纸张压紧，保证在裁切过程中不破坏原定位精度，裁刀和刀条用来裁切纸张，侧挡板作侧挡规，工作台起支撑作用。

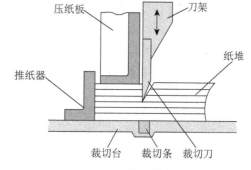

图1-6 裁切机构

2. 掌握裁切操作步骤

切纸机工作分为：上纸—裁切操作—下纸。上纸主要是将需要裁切的纸沓通过机器或人工闯纸理齐后，放到切纸机工作台上；下纸就是将裁切好的纸沓放置到卡板上码堆。

裁切操作步骤如下：

①输入裁切数字

根据被裁切纸张尺寸输入裁切数字，推纸器位置移动后确定裁切前后位置。需要说明的是，所输入的数字应在推纸器位置确定后，推纸器的最前端到裁刀下落刀口的直线距离，即裁切刀里端的纵向距离。

②尺寸定位

尺寸定位包括尺寸和空间定位。将已经闯齐纸沓紧靠推纸器前表面和侧挡板，进行纸张初步定位。再使推纸器按尺寸要求将纸沓推送到裁切线上，完成纸张的尺寸定位。

③压紧定位

压紧定位是脚踩压力踏板，压纸器下落，将纸沓紧紧压住，排除其中空气，进行压紧定位，防止纸沓在裁切过程中位置发生移动，影响裁切质量。

④裁切

用双手同步点动裁切按钮，裁刀下落，将纸沓切断（在连续切纸过程中，压纸器先下降进行压紧定位，稍后裁刀再下落裁切纸张），当裁切刀下降到最低点（纸张完全被切断），向上回的行程中放开裁切按钮，该刀裁切操作完成，裁刀先离开纸沓返回初始位置，而后压纸器再上升复位（压纸器和裁切刀实际上几乎同时复位），取出被裁切物，再进行下一工作循环。

任务三　版面裁切标识设定

版面裁切工艺设定不是版面方字、图案的编排设计，而是版面拼大版设计。如书刊版面工艺设计就是在规定的开本上，按照书籍的页码顺序，结合印刷、装订制作的具体要求，合理地组合印版及排列印版的过程。

版面裁切工艺设定对象主要有两个部分：①版面裁切要素；②版面裁切标识。

一、版面裁切要素

版面裁切工艺设定有三个要素：①印刷纸张尺寸设定；②制版尺寸设定；③成品尺寸设定（见图1-7）。

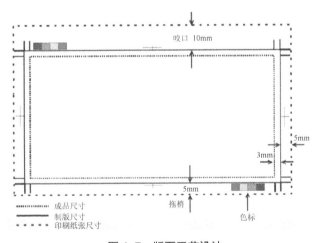

图1-7　版面工艺设计

1.印刷纸张尺寸设定

印刷纸张尺寸是根据印企不同印刷机的印刷面积大小而决定。还要兼顾本企业印后加工设备的尺寸来匹配，否则，印刷下的半成品很可能会出现手工完成或外发完成生产订单。

2.制版尺寸设定

制版尺寸设计要预留咬口、拖梢及工艺标识的位置，右下角的色标表明了该大版的颜色。印刷时，印刷人员根据大版上的色标，决定这块大版使用何种油墨。在最终的印刷品上，CMYK四个色版的色标正好排成一条线。

3. 成品尺寸设定

成品尺寸要考虑光边及裁切后的净尺寸。如图 1-8 所示，裁切标志表明了印刷品最终的裁切部位，确定了裁切位置，裁切线条的粗细一般在 0.2 ~ 0.4mm。裁切标志是印后加工环节中的工作助手，它能确保裁切、折页等印后加工质量合格，裁切标志设计包括裁切标记和裁切记号等。裁切标志是裁切工作的指示线，它为印后裁切操作者指明了裁切方向。

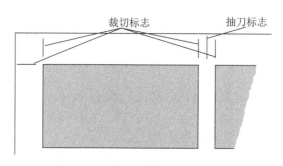

图 1-8　裁切标志设计

特别提示：裁切标志不是成品裁切最终尺寸。另外，裁切标志严禁延伸到印刷图文位置。

二、版面裁切标识设定

版面工艺标识设定是把印前设计信息完整表达给印后各工序，使印后各工序明白生产过程的各控制要点，形成印后生产过程中的规范、合理、可追溯的工作流程。工艺标识是印刷生产过程中的重要标识，是一种专业图像文字说明，它在整个印刷生产过程中具有传达信息、规范工艺、检验质量、提高生产效率和产品质量控制的重要功能。因此，工艺标识在工艺设计时就要注意其规范性、合理性和准确性。

常用版面工艺标识：咬口、拖梢位、色标、十字线、角线、版别标记、信号测试条、套准检验标识等［见图 1-9（a）］。

1. 咬口

咬口也称叼口，是晒版、印刷上版、印品裁切、装订折页等规矩的标记。"咬口"二字用大号黑体字放在叼口边中间。目前印刷机要求预留咬口范围有 10mm 空白，在此范围内不应有文字、线条、色块出现。实际上，预留叼口的尺寸是随印刷设备的不同会有所改变的。

在印刷和印后加工过程中［见图 1-9（b）］，纸张首先到达前规，在前规处于静止状态后，被拉向侧规边；前规给纸张在前进方向定位，侧规给纸张侧向定位；这样，纸张的整个平面位置就被确定了。印刷前规和侧规的定位方向也是印后裁切、折页等设备的定位方向。

2. 拖梢位

印刷品在纸张上的拖梢位一般须留出 3mm 白边，目的是防止印刷时纸张的纸毛、纸粉及残墨翻到图文上，也有用于检剔（即质量检查）。

（a）　　　　　　　　　　　　　　　　（b）

图 1-9　版面工艺标识设定

如果纸张尺寸在拖梢上有 8mm 以上的空余，设计者通常会在拖梢位设置信号检测条。

3. 色标

色标是各版着色的标记，用于印刷时检验色彩的饱和度。半成品时，可检查是否缺色。

4. 十字线

十字线也称规矩线，有的十字线为丁字形（见图 1-10），它是彩色印刷各色印版图文套印准确的依据。十字线通常在版面上的位置距成品外切口 3mm 处，上下左右居中。十字线一般粗细设置为 0.05 ～ 0.10mm，横线和竖线长度在 10mm 左右。

多色印刷为保证图文精确套准，最常用的方法就是借助十字线，对图文进行精确定位，机台操作人员也需在放大镜下通过观察十字线来进行套印的操作与检查。精细产品的多色印刷能达到 0.02 ～ 0.04mm 的精度，即一根头发丝的五分之一。

书版十字线设计时一般放在版心的中心折叠位置，因此十字线也可以作为书页版面的分界线，对折页也有指导作用。通常按照页码顺序对位来折页，当没有页码时就可以使用最后一折的十字线作为参照物，来判别最后一折的长短边位置及折页精准度的误差。

5. 角线

角线，又称出血线，是一种裁切标志线，是界定印刷品哪些部分需要被裁切掉的线。角线置于版面四角的 L 形规线，它是版面尺寸的标志。

如图 1-10（a）所示，常用角线有三种：①日式角线（双角线）；②美式角线（单角线）；③中式角线（单双混合角线）。通常单色印刷常用单角线，彩色印刷用双角线。在印后设计制作时必须设置页面的单角线或双角线，位置在成品外切口 3mm 处（成品尺寸＋ 3mm 边出血），版心内容切勿紧贴裁切线位，必须离裁切线位有一定的间距。如图 1-10b 所示，年历单片的四个双角线的内部面积就是产品的净尺寸。

角线设计要求：

①角线的粗细通常为 0.1mm。在裁切时细线较容易识别出裁切误差。

②角线的长度按实际需要而定，通常为 3mm 左右，定量大的、较厚的印刷品或包

装盒出血需要 4 ～ 5mm，这是由纸张厚度和具体要求来决定。

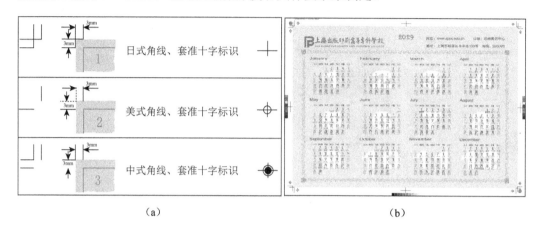

图 1-10　常用角线、十字线类型

③角线的颜色通常取黑色或套版色。

6.版别标记

在印版上标记产品名称、版别（正、反）序号、为印刷和印后工序提供方便，防止差错。

7.信号测试条

信号检测条（见图 1-11）是彩色印刷中用于复制过程中控制和检测各工序复制质量的测试图，放在印刷拖稍，距成品外切口 3mm 处。检测的内容有颜色还原、网点扩大、中性灰平衡等。

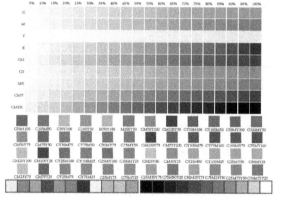

图 1-11　信号测试条设计

8.套准检验标识

以往印版图文套印准确的检验是依靠放大镜用目测的方法来检测，存在精度误差较大。iRegister pro 是一款专门检测印刷样张套准度的软件，使用者需要到 Apple 的 iTunes 商店里面的 App Store 中去下载。iRegister pro 软件的数据化、智能化自动检测软件的引入，彻底改变了以往套准检验完全依赖人工检测的传统方式，大大提高了检测精度和效率，既避免了人工检测的人为误差，使印刷品套准检测更加简单、便捷、快速与科学，也为印刷比赛的公平、公正提供了有力保障。

①套准检验标识设计

套准检验标识的规格制作直接关系到套准检验的精度。每个印刷品样张十字线边上制作一个标准的检测识别区域（见图 1-12），该区域有设置 6 个直径为 1mm 的小圆球，包括 2 个黄色、2 个黑色、1 个蓝色、1 个红色，圆球相互之间的间距都要设计成 1mm，小圆球到取境框四周的间距在 0.5 ～ 0.75mm 范围之内都有效。

如图 1-13 所示，套准检验标识在印张上可以设计四种不同排列方向，根据印品上设计的套准标识角度软件上有 0°、90°、180°、270° 四个选项，套准检验时只需在软件菜单上选中与印张上设计图案相一致的打钩即可。

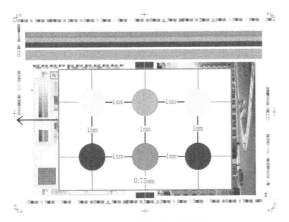

图 1-12　套准检验标识设计

图 1-13　套准检验标识

②套准检验标识应用

IRegister pro 软件主要是通过对图像的拍摄，对图像进行光学分辨率测试，显示印刷品在水平和垂直方向的套准偏差，并以文件格式保存每个样张的数据，便于快速检测与校正。软件使用时只需双击红色方框启动模式（见图 1-14），图标就会出现照相捕捉初始画面，按一下"照相"标志，就会出现取景框画面（见图 1-15），上下左右移动相机使 6 个圆点置于取景框的中心位置，然后用手点一下取景框中的任意位置（用于自动对焦），再按一下底部中间"照相"标志，该样张的 6 个圆点像素信息就被采集读取，iRegister pro 软件经过对比计算后，自动生成该样张的四色套准信息（见图 1-16）。

图 1-14　启动

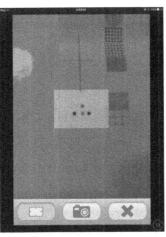

图 1-15　采集读取

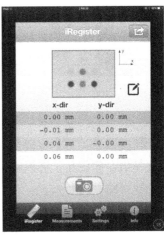

图 1-16　数据生成

由于裁切套准标志是 0° 排列，数据中 Y 轴代表印张咬口方向的套准误差，X 轴代表侧规方向的套准误差。图 1-16 中的第一行黑色带上数据，代表黑颜色的套准误差，IRegister pro 软件是以黑色为基准位置，因此黑色带上的数据始终为 0；第二行蓝色带上的数据，代表蓝颜色的套准误差；第三行红色带上的数据，代表红颜色的套准误差；第四行黄色带上的数据，代表黄颜色的套准误差。从上面的样张上我们可以得知，该印张咬口方向的套准非常精确，侧规方向的蓝色误差为 0.01mm；红色误差为 0.04mm；黄色误差为 0.06mm。这些数据主要是给印刷机长根据误差的数据，校正套准位置、达到高精度套准操作之用。

图 1-15 中底部左边是个红色的取景框，用来切换拍照时，有否取景框；中间的"照相"标志是快门；右边"×"是检索最后一张的套准数据。

图 1-14 中底部左边"iRegister"是检索最后一张的套准数据。

图 1-14 底部的"Measurements"是一个测量后存储的数据库，单击图标后出现图 1-17（a），显示出测量后存储的所有数据，从图 1-17（a）可以看到每一个样张所采集的信息都是以年、月、日、时、分的形式来储存，检索十分方便。

按一下图 1-17（a）右上角的"Edit"，就会进入下一个子菜单图 1-17（b）。按一下图 1-17（b）的左上角"Delete all"，则删除所有采集的信息；按一下任何一个数据左边的圆圈，按一下左上角的"Delete sel"，则删除该单个样张的信息。按一下图 1-17（c）右上角的"Done"则回到上一级菜单。

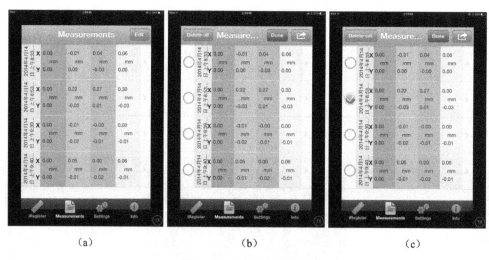

（a）   （b）   （c）

图 1-17　测量数据操作

特别提示：工艺标识在大版上拼版时，所有标识都应摆放在内角线 3mm 外位置，如果是出血印刷品，标识应摆放在外角线 3mm 外位置，这样才能保证裁切后所有标识都能被切除。

任务四　成品裁切工艺与实战

成品裁切工艺设计直接关系到成品的裁切质量，因此设计师必须正确理解印前、印刷和印后工艺之间的各种纸张尺寸关系和成品裁切质量要求。只有充分了解了印前、印刷、印后加工工艺，才能在设计构思时制定出最佳效果和最节省费用的裁切制作方案。

一、成品预裁切准备

1. 成品裁切需遵循原则

①必须认真阅读施工单，了解裁切产品的后续加工要求。

②撞齐纸张，尽可能先进行长边的裁切，以保证纸沓能够更多地与切纸机侧规靠齐。

③设计程序时，应减少纸沓转动和移动的次数。同时，转向一致也不容易出现差错。

④同一方向上的多次平行裁切，应尽可能在推纸器的一次移动过程中完成。

2. 裁切质量检验方法

①整体尺寸（长度、宽度、对角线）、规格是否符合要求。

②相邻两条裁切线是否垂直。

③裁切截面是否光滑、有无刀花。

④纸沓是否存在上下尺寸不一致（上下刀）。

3. 来料裁切判定

客户来料原纸尺寸：500mm×350mm，要求印刷4联拼版宣传品，卡片1成品尺寸：420mm×90mm；卡片2成品尺寸：190mm×190mm；卡片3和卡片4成品尺寸：220mm×90mm。

在设计时考虑到四个卡片的不同图案，设计裁切抽刀时应根据纸张的大小抽刀尺寸控制在2～6mm范围之内，本例原纸比较宽松我们就设计抽刀为5mm。这样卡片1的毛尺寸：430mm×100mm；卡片2的毛尺寸：200mm×200mm；卡片3和卡片4的毛尺寸：230mm×100mm。按照图1-18的排列方法，可以算出印刷区域面积为430mm×300mm，再设计咬口方向空白为20mm，侧规方向空白为35mm。

裁切抽刀是裁切多联不同产品必须添加的辅助尺寸，抽刀增加了印刷区域的面积，因此在设计时还要考虑原纸的面积大小。只有当多联产品完全一致时，才可能采用不抽刀裁切方法，通常在裁切设计时不采用单刀裁切，除非相邻两联是以空白边或同色位接壤。

由于本卡片在印前设计时，完全考虑了印后裁切因素，这就为后道卡片裁切带来了便利。如图1-19所示，本案设计可以简便、快速、轻易地计算出裁切刀数和尺寸，而且无须尺量后计算每刀尺寸，这就为印后裁切精度的质量控制提供了可靠保证。

二、明信片裁切实战案例

明信片是社会大众广泛使用和接受的通信方式载体，可以展示企业的形象、理念、品牌以及产品，或者展现地方特色和人文情感，等等，是一种新型的广告媒体。明信片的用途很广，按发行目的和用途可以分为普通明信片、纪念明信片、广告明信片、贺年明信片、风景明信片、专用明信片、旅游明信片、商务明信片等。

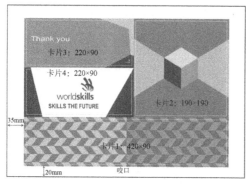

图1-18 卡片印刷区域设计　　　　图1-19　卡片裁切设计

传统明信片的尺寸有165mm×102mm、148mm×100mm、25mm×78mm三种，一般正面为图像，反面写收件人邮编、地址和姓名，其他区域写下想对收件人说的话，因此邮政明信片的格式、邮资、尺寸等是有一定要求的。而一般民众自行印制不标志"中国邮政"的明信片，则没有固定的格式、尺寸和要求。由于个性化明信片的需求量不是很大，通常都是由数字印刷企业来承印。明信片的裁切设计直接影响到明信片的质量和精度，因此明信片的裁切设计主要体现在裁切精度上。我们就以数字印刷四联卡通明信片为案例（见图1-20），进行裁切编程设计，实际上请柬、证书、聘书、邀请函等的裁切设计也是相仿的。

1. 识读生产任务单

任务描述：根据规格要求准备裁切计划，并用波拉切纸机裁切事先印好的明信片。

纸张尺寸：A3

印刷毛尺寸：420mm×297mm

抽刀：6mm

成品尺寸：190mm×130mm

必要任务：①在一张印张上，使用绘制裁切线直线示意裁切计划。对直线进行编号、示意裁切顺序。检查裁切尺寸。

②根据裁切计划进行裁切。在切纸机上进行编程后裁切，需将裁切计划放在裁切好的成品上方。

2. 裁切方案设计

裁切方案设计就是根据印刷品尺寸、成品尺寸、抽刀尺寸、咬口和侧规位置，在空白纸上划出裁切面和裁切顺序，即模拟裁切方向和刀序。由于数字印刷没有咬口和侧规，因此裁切设计时从任意两个长边开始裁切都可（见图1-21）。

从裁切设计划样上反映出了裁切面、裁切刀数顺序、旋转方向及裁切基准面。

3. 编制裁切工艺程序

根据裁切设计划样要求，此印刷品需裁切8刀，得到四张尺寸一致的明信片。

如图1-22所示，裁切编制刀序和尺寸如下：

①闯纸标：100mm。就是理齐印刷品，避免纸张之间有错位。尺寸定位在100mm较为适当，有利于纸张的整理。定位尺寸太大，纵深过大理纸费力；定位尺寸过小，

纸张不易定位，台面对大尺寸纸也无法支撑。

图 1-20　四联明信片

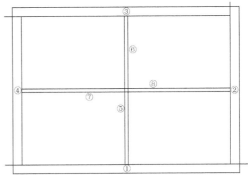

图 1-21　四联明信片裁切划样设计

②第一刀：281.5mm。先切长边，假如操作者以印刷品上部（印刷咬口定位）和左侧（印刷左侧规）作为定位基准。

裁切尺寸＝15.5（上部白边）＋130（成品宽）＋6（抽刀）＋130（成品宽）＝281.5mm。

裁切后，按顺时针旋转90°。

③第二刀：403mm。

裁切尺寸＝17（左侧白边）＋190（成品长）＋6（抽刀）＋190（成品长）＝403mm。

裁切后，按顺时针旋转90°。

④第三刀：266mm。

裁切尺寸＝130（成品宽）＋6（抽刀）＋130（成品宽）＝266mm。

裁切后，按顺时针旋转90°。

⑤第四刀：386mm。

裁切尺寸＝190（成品长）＋6（抽刀）＋190（成品长）＝386mm。

裁切后，按顺时针旋转90°。

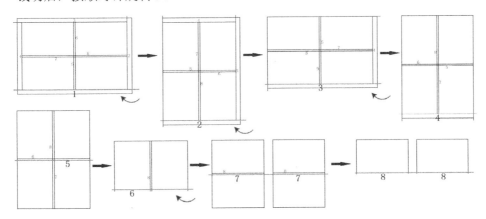

图 1-22　四联明信片裁切刀数顺序

⑥第五刀：196mm。

裁切尺寸＝190（成品长）＋6（抽刀）＝196mm。靠身裁切下产品放在边上待用。

⑦第六刀：190mm。

裁切尺寸＝190 mm（成品长）。

裁切后，按顺时针旋转90°；同时另一沓产品也按顺时针旋转90°，靠右定位放入。

⑧第七刀：136mm。

裁切尺寸＝130（成品宽）＋6（抽刀）＝136mm。

⑨第八刀：130mm。

裁切尺寸＝130 mm（成品宽）。

除了白料采用四面切，印刷成品都是通过印前设计好的尺寸来裁切，通过版面尺寸的计算来得到每刀裁切尺寸，这样才能保证裁切尺寸的精度，而不是通过尺量，用目测的方法来确定裁切尺寸的数值。

三、答题卡裁切实战案例

答题卡常用于考试答案的记录，答题卡上的信息通过光标阅读机识别，通过配套软件，使涂点数据录入计算机中。光标阅读机对答题卡上所有被阅读部分的定位精度要求很高，如果纸张伸缩过大、印刷误差过大或裁切精度过低，那么就会导致阅读点定位不准，造成读不到或读错。答题卡分竖版和横版两种，为了防止作弊，相邻座位考生用不同版本的答题卡。

常用答题卡尺寸

开本	64开	大64开	32开	大32开	16开	大16开	8开
尺寸	95mm×65mm	105mm×172.5mm	190mm×130mm	210mm×145mm	185mm×260mm	210mm×290mm	372mm×260mm

答题卡的尺寸是根据题目的数量而设定，无特定要求，只要版面放得下内容即可。通常对于题目小于40题的卡一般设计为64开；题目小于50题的卡一般设计为大64开；题目小于110题的卡一般设计为32开。虽然根据答题卡的内容或美观有所调整，但调整的区间是非常有限的。重要的是为了保证阅卷机100%的正确率，裁切精度≤0.4mm。

由于答题卡具有多联产品完全一致特征，少则联两个图，多则联几十个图，因此采用一版一图多拼联方法。那么拼联几张图进行印刷比较合适，这就是印后设计工艺要考虑的问题了，我们以常用竖排的32开来分析答题卡的裁切设计思路。

1. 成品尺寸设定

由于答题卡上的题目数量为105个，采用32开尺寸最为合适，因此答题卡的净尺寸设计为190mm×130mm。

2. 版面大小设置

对于定位精度要求很高的答题卡而言，拼版大小要慎重考虑，不能为了印刷方便和经济效益进行大版面印刷拼版设计，因为如果印刷时的温湿度控制不好，很容易造成纸张伸缩，这样后道裁切精准度必然受到影响，有时很难补救。本答题卡设计成四开尺寸上机印刷（一般答题卡数量不会太多，兼顾产质量平衡，四开印刷较为合适），采用四开 8 联拼版的裁切面积为 520mm×380mm，这样印刷用纸相对标准，不存在浪费问题。

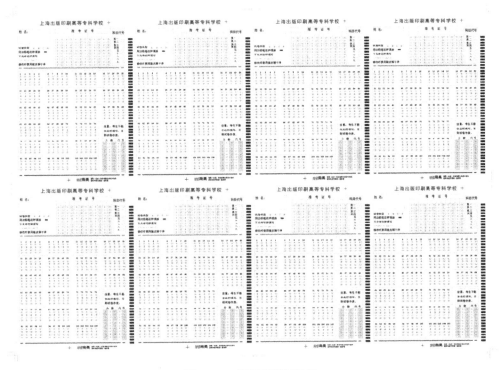

图 1-23　答题纸裁切设计

3. 抽刀设定

本例每个印刷产品完全一致，设计时无须采用抽刀裁切拼联方式，全部采用单刀裁切操作。原因有以下两点：①减少了裁切刀数，可以节约刀数和降低裁切误差概率；②减少了抽刀裁切空白料，遵循了尽量减少印刷用纸的原则。

4. 抽刀经济性分析

由于印企的生产成本中，纸张成本的比例是最大的，几乎要占到销售总额的50% 以上，因此在印前设计中能不抽刀的尽量不抽刀，尤其是小卡片、小商标、小标签每次抽刀的累积成本浪费都是惊人的，无论从节能环保还是从企业成本角度考虑，都应优先采用不抽刀裁切设计。类似前面四联明信片的抽刀裁切设计中，如果产品达到一定数量，我们还应估算一下分拆四个一版多联拼版裁切设计来控制产品的生产成本。

答题卡的裁切刀序和裁切尺寸计算，参照前面明信片的裁切设计方法即可，不再赘述。我们不难看出设计好答题卡工艺拼联方式可提高裁切精度，并为企业降本增效。

任务五　自动裁切程序设定与实战

　　自动化、数字化、智能化是现代印刷业发展的重要手段，在印刷工业生产过程中，越来越多地使用了各种各样智能化系统和技术来监视和控制整个印刷生产过程，使印前、印刷（印中）和印后设备在工作过程中完全连贯呈现出最佳状态，生产出最好的产品。当前在印后自动化发展进程中，利用 CIP4 技术控制印后加工，实现整个印刷过程的数字化、网络化一直是印后设备努力发展方向。随着印刷企业对数字化工作流程需求的增加，CIP4 技术在印后设备中的应用越来越广泛，折页机、程控切纸机、骑马订联动机、胶装联动机、精装联动机、模切机、烫金机、糊盒机等都能通过 CIP4 接口直接采集到生产管理系统订单信息和生产数据，实现了数据交换识别、自动调整、在线监控检测、在线修复等功能，使印后生产准备时间更短，加工精度更高，劳动强度更低，生产效率更高。

一、认知 JDF 裁切格式文件

　　JDF（Job Definition Format）即活件描述格式，是一种基于 XML（可扩展标志语言）用于活件的描述及交换的开放式文件格式。JDF 是一个标准的行业文档格式，它简化了印艺行业中不同应用软件和系统间的信息交换。JDF 支持多种基于 XML 的标准，保证不同平台和网络系统间能够最大限度地实现通畅信息交换。

　　PDF 格式文件描述了一个印刷作业从最初构思到最终成品交付的全过程，包括印前设计、印刷（印中）、印后加工、物流等各个环节，它不像 PDF 文件格式仅再现原稿的字符、颜色和图像，而是与应用程序、操作系统、硬件相关的数据交换格式文件，在印刷生产流程中架起了印前、印刷与印后生产数据沟通的桥梁。裁切 JDF 文件在裁切自动程序中既能够定义与具体印刷操作无关的印刷产品，也能够定义与印刷操作相关的活件参数。应用裁切 JDF 文件格式的前提条件是印刷过程中必须严格执行标准化流程，如果印刷生产过程中重新编辑或修改了 JDF 格式文件（如咬口、侧规大小、标识位置等），那么印后预做的生产准备工作（如制作的板材、预置的设备调整数据等）全部要推倒重来，因此标准化流程是执行 JDF 格式文件的前提条件。笔者以图 1-24 明信片裁切为例，讲解以印通软件设计的 JDF 自动裁切程序的应用。

图 1-24　明信片　　　　　　　　　　图 1-25　印通 JDF 裁切程序设计

二、Compucut 自动裁切程序应用

CIP4 在印后裁切加工中的应用能大大减少裁切操作时间，降低劳动强度和生产成本，综合效率是单独裁切机的 3 倍以上，并且裁切产品精度高、质量好。CIP4 数字化工作流程不仅将印前和印后加工紧密联系在一起，更是将任务管理、生产管理等过程控制也纳入整个体系中，这种数字化工作流程的整合对印刷生产的整个过程进行高效控制，使印后设备能快速进入正常的工作状态，生产出优良印刷产品，提高了印后加工自动化、智能化、联动化水平，保证了印后加工质量的稳定性、可靠性和生产效率。

（一）Compucut 自动裁切程序软件安装

在安装裁切系统软件前，先用网络线连接到波拉切纸机的网卡上。波拉切纸机既支持一对一（一台电脑连接切纸机），又支持网络连接切纸机。在需要连接的电脑中安装波拉切纸机随机携带的光盘中的两个文件，即 P-netV1.41 和 CompucutV5.0.5。

P-netV1.41 是一个网络连接程序（见图 1-26），相当于一个媒介，架起了电脑与切纸机之间的通信传输，实现了数据交换与共享，使切纸机能获取准确可靠的裁切信息数据。打开 P-netV1.41 通信媒介服务软件，此时右下角菜单栏多了"P-Net Server PED V3.0.2-W32"的图标，里面的绿灯闪烁表示软件被激活可使用。

CompucutV5.0.5 是一个裁切程序生成器（见图 1-27），能对 CIP4 规格的印前格式文件进行裁切编程，控制裁切设备的生产制作。

图 1-26　P-netV1.41 网络通信软件　　　图 1-27　compucut 自动裁切程序

打开 CompucutV5.0.5 裁切生成器软件。主菜单有 5 个（见图 1-28），即"工作""纸张 / 裁切程序""表格""维修""帮助"。打开主菜单中的"维修"项，其下有两个子菜单，一个是"系统结构"，另一个是"机器结构"。这两个都是对机器的初始基本设置，无论你选中两个中的哪个菜单项，下级菜单都是被锁定的。如果要编辑和修改系统配置必须输入密码，下级菜单才能由灰变黑得到解锁，初始解锁密码是"0000"。

图 1-28　系统主菜单

（二）裁切系统设置

1."系统结构"设置

"系统结构"菜单中共有八个选项（见图1-29），选中项目时，左边的绿灯被点亮。

（1）"一般"选项设置

在"一般"选项中，语言栏选"中国的"（见图1-30），在测量单元选符合国情的常用数据单位"毫米"，日期格式等可以根据个人喜好选择。

图 1-29　系统结构菜单

图 1-30　一般选项

（2）"印刷印前"选项设置

在"启动目录"中选一个存放裁切数据的文件夹（见图1-31），打开 Compucut 系统时，系统默认的路径是 C：/ProgramDate/PolarMohr/P-Net/1.4.1/cc5/ samples，也可以创建一个新目录用来存放裁切数据。"工作"中选"纸张名称＋工作名称"。"文件延展名"要选 JDF（CIP4 格式），即后缀名为 .jdf 的裁切数据文件。

（3）"工作选项"设置

"启动目录"默认安装时的路径，没有移动过文件夹无须操作（见图1-32）。

图 1-31　印刷印前选项

图 1-32　工作选项

（4）"裁切生成器"设置

①在"一般"选项中（见图1-33），根据个人操作习惯来选即可。

②在"储存"选项中（见图1-34），根据一般"裁切规则"都是"后进先出"，当然也可以选"先进先出"。"进程"演示是指裁切程序生成后，在电脑屏幕上进行的模拟裁切，选"存储在计算窗口"，这样在成品裁切前，可以在屏幕上进行仿真演示，便于裁切验证和校对。

图1-33 裁切程序产生器（一般）

图1-34 裁切程序产生器（储存）

③在"裁切顺序"中（见图1-35），打钩表示选中项，不打钩就是未选此功能。"预夹紧"用来裁切前的千斤压纸动作（是排气操作动作），"自动"即自动生成的裁切程序。

④在"按钮"中（见图1-36），"按钮"配置最多可选16个，每个按钮采用下拉式菜单，根据需要有100多项可选。配置好的"按钮"在裁切程序产生器的"裁切顺序"下的"自动"中生成，形成不同可选项的功能键。

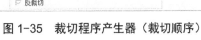

图1-35 裁切程序产生器（裁切顺序）

图1-36 裁切程序产生器（按钮）

⑤"分配按钮"有6个选项（见图1-37），配置好的"分配按钮"在裁切程序产生器的"裁切顺序"下的"手动"中生成，形成不同可选项的功能键。

（5）"菜单"设置

"主菜单"设置是对软件主菜单中的下拉式菜单的选项（见图1-38），"图形窗口—设置"也是对应其下拉式菜单的选项（见图1-39）。

图1-37 裁切程序产生器（分配按钮）

图1-38 主菜单选项

（6）"纸张产生"设置

"复制并计算标签"打钩后，可以复制程序（见图1-40）。"挡规边"也可以根据产品规定和操作习惯选定。

图1-39 图形窗口设置

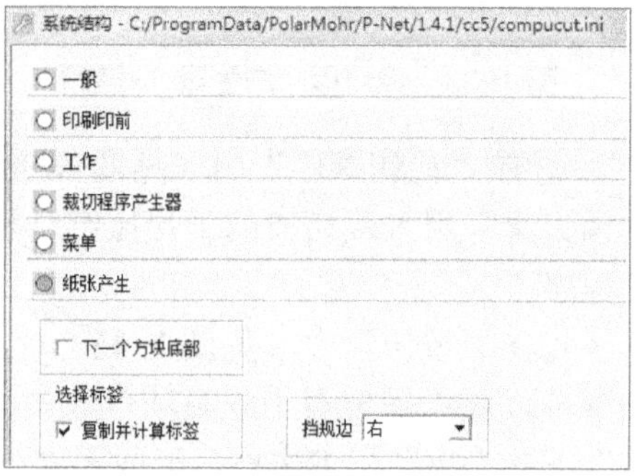

图1-40 纸张产生复制与计算

（7）"通讯"设置

"概览"中"自动更新"打钩（见图1-41），通讯自动更新连接。"裁切空间"中"全部机器连接测试"打钩，测试机器的通讯连接状态。

（8）"系统结构管理"设置

"存档路径"是 C：/ProgramDate/PolarMohr/P-Net/1.4.1/cc5/ini_archiv/（见图1-42），这是系统默认的系统设置后的存档路径，也可以另外创建一个目录。

图1-41 网络通讯选项

图1-42 系统结构管理

2."机器结构"设置

打开主菜单中的"维修"项，在子菜单中选"机器结构"。初始解锁密码也是"0000"。"机器结构"主菜单中共有三个机器设备的可选项（见图1-43），分别是"删除""机器建立""P-Net机器列表"。

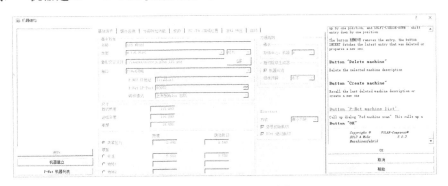

图1-43　机器结构主菜单

（1）删除

"删除"就是删除当前裁切机器的所有信息，删除后上部机器信息栏变成空白，"删除"条也变淡灰。

（2）P-Net机器列表

"P-Net机器列表"展示了网络服务器信息（见图1-44）。

图1-44　Pet网络服务器

包括当前电脑名称、IP地址、端口和登录等信息。如果计算机通过网络和波拉切纸机的网卡已通信连接，那么点一下"PED-扫描"，机器列表就会出现在中间方框中。

打开波拉裁切机显示屏上"预置功能"菜单（见图1-45），打开"授权服务"项（见图1-46）并输入授权软件密码（安装光盘盒内的附带文件上有）。

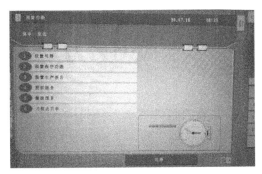

图1-45　授权服务

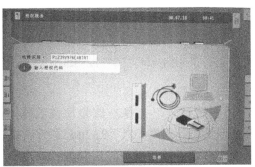

图1-46　输入密码

密码输入完成后会自动跳转到"激活服务"（见图1-47），此时菜单3"计算机控制"菜单呈淡蓝色，表示通信功能激活。如果呈红色表示未激活服务。

打开波拉裁切机显示屏上"维修"菜单，输入机器的维修进入代码（如8520）。进入"维修"菜单8，单击"TCP-IP配置"子菜单（见图1-48）。

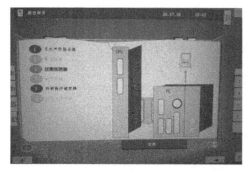 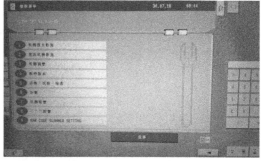

图1-47　激活服务　　　　　　　　图1-48　TCP-IP配置

在"TCP-IP配置"上面共有9个按钮（见图1-49），6、7按钮是和此台波拉切纸机连接的计算机或网络IP地址。按6按钮后，输入TCP-IP地址，这个地址就是电脑网络的IP地址（从图1-44中，也可以看到电脑的IP地址）。

网络地址匹配好后，按9按钮进行检测，可以得到"P-Ne服务器许可使用"的回复。

回到计算机"P-Net机器列表"（见图1-50），可以看到"切纸机在P-Net服务器登录"的信息，原切纸机在P-Net服务登录项是没有信息的，点亮1项后按OK确认网络连接。

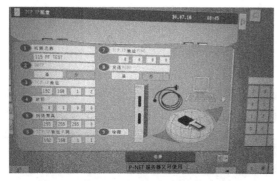 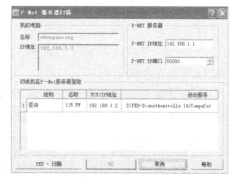

图1-49　TCP-IP地址　　　　　　　图1-50　PET网络服务器激活

（3）机器建立

"机器建立"就是当前裁切机的基本设定，共有"基础调节""额外应用""外部附加功能""参数""PS/PA/装纸位置""注释/预压""自动"七个子菜单（见图1-51）。

①"基础调节"设置

"基础调节"（见图1-52）是对单面切纸机的基本设定（包括机器的名称、类型、接口等）、尺寸（包括裁切的最大高度、宽度、高度）、夹紧压力、信息存储位置（存在波拉刀的 A 盘或 B 盘，本例设置存储在 A 盘）及一些动作的设置。

图 1-51　机器建立菜单

"基础调节"都是采用下拉式菜单。在机器类型一栏，波拉提供了七大系列，80 余种机器型号供客户选择匹配。因为不同功能的机器编程是不一样的，有的机器带清废的，那么编程后就带清废功能。如果机器没有清废功能，你选了带清废功能的程序就会报错。

②额外应用

"额外应用"（见图 1-53）就是对单面切纸机附加功能的添加和删除。

图 1-52　基础调节

图 1-53　额外应用

③外部附加功能

"外部附加功能"（见图 1-54）是对全自动高配波拉刀的后气台进纸时，咬牙（机械手自动咬纸后，输纸定位）启动参数的设置。

④参数

"参数"（见图 1-55）设置是对程序参数、步骤参数、整机参数、自动夹紧、后挡规、前压板、裁切优化、自动清废及 Autocut 25 的设置。

⑤ PS/PA/ 装纸位置

"PS/PA/ 装纸位置"（见图 1-56）是对闯纸标、PE- 程序排除器和 PL- 程序循环的参数设置。

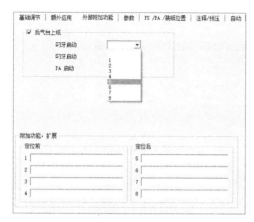

图 1-54　外部附加功能

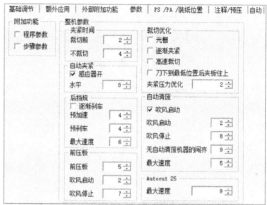

图 1-55　参数设置

⑥注释 / 预压

"注释"（见图 1-57）是对每一裁切步骤在可视化示屏上进行的动作说明。"预压"是指在没有裁切动作时，压板对裁切纸张的压紧（夹紧）操作的参数设置。

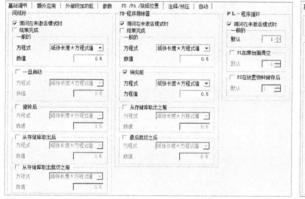

图 1-56　PS/PA/ 装纸位置

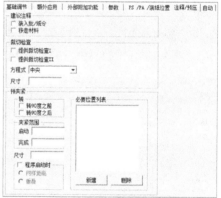

图 1-57　注释 / 预压

⑦自动

"注释"（见图 1-58）是对裁切自动程序生成的设置。包括输入和输出的文件夹，文件存放盘符、裁切序列、裁切顺序的参数设置。

图 1-58　自动裁切顺序设置

三、自动裁切程序设定

打开主菜单中的"纸张／裁切程序"项（见图 1-59），其下有三个子菜单：①"印刷印前"和"方块图编程－直纸张"；②"裁切程序生成器"；③"程序传输"。

图 1-59　纸张／裁切程序

1.印刷印前的设置

打开"印刷印前"菜单（见图 1-60），其指定默认路径就是"系统结构"下"印刷印前"设置的裁切程序启动目录 C：/ProgramDate/PolarMohr/P-Net/1.4.1/cc5/samples 下后缀名为＊.jdf 的文件，并可对裁切数据文件进行重新编程、修改和数据传输。

波拉裁切数据文件除了能打开＊.jdf（CIP4 格式）的生产格式文件，也兼容打开后缀名为 ifc、cip、ppf 格式文件。例如 PPF 印刷生产格式文件是用 PostScript 语言写成，PPF 格式对印刷生产过程中的技术参数设定、计划安排以及相关生产管理等都能进行数据处理。通过采用统一的、与设备制造商无关的格式来组织数据，数据可以从一个工艺步骤传送到下一个工艺步骤，各工艺步骤各取所需。这就是后缀名为 .ifc、.cip、.ppf、.jdf 的生产格式文件带来的好处。

单击该目录下文件时（见图 1-61），该文件（SGR_GUO_RONG.jdf）就出现蓝带，窗口左上方出现该印刷品的信息，包括名称、生产代码、图案纸张大小、创建日期等信息。

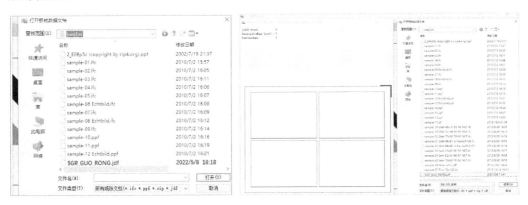

图 1-60　印刷印前　　　　　　　　　　　　图 1-61　订单选择

窗口左下方出现该印刷品的黑白缩略图，便于检索到当前需裁切的印品。

打开 SGR_GUO_RONG.jdf 订单文件后（见图 1-62），在左上方显示的印品尺寸是 420mm×297mm。该印刷品是 A3 尺寸的四联产品，中间留有 6mm 空白抽刀（界面标尺上显示），印前裁切设计的所有尺寸和中间抽刀一目了然。

图 1-62 所示，显示框内右上角有个红色角线，代表印品是以右面为基准。

图 1-63 所示，单击左上角按钮，可以将右基准面转换成习惯定位的左基准面。右上角提示是否要引入该印品进行裁切操作，按 OK 键即可引入该印刷品进行裁切程序设计。

图 1-64 所示，进入新的纸张记录画面，这是提示操作者是否要对该纸张进行操作，只有引入该纸张才能进行裁切程序编制。显示框上有文件名、印品尺寸、裁切色块图案。

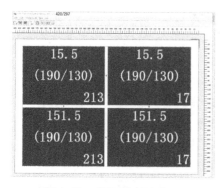

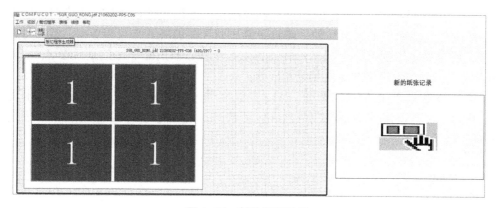

图 1-62 裁切尺寸画面   图 1-63 裁切尺寸引入

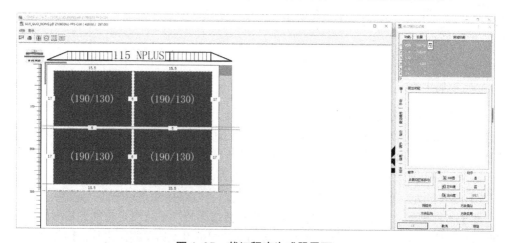

图 1-64 新的纸张记录

按左上角"裁切程序生成器"图标按钮，进入裁切程序设置界面（见图 1-65）。"裁切程序生成器"菜单只有在"印前印刷"文件打开后，才能被点亮操作。

图 1-65 裁切程序生成器界面

在"裁切程序生成器"菜单栏，在附加功能有"一般""手动""裁切程序""存储""调节""信息""统计"七个选项。

①一般

"一般"画面上有裁切机型号、纸张（印品名称）、裁切工作（裁切名称）等信息。

②手动

"手动"是一个手动编程按钮，采用提问的方式。例如第一刀、第二刀裁切位置是否正确，单击"是"就确认该步是正确的，单击"否"自动换到另外裁切位置再等待你的确认。

③裁切程序

"裁切程序"是最主要的自动裁切程序生成器。在"裁切程序"菜单下，"自动"下有六个可选项。"1.边"是设置成切长边；"十字（2边）"是设置成切长边→切左边短边；"十字（3边）"是设置成切长边→切左边短边→右边短边；"长度（3边）"是设置成切长边→左边短边→另一长边；"周边（4边）"是设置成切长边→左边短边→另一长边→右边短边；"周边180（4边）"是设置成切长边→左边短边→右边短边→另一长边。

④存储

"存储"是将编好的该裁切程序编个文件名称存放在电脑中。

⑤调节

"调节"是对裁切机上料台面、千斤压力和废边裁切等的设置。

⑥信息

"信息"有印品的尺寸、日期数据。也可填入操作者名称、生产和备注等一些管理信息。

⑦统计

"统计"是对裁切程序步骤的分类统计，如步骤总数、裁切刀数、成品数量和旋转次数的统计数量。

例如，单击"周边（4边）"裁切按钮（见图1-66），屏幕右面显示裁切刀数和刀序：8刀；转速：4次。同时右边小窗会出现可视化裁切顺序（一刀、二刀、三刀、四刀顺序），左边印品图案会变淡，裁切刀数和顺序在图案上完全体现。

单击不同的裁切按钮（选项带会变蓝）后，显示框中的裁切顺序都会相应发生改变。不同的裁切按钮选项会产生不同的裁切顺序，步骤多少也有一定差异。

选项完成后按"接受"键后，右方菜单栏上方出现生成的裁切程序（见图1-67），共有17个步骤，其中3、6、9、12、13、14、16、17这8个步骤是裁切步骤，其他是闹纸标、进纸、出纸、转向、重复等辅助动作。鼠标每单击一个步骤（该步骤变蓝），同时左边显示框显示该步骤的裁切位置（见图1-68）。

按自动"自动模拟"键，则裁切程序在左边显示窗中开始从步骤1→步骤17演示，同时每一步骤都在右边演示窗得到同步体现。以后在裁切机上裁切时，每一步骤也会同步在裁切机显示屏上同步显示此动画，但如果裁切机配置级别较低，则裁切显示屏上的印刷品就不是实样，而是采用简单的不同色块来取代印刷品实图和白边。

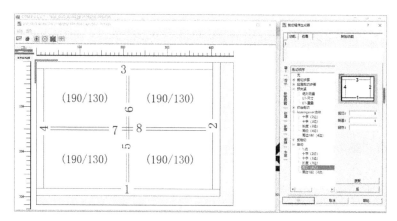

图 1-66　周边（4 边）裁切方案

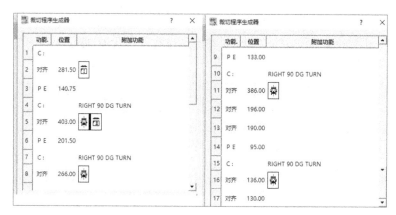

图 1-67　裁切顺序生成

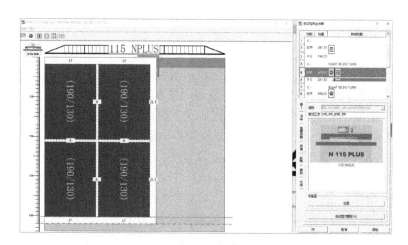

图 1-68　裁切位置显示

如图 1-68 所示，按图"机器"键，则生成的 SGR_GUO_RONG.jdf 自动裁切程序发送至当前联网的波拉切纸机 A 盘中，波拉切纸机的存储分 A 盘和 B 盘，本例裁切程序设置时，已规定了存盘路径为 A 盘。

2.方块图编程－直纸张的设置

"方块图编程－直纸张"是一个对裁切顺序进行再修改器（见图1-69），只对"印前印刷"打开的文件进行修正（定义裁切白边和中缝白边的多少），只有当印刷品的裁切白边发生变化时，才会进行裁切白边的修正，但由于对裁切白边的位置进行了校正，那么所有的裁切数据也会发生变化。例如，胶印的咬口位置在实际生产印刷中经常与印前裁切设计位置不相符，需要进行数据的补偿，才能得到符合要求的产品。裁切程序生成的操作步骤还是一样的，仅对裁切顺序的裁切白边数据进行修正。又如，咬口处白边设计为15.5mm，印刷时咬口少咬了1.5mm，此白边就只有14mm了，那么Y方向最小白边经过校正就要设置为14mm，而不是原来设计的15.5mm。

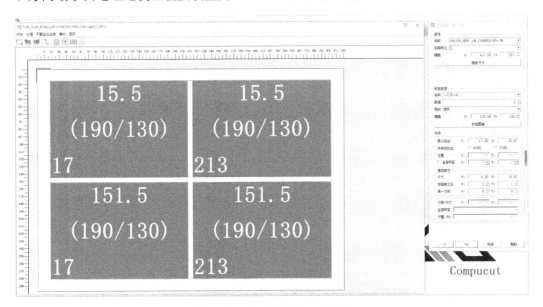

图1-69　方块图编程－直纸张

3.程序传输

"程序传输"是将计算机中生成的裁切程序传输到切纸机。将上一个菜单"裁切程序生成器"编好的裁切程序，按"机器"（见图1-70）将该裁切程序信息发送到切纸机中储存。

裁切程序生成器对于比较复杂的图案（见图1-71裁切样张）也能轻松编程。过去在切纸机上手工编制这种复杂的裁切程序（162个步骤）大约需要1小时，而且依靠尺量很容易出现尺寸的差错。现在通过印前裁切数据的导入，再经过"裁切程序生成器"的自动编程，只要通过简单的裁切程序定义，1分钟就能轻松搞定，减少了人工测量环节带来的误差，大大提高了生产效率，0差错编程确保了裁切精度和效率。

四、自动裁切操作流程

自动裁切操作是通过切纸机对印刷品进行的裁切，是将编程后的裁切顺序付诸实施的全自动操作，需正确掌握成品裁切操作方法和步骤，牢记切纸质量标准与各项操作要求。使用切纸机前，操作者需了解切纸机安全操作指南，熟记关键技术数据，除了掌握操作面板上的按钮、旋钮作用及开关位置外，还要掌握人机界面触摸屏的功能。

图 1-70　程序传送

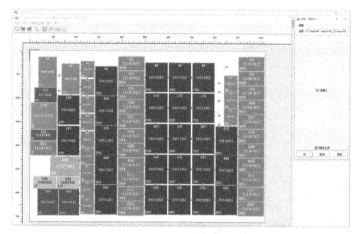

图 1-71　裁切样张

切纸机工作步骤主要包括上纸—裁切—下纸。上纸主要是将需要裁切的纸沓通过机器或人工闯纸理齐后，放到切纸机的工作台上。下纸就是将裁切好的纸沓整齐地放置到卡板上。

（一）操作前准备

1. 打开电源开关（见图 1-72）

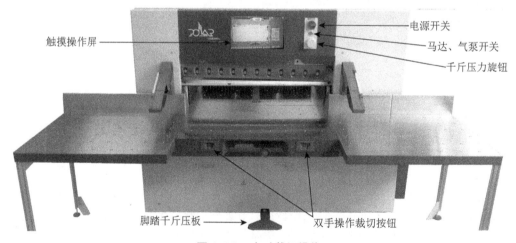

图 1-72　自动裁切操作

2. 开启马达、气泵开关

按下绿色马达、气泵联动开关（见图 1-73），马达和气泵开始转动并发出声响，显示屏右上角马达和气泵图标呈绿色被点亮（见图 1-74）。关机时操作步骤相反，先按图 1-73 下面两个红色停止按钮，马达和气泵被关闭，最后关闭电源开关。

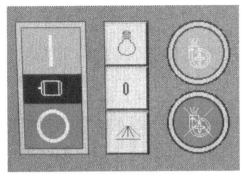

图 1-73　开启马达、气泵

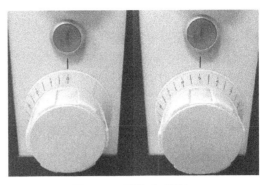

图 1-74　调整千斤压力

3.设置裁切压力

根据不同纸张品种、尺寸和高度来调整千斤（压纸器）压力，压力旋钮的调整范围在 0 ～ 10（见图 1-74），对应压力值在 150 ～ 4500kp。千斤是沿纸张的裁切线压紧纸沓，并排除纸张间空气，理论上压力越大，纸张从千斤下被拉出的可能性就越小，防止纸张在裁切过程中发生整体位移，保证了裁切精度。但压力过大会在印张上压出印痕，甚至压坏纸张。本次明信片是 157g 铜版纸，而且裁切尺寸小、张数少，因此压力旋钮放在中间（数值选 5，约 22kg/cm^2）即可。

（二）裁切程序的导入

切纸机的所有操作都在操作控制面板（触摸显示屏）上完成（见图 1-75）。

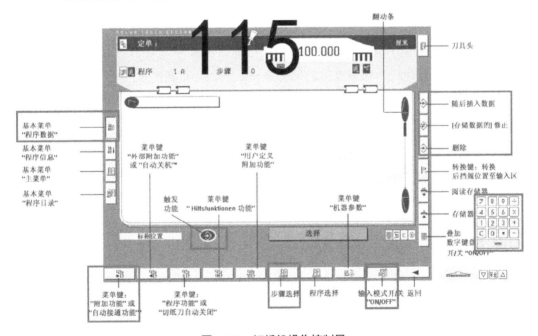

图 1-75　切纸机操作控制屏

如图 1-76 左所示，单击基本菜单中的"程序目录"，选 A 盘，此时显示屏将 A 盘上存储的所有程序列表。在 A 盘目录下可以检索到 SGR_GUO_RONG 裁切程序，双击蓝色程序号 2（或左下程序号输入 2，再按确认键），屏幕就会显示该裁切程序的所有操作步骤，光标停留在程序的最前端。

如图 1-76 右所示，按右下角"自动刀"图标，把裁切模式从手动刀转换到自动刀，这样切纸机就会按自动裁切模式进行裁切，而裁切指令就是当前导入在显示屏上的裁切程序，光标停留处程序号和尺寸被黄色点亮，就是当前动作位置。

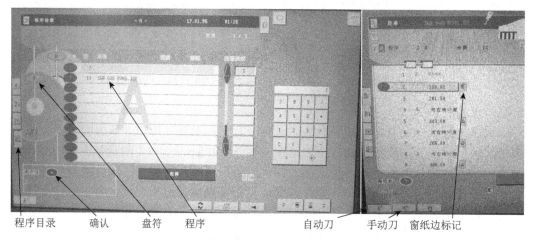

程序目录　　确认　　盘符　　程序　　　　　　　自动刀　　手动刀　窗纸边标记

图 1-76　裁切程序导入、选择、自动刀准备

（三）完成裁切操作

裁切操作分 4 个步骤：理纸—纸沓定位—压紧定位—裁切。

1. 理纸（闯纸标）

在闯纸标的位置（100mm）将纸张理齐，一只手手掌压住纸叠的左边或中间，另一只手从中间开始把纸张间空气向四面排出，使纸张整齐平服（中间不能鼓起）。纸张一定要理齐，排气一定要充分。该行后缀一个理纸"闯纸标"标记，裁切刀是不工作的。

再用齐纸木板先轻敲纸沓侧面（见图 1-77 左），再轻敲正面（见图 1-77 右），并把齐纸木板挡在切口外部，此时脚踩踏板、千斤下降压住纸沓后，把齐纸木板移开（也可不把齐纸木板移开，实际上裁切量多的话，齐纸木板是有作用的，会挡住裁下产品向外倾斜、防止散乱，少量的话可以不用挡板）。

图 1-77　齐纸木板操作

2. 纸沓定位

纸沓定位包括尺寸定位和空间定位。将已经闯齐纸沓紧靠推纸器前表面和侧挡板，进行纸张初定位；再按图 1-76 右 3 号步骤，此时标称号定位在 281.5mm，按确认键后推纸器将纸沓自动定位在裁切线上，完成纸张 281.5mm 的裁切尺寸定位。第一刀 281.5mm 的数值是推纸器的最前端到裁刀下落刀口的直线距离，即裁刀里端的纵向距离。

3. 压紧定位

脚踩踏板，压纸器下落，将纸沓紧紧压住，排除其中空气，进行压紧定位，防止纸沓在裁切过程位置发生移动，影响裁切质量。

4. 裁切操作

用左右双手同时点动按钮，裁刀下落，将纸沓切断（在连续切纸过程中，压纸器先下降进行压紧定位，稍后裁刀再下落开始裁切纸张）。裁切完毕，裁刀先离开纸沓返回初始位置，而后压纸器再上升复位（压纸器和裁切刀实际上几乎同时复位），取出被裁切物，再进行下一工作循环。裁切操作时，显示屏右边即时显示（见图 1-78）被裁切物的旋转方向、裁切位置等色块影像（高版本软件则带裁切影像附加文件，能显示实际裁切图案影像），指示当前裁切作业，使裁切操作者一目了然，防止裁切误操作的发生。

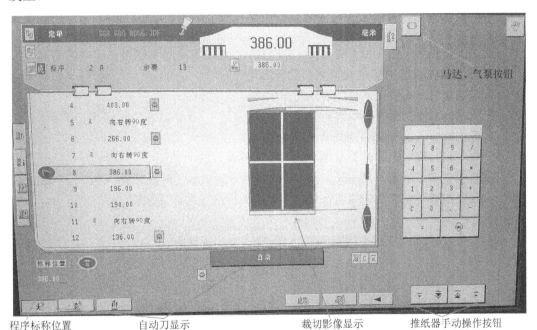

程序标称位置　　　　自动刀显示　　　　　　裁切影像显示　　　　推纸器手动操作按钮

图 1-78　裁切影像

以上就是四联明信片 8 刀的自动裁切程序。输入裁切程序后，在执行裁切操作时，推纸器就会按照程序步骤自动移动裁切尺寸，操作人员只需按动裁切按钮及按照影像转动纸沓方向就可以了。

特别提示：

①齐纸木板敲击时要居中防止单边，同时敲击时还要防止用力不足或用力过猛。用力不足纸沓顶不到位，用力过猛纸沓撞击后被弹回造成歪斜而出现上下刀，要规范掌握操作力度。

②在裁切刀切好纸沓向上回的过程中，方可释放裁切按钮，否则会中途停机造成裁切误差，甚至报废。

五、裁切质量判定与规范

成品裁切质量判定与规范，应满足两个要求：质量上必须符合国标要求；规格尺寸上要达到一定精度。

1. 裁切质量要求

①裁切边应光洁，无刀花、无毛口、无驳口。

②纸沓上下尺寸应一致，相邻两裁切线应垂直（对角线相等），规格尺寸符合要求。

③裁切后产品应无颠倒、翻身、夹错、压痕和大折角等质量弊病。

2. 裁切规格尺寸精度要求

①成品裁切误差＜0.5mm。

②成品对角线裁切误差＜0.5mm（对角线一致是为了防止平行四边形）。

思考题：

1. 简述 ISO-A 系列纸的定量分类和开本尺寸。

2. 简述裁切方案设置方法、规律及作用。

3. 简述裁切操作有哪些步骤。

4. 简述裁切标识角线的类型及设置要求。

5. 简述成品裁切需遵循的原则及裁切质量检验方法。

6. 如图 1-79 所示，纸张尺寸：500mm×350mm，封面成品尺寸：296mm×217mm，根据规格尺寸绘制裁切计划，并对切纸机进行编程后裁切。

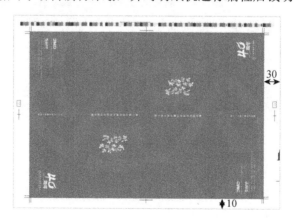

图 1-79　封面裁切编程

折页、配页、锁线工艺与实战

教学目标

　　折页、配页和锁线是书刊加工、广告、说明书等不可缺少的印后加工工序，折页、配页、锁线的质量会直接影响到书刊装订的牢度和使用寿命。本项目通过折页、配页、锁线技术和与之相关的生产工艺设计和操作方法，来掌握折页、配页、锁线操作中的常见问题与质量弊病，并掌握折页、配页、锁线质量判定与规范要求。

能力目标

　　1. 掌握折页方法与应用；
　　2. 掌握配页方法与应用；
　　3. 掌握锁线方法与应用；
　　4. 掌握折页、配页、锁线生产工艺设计。

知识目标

　　1. 掌握折页制作技术；
　　2. 掌握配页制作技术；
　　3. 掌握锁线制作技术；
　　4. 掌握折页、配页、锁线质量判定与规范。

　　折页、配页和锁线是印后装订生产中书刊、广告、说明书、小册子等产品制作过程中不可缺少的必要工序。折页、配页、锁线既可以单机操作，也可以组成折页、配页、锁线联动线，还可用于精装类书籍的毛本书芯制作。

任务一　折页工艺技术

　　几乎所有需要成册的印刷品都要经过折页这一环节，如产品宣传册、骑马订书刊、无线胶订产品、精装书籍等。折页是书刊等印后加工生产中的第一道工序，印刷机印出的大幅面印张必须经过折页才能成为各种半成品或成品，折页质量的优劣直接影响到印后加工产品内在质量和装帧质量。折页是将印刷好的大幅面印张，按照印张上所标页码的顺序和规定的幅面大小，用机器或手工折叠成书帖的工作过程，折页是成帖的主要工序。

一、常见折页方式

现代印刷越来越多的产品到折页就可以出产品，如市场上的招生宣传资料，机场、车站旅游图，景点介绍，博物馆艺术馆展品说明等，大到全张交通图、小到药瓶里的说明书都离不开折页工艺，目前折页产品的方式越来越多，对折页设备的要求也越来越高。

常用折页方式有三种（见图2-1）：垂直交叉折、平行折、混合折。

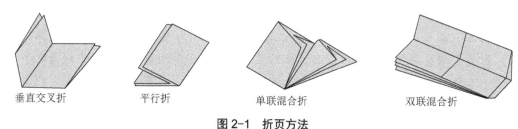

垂直交叉折　　　　平行折　　　　单联混合折　　　　双联混合折

图2-1　折页方法

1.垂直交叉折页法

当第一折和第二折的折缝互为垂直，其相邻两折的折缝各相互垂直并交叉的折页方式，称为垂直交叉折页法，也称转折。垂直交叉折页的操作方法，当第一折完成后，进入第二折时，书页必须按顺时针方向转90°后，对齐页码才能折第二折（如果是折页机操作，在第一折完成后，书版即改为另一方向传递而进入第二折），第三折和第四折与上述操作相同。

2.平行折页法

平行折又称滚折。相邻两折的折缝互为平行的折页方式，即前一折折缝和后一折折缝平行。除零版摆版版面必须平行折页法外，对纸质较厚的印刷品也较为适合，可减少折缝处弓皱。平行折适用于零散页、畸开、套开等页张折叠。平行折按版面页码顺序和装订形式要求，又可细分为三种折法（见图2-2）：对对折、扇形折、包心折。

①对对折页

同方向或正反方向连续两个对折，即按照页码顺序对折后，再按同一个方向继续对折的方法。对对折以印张的长边为基准，每折一次，印张长度减少一半，而折帖的页数增加一倍。

②扇形折页

扇形折页也称风琴折页，第一折与第二折为相反方向折。扇形折也称翻身折或经折，在折页时按页码顺序与要求，折完第一折后，将页张翻身后再向相反方向折第二折，依次来回反复折叠，使前一折缝和后一折缝相互平行，折好的书帖所有折缝外露呈相互平行状。扇形折不受折数限制，可以折叠无数次。

③包心折页

按页码顺序分大小版面连续两折。包心折也称连续折、卷心折，是一种按页码顺序和要求，将第一折折好的纸边包夹在中间，再折第二折、第三折的方法，因为第一折的纸边夹在中间，故称包心折。包心折最多不超过3折。

3.混合折页法

在同一帖的书页中，既采用垂直交叉折又采用平行折的方式，称为混合折页法，又称综合折。混合折一般用来设计制作特殊的大张印刷品（如地图、工程图、线路图等）或折数较多的印刷品（如广告、药瓶中的微型说明书等）。这种方法适用于栅栏式折页机折叠，用机器折页的单、双联书帖最为普遍。

根据折页方向可分正折和反折；根据折页联数，可分为单联折和双联折（见图2-3）。

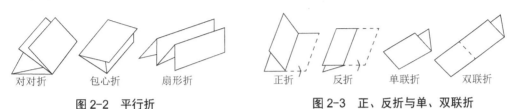

对对折　　包心折　　扇形折　　　　　正折　反折　单联折　双联折

图 2-2　平行折　　　　　　图 2-3　正、反折与单、双联折

二、折页工艺认知

书刊、广告等都是由若干张书页组成，印刷时要把书页按要求组合拼成大张书页，然后折叠成书帖。折法是指成帖的版面数或页码数所需的折叠数（见图2-4和表2-1）。

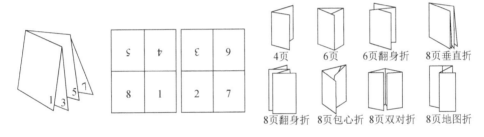

4页　6页　6页翻身折　8页垂直折

8页翻身折　8页包心折　8页双对折　8页地图折

图 2-4　折法与页数

表 2-1　垂直交叉折书帖折数、页数及版数的关系

折数	页数	版数
1	2	4
2	4	8
3	8	16
4	16	32

垂直交叉折是最常用的折叠方法，从表2-1可以看出，折数与页数、版数有一定规律，易于掌握，也便于刀式折页机折叠加工。

版面的排列方法不同，其名称也要随之发生变化，一般摆放版面均是根据印后折页设备及折法的变化而确定，具体名称如下。

1.一折二页书帖

一折二页书帖有方4版和长4版（见图2-5）。

2. 二折四页书帖

常用的二折四页书帖有方 8 版和长 8 版（见图 2-5）。

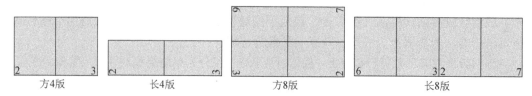

图 2-5 一折 4 版、二折 8 版

3. 三折八页书帖

三折八页有 16 版（见图 2-6）。

4. 四折 16 页书帖

四折十六页有 32 版（见图 2-7）。

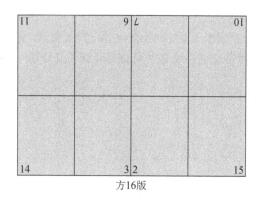

图 2-6 三折 16 版

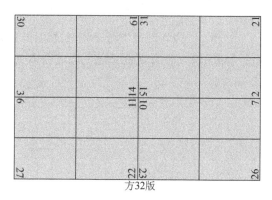

图 2-7 四折 32 版

三、折页设计方法

实际上，一个折页产品在印刷前是按照本企业折页机的类型、功能、适性和折页方式来设计的，以保证页码的一致性，避免在折页、配页中发生混乱。

折页方法是由订联方式、开本、纸张克重、印刷机和折页机规格等因素决定，数字印刷机的版面排列（摆版页码顺序）也是根据此要求而变化，而折页又是与印刷版面排列方式不同而随之变化。折页产品要达到预期效果，还有许多因素在设计时需要加以考虑。

1. 折数设计方法

折页产品最常见的就是八字皱褶弊病，在分析故障原因时，往往很武断地把责任归咎于折页机师傅操作不当，并让他们反复调整机器，试图纠正和减少误差。但是，如果我们从工艺角度分析，这类弊病产生的原因往往是印前设计人员对纸张、机器两者之间的适性了解不深、掌握不够造成的。

很多人曾折过纸飞机，也都有这样的感受：当你使用的纸张越厚、折叠的次数越多时，所需要的力气就越大，而且还折不准、折不漂亮。页张在折页时，折数越多，误差就越大，且因重叠次数多，出现皱褶的可能性就越大，这是因为重叠后的书帖内空气释放不出而造成皱褶。折数过多也会增大书帖折空的概率，就会造成无线胶订掉页、脱胶等故障。另外，从经济利益考虑，折数多肯定省工省时，仅配页就能减少一半的工作量；而折数少虽然质量得到了保证，但增加了后面配页、锁线的工作量，费工费时，甚至会影响精装书背的平整度和增加扒圆难度。因此在保证折页质量的前提下，权衡产量和质量矛盾，节能减排使经济效益最大化是印后设计人员智慧的体现。

案例分析：$80g/m^2$ 胶版纸设计成四折页，这种厚度大、定量大的胶版纸折数过多的话，书帖内容易出现八字形皱褶或者不易舒展开，这是因为书帖折缝一方面靠着折页机中折页辊的挤压变得平服，另一方面压力也会使纸张变形，显现在折帖上就会沿着折缝中央上部出现八字皱褶，这是纸张和折页辊相互作用的结果，通过调节折辊间的压力是无法改变这种现象的。虽然可以采取装破口小刀在折缝处划口排气，来减少折页引起的八字形皱褶，但很难完全根除。因此，对于克重大的折叠纸张，设计人员设计时应以三折页以下为主，决不能设计成四折页。

许多人认为避免八字形皱褶机台操作只需把划口刀的破口开大点空气就能完全排出，且折帖平坦，但破口过大加上空气干燥容易造成天头散页，就会影响到后续配页、锁线、骑马订等工序的正常生产和质量把控。

从表 2-2 中可以看出对开 80g 以下的纸张最多折 4 次成 32 开书帖，其他几种不同厚度的纸张都有特定限制，而超过 180g 的纸张只能折一次，并且折缝应和纸张的丝缕方向一致，再厚的 200g 纸张就应采用事先压痕才能保证折页质量。

表 2-2 只是平时总结出来的均值，对于铜版纸克重还应适当降低，对于精细产品折数也要相应减少。例如，精细产品是 64g 晨鸣纸，如果设计成四折页书帖，那么天头还是有轻微褶皱和折角，对于这种质地的纸张为保证高质量就需要将书帖设计成三折页。所以，有时折数设计还要根据纸张质地和适性灵活应用。

表 2-2　纸张克重与折数关系

折法	纸张克重（g/m^2）	折数
垂直交叉折	＜80	4折
	＜128	3折
	＜157	2折
	＜180	1折

2.折页设计方法

如图 2-8 所示，折页的设计方法有三种：①垂直交叉折；②平行折；③混合折。

①垂直交叉折设计要点

垂直交叉折是应用最多的折页方法，书帖通常都采用垂直交叉折的设计方法。其特点是书帖折页、粘页、套页、配页装订方便。如果书帖采用平行折设计，那么到了配页、锁线、骑马订等就会产生书帖被分页拉长问题，无法正常生产。

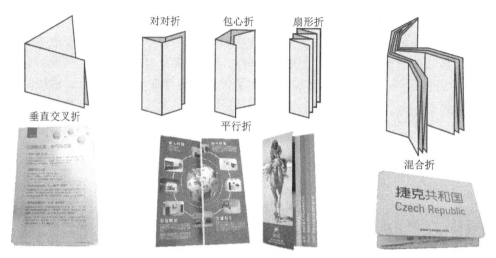

图 2-8　折法设计

垂直交叉折的折数过多不仅会造成八字皱褶，还会造成里外帖页码的错位（爬页），而且折数过多会使书帖折缝层数增多、增厚易产生折空，给胶装铣背、拉槽带来困难。这种页码对位不准，要想从折页机上着手纠正，是不现实的。如果不考虑机器本身的原因，纸张厚度是影响折页精度的主要因素。众所周知，每一种纸张无论种类、克重都有一定的厚度，当一张纸折叠次数不多时，书帖上页码间距误差不大，而折叠次数每增加一次，书帖上页码间距误差就会成培增加。尤其是图案、线条、块状的跨页设计，特别能引起读者的注意，设计人员设计时要减少折页次数，以保证折页精度。

②平行折设计要点

平行折能避免折页次数对纸张的要求，不会产生八字皱褶，常用于广告、说明书、地图、账单等产品的折页。平行折折叠次数的设计一定是根据本厂折页机的栅栏数量来决定，切勿随心所欲，设计人员需对折页机的配置、性能有所了解。

平行折不适用书帖的折叠，这是因为存在吸帖困难等因素。

③混合折设计要点

混合折是目前使用最多的折页方法，大部分折页机都是栅刀混合式折页机，这是因为其兼容性较强。

无论何种折页方式，设计人员在设计时都要注意纸张丝缕方向要和最后一折保持一致。

另外，对于薄纸的垂直交叉折页应采用四折页设计。因为，薄纸的丝缕方向与第一折折辊垂直，能增加纸张折页时的挺度，纸张上行栅栏容易，到了第四折，其折缝正好与纸张丝缕方向一致。如果采用三折页，要保证最后一折折缝与纸张丝缕一致，第一折纸张丝缕方向就和第一折辊平行了，薄纸挺度不佳，纸张上行栅栏时易受阻弯曲，造成输纸不佳。

四、折页工艺实战

折页机主要用于设计范围内各种不同尺寸和厚度纸张的折叠，适用于快速印刷中心、生产企业、公函文件、商务信函的大批量折页。

（一）认知折页机

1.根据用途、性能的不同分类

①办公用折页机［见图2-9（a）］受尺寸、速度、折法、折数等限制，仅能对 80～157g/m² 的纸张进行平行折叠，适性较差。

②书刊广告折页机［见图2-9（b）］具有品种多、功能全、适性强的优点，适用于书刊、广告、地图、说明书、招生宣传资料等印张的折叠。

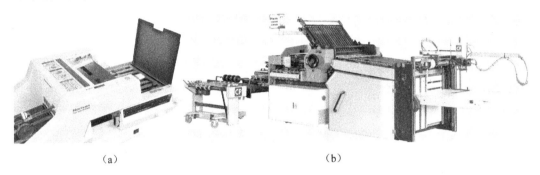

|（a）| （b）|

图2-9　办公折页机、书刊广告折页机

③商务专业折页机（见图2-10）采用模块化结构，具有折页、压痕、喷胶、插页、绑条、切角、喷码等多种功能，常用于药品说明书、商务信函、软精装封面、贺卡等多折叠产品的制作生产。

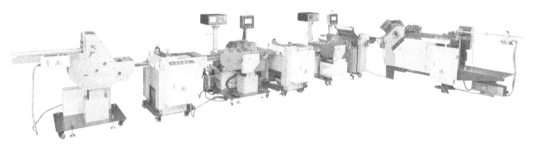

图2-10　浩信商务专业CP折页机

不同功能折页机的组成大同小异，主要由输纸机构、折页机构、收纸机构三个部分组成。输纸装置主要担负着分离和输送纸张的任务，能准确地将印张输送到折页部分。折页机构是将输纸装置输送来的印张按开本的幅面，依页码顺序折叠成书帖。收纸机构是将折成的书帖有规律地进行点数、整理和堆积。

2.根据输纸机构的不同分类

①平台式输纸机构［见图2-11（a）］

平台式输纸机构由装纸平台和输纸飞达组成。操作时，先将理齐的纸堆依折叠顺序直接放在装纸平台上，通过气动式输纸方法再将纸张逐张输送到折页机构。由于印张分离和输送较稳定，比较适用于轻薄纸张，但需要停机理纸和装纸。平台式输纸机构又有普通平台式和龙门架平台式之分。

②循环式（环保包、背包式）输纸机构［见图 2-11（b）］

循环式输纸机构是利用吸纸皮带（递纸辊）不断匀速旋转，将页张前沿部分吸起并随滚筒的转动向前移动，纸张经过感觉片到递纸轮和橡皮输纸辊之后，纸张经摩擦传动被带动到传递带上，直至递入折页部分完成输纸过程。

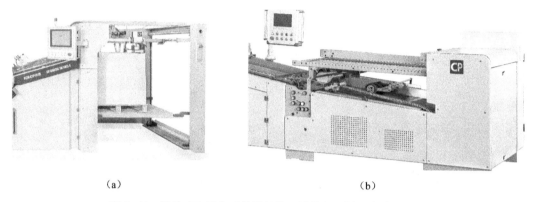

（a） （b）

图 2-11　浩信 CP 平台式输纸机构、浩信 CP 循环式输纸机构

3. 根据折页机构的不同分类

①刀式折页机

刀式折页机的折页机构是利用折刀将印张压入相对旋转的一对折页辊中间，再由折页辊送出，完成一次折页过程（见图 2-12）。

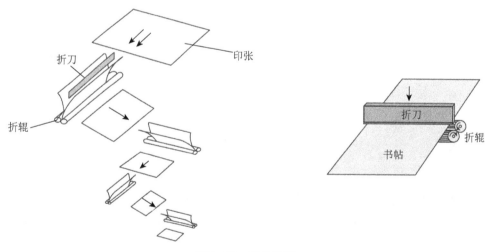

图 2-12　刀式折页

刀式折页机首先对印张折叠一次，然后将印张旋转 90°再进行第二次折叠，折叠一次，形成 4 个页面；折叠两次形成 8 个页面，以此类推。

刀式折页机具有较高的折页精度，书帖折缝平实，对纸张质量的适性比较宽，对于较薄、较软的纸张折叠都能适应，折页效果较佳。该机型操作方便，当改变折页方式和规格时，机器校正所需时间较少，但由于折刀是往复运动，其折页速度相对较低，并且构件也比较复杂。由于速度等原因，不适应现代装订加工需求，纯刀式折页机已基本遭淘汰。

②栅栏式折页机

栅栏式折页机也称梳式折页机，其折页机构是利用折页栅栏与相对旋转的折页辊和挡板相互配合完成折页工作的。

栅栏式折页机，能适应不同折页方式的变化。栅栏式折页机首先进行平行折页，这种折页方式通常对印张按照一个方向折叠两次，或更多次数。根据折页的不同要求，改变栅栏折页装置的数量和彼此位置的相互配合，可以折叠出不同折页方式的书帖［见图 2-13（a）］。栅栏式折页机的核心技术就体现在它的折页板和折页辊上。栅栏式折页机机身较小，占地面积小，折页方式多，折页速度快，具有较高的生产效率，操作方便，维修简单。

③混合式折页机

混合式折页机［见图 2-13（b）］是既有栅栏式折叠方式又有刀式折叠方式的混合型折页机，具有很强的适应性，是印后折页使用最多的机型。混合式折页机在高速运转时，纸张在折页过程中承受的压力也相当大，因此对于定量较重和较轻的纸都必须采用相对较低的折页速度，以确保书帖的折页精度。

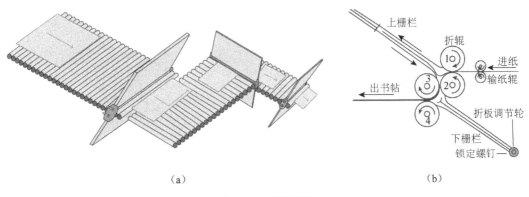

（a） （b）

图 2-13 栅栏折页

（二）折页机操作技术

最常用的混合式折页机的操作调整包括：栅栏调整、折刀调整、折辊调整三个部分。

1. 栅栏折页方法

栅栏折页机构是利用折页辊与栅栏和转向机构配合完成折页工作。如图 2-13 所示，输纸辊将要折叠的页张逐张分别送到两个同时向里旋转的折页辊 1 和折页辊 2 之间，由于折页辊 1 和折页辊 2 对纸张的摩擦，使纸张也产生了一个与折页辊相同的运动速度，纸张沿上栅栏轨道向前运动，并被送至上栅栏挡规处，由于挡板的阻塞，纸张上部产生阻力无法继续向前运动，而后面纸张不断向前，纸张受到两个方向力的作用后，被迫向没有阻力的三角形区空隙方向产生弯曲，当弯曲的双层纸张到达折页辊 2 和折页辊 3 之间时，受到了这对相向运动的折页辊的摩擦力，纸张在折页辊的作用下向下带出，纸张在通过每两组折页辊 2 和折页辊 3 时形成折痕。由于下栅栏被封闭，纸张再一次被迫转弯向前，同理，受到折页辊 3 和折页辊 4 的摩擦力，纸张向前运动输出书帖，完成折叠过程。

折页栅栏可以单独拆装，栅栏的数量决定了折页方式和折数。随着折页栅栏的增加或减少，依次运动以完成 2、3、4 折书帖折叠过程。也可以折叠出不同折法的书帖，一般栅栏式折页机构配备 4 个栅栏（上 2 个折板、下 2 个折板或上 4 个折板、下 4 个折板），也有为了特殊需要专门配置 20 个栅栏的折页机构，因此根据不同的产品结构和开本大小，配置有不同数量栅栏的折页机（见图 2-14、图 2-15）。

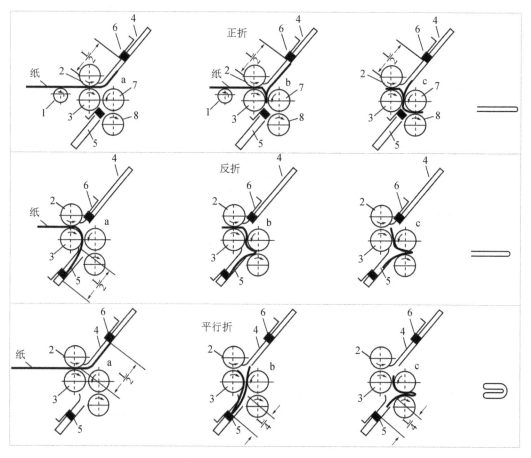

图 2-14　正折、反折、平行折

1.折页辊；2.折页辊；3.折页辊；4.上栅栏；5.下栅栏；6.挡规；7.折页辊；8.折页辊

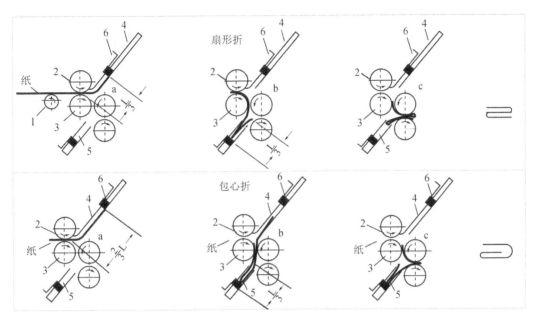

图 2-15　扇形折、包心折

1.折页辊；2.折页辊；3.折页辊；4.上栅栏；5.下栅栏；6.挡规；7.折页辊；8.折页辊

2. 折刀折页方法

折刀折页需要一个竖向移动的折刀、两根反向旋转的折页辊和前挡规来共同完成。印张由输纸皮带水平送至一对正在相对旋转的折页辊上方，印张到达前挡规后经左右侧挡规定位，折刀下降将印张压入相对旋转的折页辊中间，反向旋转的两根折页辊夹住印张滚压完成折页工作，印张通过折辊时产生折痕，再由折页辊送出，完成一次折页过程。折刀折页机构主要是由折刀和折页辊及折辊盖板、规矩部件组成。折刀和折页辊为折页机构的主要部件，折刀刃口的直线度会影响下部划口精度，折辊盖板与规矩的精度也会影响到折页精度。

刀式折页机的特点是：折页精度较高，操作方便，适应不同厚薄的纸张折叠，但由于折刀的往复运动消耗了能量和时间，因此常作为折二折、三折、四折的折页机机构。

折刀调整分三个步骤：折刀平行度调整；折刀高低调整；折刀和折辊的中心位置调整。

①折刀平行度调整

折刀的调节，首先应该调整好折页辊的松紧程度，然后再调节折刀。调节折刀时应先听折页辊旋转的声音，了解两折页辊齿轮相啮合的松紧程度，再听折刀下压时有无同折页辊相摩擦的异声。

折刀的平行度调节是指折刀两头高低的调节。折页时要求折刀与折页辊的轴线平行切入，所以折刀要与折页辊的轴心线保持平行，使页张被压入两折页辊缝的两端高低保持一致，才能保证折页平稳和折帖两端的输出速度相同（见图 2-16）。

②折刀高低调整

折刀高低的调整是指折刀和折页辊之间的距离调整［见图2-17（a）］。折刀过高或过低都会造成纸张无规则地弯曲。如果折刀调节过高，与折页辊接触过远，纸张输送速度就会变慢或纸张不能顺利被压入两折页辊中间。如果折刀调节过低，纸张输送速度就会加快或折刀会和折页辊相碰，造成折纸不稳、页张皱褶和纸张破碎等弊病。折刀下压的时间与折页辊工作时间要配合协调，其下降距离（折刀距离两折辊中间中心连线的距离h）一般应为3mm左右、又处于两折页辊的轴心，在慢速运转时折页书帖应该能被正常折下。

③折刀和折页辊中心位置调整［见图2-17（b）］

折刀刀刃要对准两折页辊的缝隙中间，如果刀片位置不在两折页辊中间，而是向某一个方向偏位，那么刀片向下动作时，就会将纸张夹住（拖住）。刀片上升时，会将纸张带上，造成折页不稳定或折纸歪斜。因此，折刀要校正至两折页辊的中心位置。

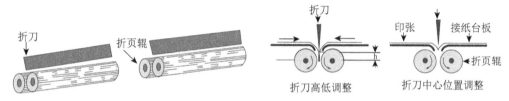

图 2-16　折刀平行度调节　　　　图 2-17　折刀高低、中心位置

3. 折辊调整技术

纸张沿侧规由输页辊将纸张送入两个相对旋转的折页辊内，通过栅栏挡规迫使纸张折弯成帖。折页辊在栅栏式折页机中，主要起输送、折页的作用，每对折页辊中有一个折页辊是不可调节的，另一个折页辊是可以调节其间隙的。

折页辊通常有直纹（见图2-18）和螺旋纹（见图2-19）两种。钢质折页辊上通常浇注聚氨脂，使用寿命约为10年，而细直纹折页辊，更适合薄纸的折页。折页辊是折页机的心脏，折辊的好坏、精度的高低决定了折页精度。无论是栅栏式折页机、刀式折页机，还是混合式折页机，折页辊都是必不可少的核心部件，折页精度主要由折页辊精度控制。折页辊精度越高，其折页精度越高。

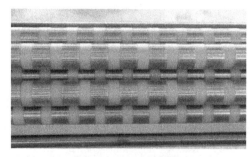

图 2-18　直纹折页辊

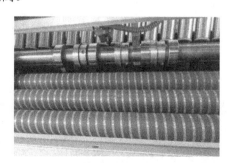

图 2-19　螺旋纹折页辊

折页辊调整是指对折辊间隙的调整。每对折页辊的间隙松紧要适度，折页辊间压

力过小，纸张不易进入折页辊；折页辊压力过大，纸张就会出现压皱。校样时先取所折纸张折叠至纸片，压下折页辊压力支座即调节旋钮下方的压板，通常情况下，按纸张经过各组折页辊的厚度依次将相应数量的纸片放入各压力支座下方的压板中即可。

平时调节折页辊松紧时可用塞纸的方法进行，先将被折叠相应折数的书页裁成长条待用。调节时，旋松支座上的紧固螺钉；将事先裁好的与所折纸张厚度相同的纸条片压入支座压板下，使该折页辊间隙相应增大；再将两张厚度相同的纸条分别放入折页辊两端，测试其拉力，应稍用力能抽动，并不损坏纸条为宜，并调节滚花旋塞；拉动两边纸条，当感到两边拉力一致时，锁紧螺钉即可。

图 2-20　折页辊调整

（三）分纸刀、划口刀、压痕刀的设置与应用

折页机构的输出部位装有一副刀轴（见图 2-21），上轴上可以安装分切刀、划口刀和压痕刀，下轴上装有刀座与上刀具相配合，组合成一套刀具。三种刀具有不同的功能，在纸张折页中发挥着重要作用。松开刀轴手柄上的紧固螺钉，拉出手柄，就可轻易取下整根刀轴和刀座，进行刀具转换或换刀（见图 2-22）。

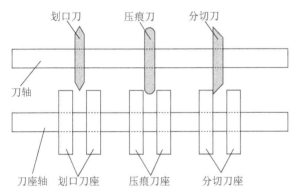

图 2-21　分切刀、划口刀、压痕刀

图 2-22　刀轴的装卸

1.分切刀设置与应用

分切刀（分纸刀）用于纵切方向，使用的是无齿刀片，主要用来分切纸张。进行纵切时，相邻的输纸轮应靠近纵切和划口部位，以支承和输送纸张。调换非常简单，只要在最后一折的折辊轴上，装上分切圆刀就能实现分纸裁切功能。

分切刀被经常用于考卷、广告、说明书的两边分切。因为对于纸张薄、批量大、折数少（二折或三折）的考卷、广告、说明书等折页产品，如果采用骑马订方式显然是行不通的，首先，二折四页八版产品厚度过薄，骑马订生产难度非常大，质量也很难保证，更谈不上使用和长期归档保存了。其次，从生产成本角度考量也是不经济的。因此，此类产品应考虑采用分切修边的方法，一步到位，折页后直接喷胶、裁切出成品（见图2-23），以减少中间环节，加快成品生产速度，提高经济效益。分切修边的要点就是在最后一折输出端，装两把分切刀用于分切掉废纸边，分切刀胎采用的是单胎刀架（见图2-24）。

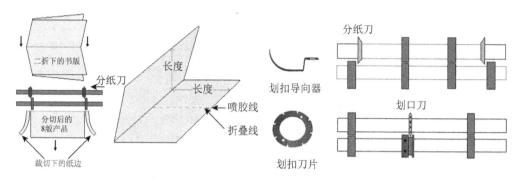

图2-23　纸边分切　　　　　　图2-24　分纸刀胎、划口刀胎

（1）分纸刀设计注意要点

①产品前口方向必须开成净尺寸上机印刷。

②天头地脚可利用分切刀裁切，天头应保持3mm裁切量，地脚应保持2mm裁切量。

③印张上的版别标记需去掉，如名称、色标、十字线、刀线等，保持白边。如果一定要放也要放在被裁切下的废边上，标记尽量缩小。

（2）分切刀操作注意事项

①刀轴和刀轴座必须有较高的精度，两端走纸压轮的松紧应保持一致，否则会造成分切线歪斜，不成矩形。

②分切后的产品切口应光滑，否则应检查调整或调换分切刀片。

2. 划口刀设置与应用

划口刀也称打孔刀。由于折页速度及纸张质量等因素，对于二折以上的垂直交叉折或混合折会产生折弯、爆裂、弓皱及尺寸偏差，折页纸张越厚，折数越多，则折爆概率和尺寸偏差就越大，尤其当纸张丝缕与折缝方向不一致时会更加严重。因此，书帖折页时均在折缝处划口排气来进行折线的预定位。划口的目的除了预定位外，也是将书页间滞留的空气排出，以免在垂直折页时书帖产生皱褶。

划口刀片呈锯齿状类型有很多［见图2-25（a）］，齿形有宽有窄，每齿相距约2～6mm。被划口刀割切后的书帖成为每隔5mm左右的距离划穿一小孔，刀孔与刀孔之间还有3～5mm的连接部分。划口刀的刀胎是双刀胎，双刀胎结构又分为连体双刀胎和分体双刀胎［见图2-25（b）］，使用原理一样。

划口刀的安装和压痕刀安装相同，松开刀片压紧螺母，将刀片断开部位掰开，套入刀轴中，然后在刀座上定位，再拧紧左边压紧螺母。然后将刀刃与凹槽轻轻地啮合，为使纸张不向上卷曲和弓皱，还要装上划口导向器，可避免纸被刀片齿带起，以保证划口质量达到要求。

（1）划口刀设计需注意事项

①书帖划口刀线在裁切时必须全部被切除，成品中不应留划口痕迹。

②征订单、回执、副卷等折页产品的撕裂线要设计成轻划或半划，不能划断分离。

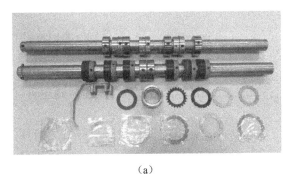

（a）　　　　　　　　　　　　　　　（b）

图2-25　划口刀片、分体双胎刀片架

③无线胶订中书帖的书背、天头、地脚、口子四边都可进行划口，但有线胶订书帖最后一折处则不能划口，骑马订也不能在最后一折处划口。

（2）划口刀操作要点

①划口刀的位置与折缝必须一致，并应将书帖折缝划破划透，但不得将其划断，以免散页和掉页。

②不同质地、不同厚度、不同折数的纸张要选择不同齿数的划口刀片。划口刀片的种类较多，其主要技术参数有五个：①刀片齿数；②刀刃齿距；③刀片齿长；④刀片方向；⑤刀片厚度。

③划口刀片应处于双刀胎的中间位置，不能和左右刀胎碰，双刀胎刀槽的间距（通常在2mm左右）可调。

3.压痕刀设置与应用

在折页（一折）加工中，对横切纸张的纹理（横丝缕）进行折页作业时，很容易造成纸张折叠后爆裂，尤其是大克重的纸张更易出现该弊病。为确保单张纸折叠线定位准确，防止折线爆裂，就需对单张纸折线进行预压痕。压痕刀和划口刀的装法一样，也是装在上刀轴上的，但压痕刀是没有刀刃的圆刀。

压痕刀线的作用：（1）防止折裂、折爆和折线偏斜；（2）预压痕是为了精确折页。

（四）折页质量判定与规范

折页质量要求与书刊加工的优劣有直接关系。对于整批印张折成的书帖，应达到以下质量要求。

（1）所折书帖应无颠倒、无翻身、无死折、无页码串号、无筒张、无套帖、无双张、无外白版、无折角和大走版。

（2）书帖页码和版面顺序正确，以页码中心点为准，相邻两页码位置允许误差≤3mm，折口齐边（纸边）误差不超过2mm（超过2mm，书册裁切后易出现小页现象），全书页码位置允许误差≤5mm，画面接版误差≤1mm。

（3）折完的书帖外折缝中，黑色折标要居中一致，全部整齐地露在书帖最后一折外折缝处。

（4）三折及三折以上书帖应划口排除空气。划口刀必须正确地划在折缝中间，并与折缝重叠，划口在后背上排列整齐，其划透深度以书页不断裂、不掉落页张为宜。分纸刀切割分出的纸边要光洁，纸边无拉破现象。

（5）锁线订书帖的折页，前口毛边要比前口折边大 4mm，以配合锁线机自动搭页工作的顺利进行。折骑马联运机双联的书帖，前口里层毛边要比外层毛边大 10mm，以配合搭页机钢皮咬页分离工作的完成。

（6）59g/m² 以下的纸张最多折四折，60～80g/m² 的纸张最多折三折，81g/m² 以上的纸张最多折 2 折。

（7）折完的书帖要保持页面的整齐、清洁、无油脏、无撕页、无破碎、无残页、无死折或八字波浪皱褶，保持书帖平整。收帖时要注意帖背上有无黑方块帖码标志，以避免印刷外白面的漏下。

任务二　配页工艺技术

配页也称配帖，是将书帖或多张散印书页按照页码的顺序配集成书芯的工作过程。配页是书芯制作的必需工序，配页又分为配书帖和配书芯。

一、配书帖工艺

配书帖是指把附加页（零页）按页码的顺序粘贴或套入某一书帖中。配书帖实际上是以折页为主，包括粘页、套页和插页为辅的成帖工序。由于在书刊加工过程中，受书刊内容字数的限制和图表版面设计的要求，印张存在有零版（零头页），为了使它们连接在一起，便于订书及装订工艺的操作，在配页前需将这些成单页或零版的不同厚度书页、衬纸、图表等零版活件，用粘页、套页或插页的方法连接在相邻的书帖上。

1. 粘页工艺

粘页指用胶黏剂将一个单张页或四版 2 页书页，按页码顺序粘贴在另一个书帖上，粘贴的位置在订联部位。粘页分手工和机器操作两种，除了少量克重很低的单张页（如 50g/m² 的扉页），因为没有挺度才需要手工辅助粘页外，其余都是机器粘页。

粘页机（见图 2-26）是代替手工粘页操作的机器。粘页机的工艺流程（见图 2-27）：配页工位贮帖—吸帖—叼帖—输帖—上白胶浆迹—粘连压实—收帖。

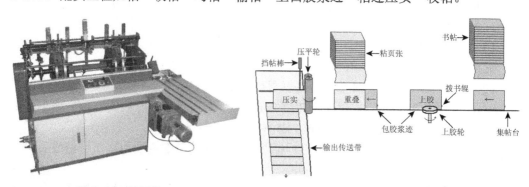

图 2-26　粘页机　　　　　　　　　图 2-27　粘页机工作流程

　　粘页机是利用配页机的两组滚式叼牙叼住书帖，将书帖叼出贮帖台送到带有输送链的集帖台上；在两个配页工位中间的集帖台位置上装有上胶轮，使后一书帖（一般是较厚一帖）在经过上胶轮时，书帖粘口处被刷上浆迹，书帖继续由拨书辊向前输送；粘页的页张是由另一工位的配页机（一般是薄帖的单、双张）两组滚式叼牙叼下，被粘页张也由拨书辊向前输送；随着输送链的传动，书帖和粘页张平行前进，由于集帖台通道由宽变窄，使粘页张覆盖在书帖上完成重叠黏合；在经过压平轮工位时，受到两个压平轮辊子的压紧，使书帖和粘页张之间增强了粘接牢度；然后由输送带传到收料斗，完成整个机器粘页工作。

　　（1）粘页工艺设定注意事项

　　①粘页的薄页张不能放在第一帖面上或最后一帖底部位置上，以避免所粘页张在配页通道中受阻或碰擦，损坏页张影响配页的正常运转。

　　②粘页的薄页张在拼版中应放置在书帖上面或下面，要根据配页方式来决定，主要是避免配页机吸嘴直接吸在黏页上，造成拉坏或撕坏。

　　③如遇有横图，则需要粘页在天头部位，并缩进天头裁切线以内，以免误裁。

　　④环衬用纸设计应该选择胶版纸或木浆成分高的特种纸，不建议使用铜版纸。因为铜版纸表面吸湿性不好，粘页后铜版纸容易变形与皱褶。

　　（2）粘页工艺质量要求

　　①书帖与零散页张、图表的粘连位置要正确，粘贴要牢固、平整，尺寸允许误差 $\leqslant 2mm$。

　　②要做到无漏粘、无联帖、无串版、无双张、无翻身、无颠倒、无折角。

　　③粘口宽度一般控制在 $3 \sim 4mm$。

　　④锁线订在二沿时，先粘时缩进折缝 $1 \sim 2mm$，后粘与折缝对齐。

　　2. 套页工艺

　　套页是指将一个2页四版书页按页码顺序套在另一个书帖外面。由于骑马订、锁线等工序需要揭页从中间打开书帖来完成作业，所以无法采用粘页的方法。套页可分手工和机器操作两种，通常手工操作很少，基本采用粘页套页二用机来完成（见图2-28）。

　　（1）套页工艺设定注意事项

　　①无论锁线机或骑马联动机套上去的2页四版书页宽度应比书帖宽度小，因为搭页时需要有长短边，这是书帖揭页、分页的需要，以避免错揭书页、没有揭到书帖。

　　②锁线机套上去的2页四版书页长度应与书帖的长度一样。如果书页短、书帖长，到了锁线机打印加速轮时，书帖先接触打印轮加速前行，而套页置后，甚至损破。

　　（2）套页操作要点

　　①套页位置要正确，书帖要平整。

　　②要做到无串版、无漏套、无双套、无翻身、无颠倒、无折角。

　　3. 插页工艺

　　插页操作是指将图表、单页、广告等插放到另一折帖内的操作过程，如图2-29所示。插页地位在折帖的正中处，即折帖的最后一折中间，其操作方法与套帖相仿。如插在折帖最后一折的前一折或二折处应将折页嵌入折帖内，必要时还要将书帖口子连接处裁开才能将插页嵌入。操作时要慎防插页地位嵌错，并防止双张、漏张、折角、翻身、颠倒等差错。手工插好的页要撞齐，核实数字后要整齐地堆放在托盘上。许多书籍、期刊、广告、宣传品等里面还插有小册子、光盘、试用品、赠送品等物件，因此插页的概念已经得到了拓展，延伸到了对物品的插入，对于大批量的插件现在有专门的插页机、插光盘机、插件机来完成对印刷成品不同物件的插入。

图2-28　粘页套页机　　　　　　　　　　　　　图2-29　插页

（1）插页工艺设定注意事项

插页的尺寸要小于成品尺寸，即插页不得超出成品尺寸。

（2）插页工艺操作要求

①插页位置要正确，书帖要平整。

②要做到无出套、无漏套。

二、配书芯工艺

折页后的书帖必须依页码顺序配齐各帖成书芯（毛本书芯）才能进行订联加工，配书芯工序是订联成册不可缺少的前道工序，少量的配书芯可以采用手工方法，通常都采用配页机进行连续的自动配页来完成。一切书刊凡在一帖以上的均要经过配页工序加工才能进行订联生产加工。

配书芯是将两个或多个书帖（或单张页）按一定的顺序配集在一起的工序，是书帖集合成毛本书芯的过程。有的印刷品配页是没有页码的，如折叠幸运星的色块纸就是由不同颜色的纸块经单张配页后完成的。

我们习惯把配毛本书芯简称配页。配页的方法有两种（见图2-30）：①叠配帖（上下相叠式）；②套配帖（骑马订式）。印刷品在拼版设计时就要根据不同的配页方法，正确地进行书帖的拼版工作。

1.叠配帖工艺

叠配帖（见图2-30）是将各书帖按照页码顺序平行叠摞在一起成为一本书刊的毛本书芯。常用于线装、蝴蝶装、平装、精装等书刊装订。

叠配帖书芯的页码设计是从上到下、从小到大依次分配在第一帖、第二帖、第三帖，以此类推。每一书帖上页码也是连续的从小到大排列。

（1）叠配帖工艺设定注意事项

①毛本书芯的第一帖和最后一帖尽可能设计成整帖，不足一帖的书页要分在第二帖、第三帖上，以便装订过程的撞齐、传送或订书前的分本工作。

②为便于锁线装订，对于不满8页的零头书页，应设计成套在另一整帖的书帖外面。如有单页，应设计成粘在某一书帖的前面或最后面，再进行锁线订。

③如果毛本书芯的书帖数太多，可分成几部分叠配，每一部分的书帖应做好明显分部标记，最后再合本。

（2）手工叠配帖方法

如图2-31所示，先按每本书的页码顺序将书帖依次放在台子上，贮帖全部配齐后，右手从尾帖逐一向首帖取书帖，左手逐一地接过右手取来的书帖。从尾帖直至首帖全部取完后，就完成了一本毛本书芯的叠配帖，依次循环、反复操作至全部完成。

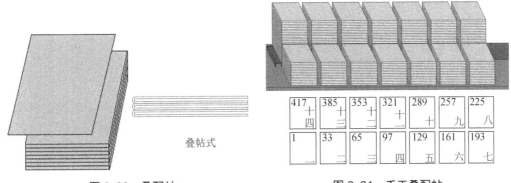

图2-30　叠配帖		图2-31　手工叠配帖

2. 套配帖工艺

套配帖（见图2-32）是将一个书帖按照页码顺序从折缝中间成八字形张开，套在另一个书帖的里面或外面，使其成为二帖或多帖的厚度毛本书芯，最后在书芯外套上封面的（有的书刊也有不另外印刷封面，而封面边在第一帖上的）工艺过程。套配帖书刊的全部书帖都是采用嵌套方法集合在一起成为一本书芯，因此书芯只有一个帖脊，常用于期刊、小册子等产品的骑马订装。

套配帖书芯中的每帖页码拼版方法比较特殊，并不是按顺序编排的，只有中间一帖是按页码顺序从小到大编排的，其他书帖的页码中间都是前半帖连续的、后半帖连续的，而书帖中间是跳页的，即每个书帖前半部分是书刊前面页码，而后半部分是书刊后面页码。

（1）套配帖工艺设定注意事项

毛本书芯的第一帖尽可能设计成整帖，二页四版的薄型书页要设计成套在书帖外面或放在最里面（最后部位采取手摆方式），以便订联过程的书帖撞齐和传送顺畅。

（2）手工套配帖方法

图2-33套帖式配页的操作是把套在最里面的一帖放在左面第一帖，依此由左向右按页码顺序排列，最后一帖应套在最外层。操作时，左手拿着左面的第一帖书页的口子，并向右移动来完成一本书芯的套配帖。

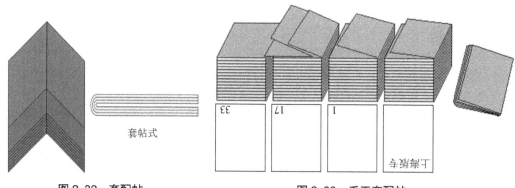

图2-32 套配帖　　　　　　　　　图2-33 手工套配帖

3.配页拼版工艺设定

（1）叠帖式拼版工艺设定

叠帖式拼版主要用于胶装、线装、圈装、精装等工艺。如果做一个64个页码的胶装本，对开拼版上机印刷，采用垂直交叉三折页方法，每一帖为16个页码（即64P每帖16P），其拼版方法如图2-34所示。

（2）套帖式拼版工艺设定

套帖式拼版主要用于骑马铁丝订、骑马线订工艺。如果做一个64个页码的骑马订本，对开拼版上机印刷，采用垂直交叉三折页方法，每一帖为16个页码（即64P每帖16P），其拼版方法如图2-35所示。

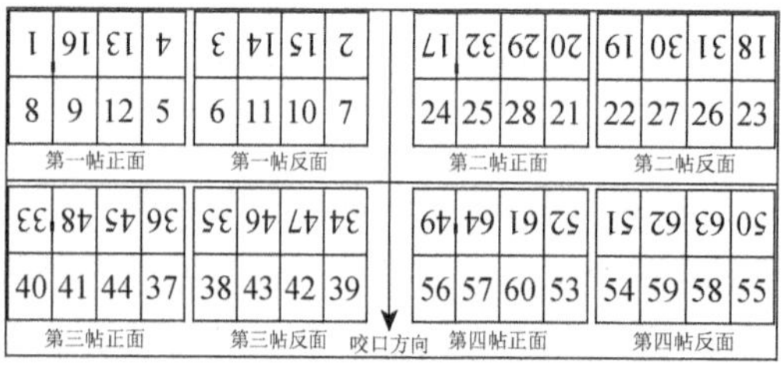

图2-34 叠帖式拼版 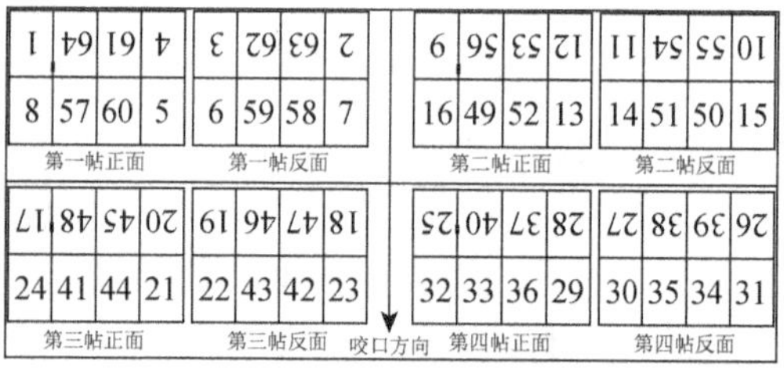　　　　　　　图2-35 套帖式拼版

咬口方向在下面，侧规在第一帖正面的右面、第一帖反面的左面，这样栅刀混合式栅栏机构折页时，咬口靠身、侧规先进栅栏折叠，完全符合第一折直角定位要求。

特别提示：印刷时应先印正面，再印反面，这样折页上纸时就无须翻身（用上栅栏折页机构），减少了印张受损机会。如果先印反面，再印正面，印张不翻身就要用下栅栏先折第一折，很不方便。

三、配页工艺实战

配页机是模仿手工配页作业方法的机器，根据叠配帖和套配帖不同的作业方法，配页机可以分成配页机和搭页机两种，通常把叠配帖的机器称为配页机，套配帖的机器称为搭页机。胶装、精装、蝴蝶装等通常采用配页机，骑马订采用的是搭页机。

1. 配页制作方法

配页机（见图 2-36）是利用机械原理，将书帖按顺序排列，并使书帖在机械运转过程中相互叠在传送链上，同时，把完成配页后的书芯送到收书装置上的专用设备。

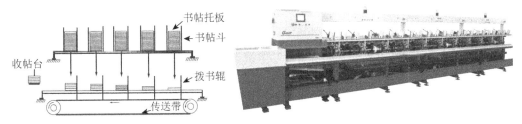

图 2-36　配页机工作原理

配页机在作业时，将理好号的待配书帖，按页码顺序分别放到贮页台上装书帖的贮页台挡板内。当机器运行时，由挡板下的吸页装置，将挡板内最下面的一个书帖向下吸住，由叼页轮把此书帖叼出，放到传送链的隔页板上。最后，由传送链上的拨书辊将每组书帖带走，集帖成本后，再把书本送到收书装置上，这样配页机就完成了一本书芯的配页任务。

在配页时，一般是书的第一帖（首帖）安放在收书装置机构最近的装书挡板架内，并依此顺序把书帖放到每一个贮帖斗内。书的最末一帖（尾帖）是首先进入收帖的轨道，第一帖书是最后进入传送帖轨道配齐成本的。因此，在理号排列书帖时，应使书帖的页码从小到大，即书帖的小页码从靠收书机构排列起，按此顺序排列到最后。

2. 搭页制作方法

如图 2-37（a）所示，搭页机与配页机的原理基本相似，不同的是书帖还要从中间揭开，经分页后再跨骑在集帖链上，从而完成套式配帖。

搭页机与配页机相比多了一套揭页、分页机构 [见图 2-37（b）]，揭页分帖系统的作用就是对飞达输送来的书帖进行分页，即把书帖中缝分成人字形，然后一帖一帖顺序自动跨骑在集帖链上，从而完成套帖式配页。

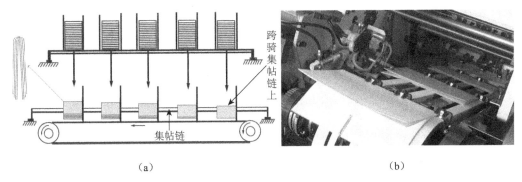

（a）　　　　　　　　　　　　　　　　（b）

图 2-37　搭页机工作原理

任务三　折标工艺技术

折标也称帖标、背标，传统折标的定义是加印在每个书帖最外面的折缝处，按顺序等比错位排列的小黑色块，有的还在折标上加反白的数字，说明是第几帖印刷活件。由于有了折标，就能比较明确配页的顺序和配页的帖数，这就保证了书芯页码完整及准确。

一、折标工艺认知

折标是折页和配页工序检验准确与否的标志。

1. 折标是折页检验标志

虽然在折页时主要以页码中心点为准，以相邻两页码位置允许误差为准，但我们不可能在高速折页的情况下，每帖都去检查页码，只能采取抽查的方法。在定时、定量抽查的前提下，再查看折完书帖的外折缝折标是否居中、是否偏位，就能及时剔除不符合质量标准的书帖。

2. 折标是配页检验标志

为了防止叠配帖配帖时漏帖、倒帖、重帖情况的发生，为方便检查配页排列正确性，最好的目测方法就是查看帖脊上的梯形折标标记（见图2-38左）。而采用套配帖的骑马订，梯形折标标记（见图2-38右）应放在天头折缝位置上。

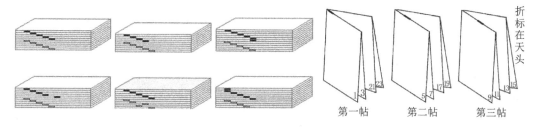

图 2-38　梯形折标

实际上，现代印后书刊加工中，折标的作用已被弱化，由于它能通过目测快速检查出配页的质量问题，因此在小批量手工、半自动装订生产中还发挥着不可替代的作用，也是保证折页、配页和锁线等工序质量的一项重要措施（见图2-39）。对于高速生产流水线仅作为贮帖前核对、检查之用，因为高速平装胶订生产流水线没有过去配页后的分本工序，根本无法检查折标顺序和配页质量，往往采用前置抽查毛本书芯（看梯型折标）、后置电子秤测量成品书重量的方法来把关。同样，高速骑马联动机也是无法抽查毛本书芯的，检查方式与平装胶订联动线类似。好在现代高精度厚薄检测装置和图文检测装置在印后加工领域中应用越来越广，精度越来越高，高质量地保证了配页无原则性差错的发生。

二、折标设计方法

通常折标会做成不同长度的矩形条，并在每个折标内设计反白数字，说明是第几帖活件，操作人员就能减少出错机会，提高折页、配页、锁线的正确率。折标在设计中要做到简单易行、齐全有效、安全互控、判断醒目，这样无论是折页、配页或锁线等工序中，就能起到快速检测、一目了然的作用。

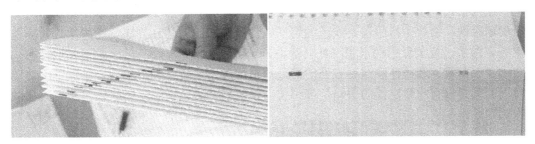

图 2-39　折标工艺设计

书帖折背上主要标识元素包括：①折标；②简要书名；③代号或帖号，全部采用竖排方式。

1. 折标设计要点

正文印刷折标要齐全有效，位置要准确。不宜过大或过小，对于 3 折页或较薄书帖折标的尺寸为 5mm×2mm；对于 4 折页或较厚的书帖折标的尺寸为 5mm×3mm 较为合适。折标上下之间一般不设间隔空白，都是头接尾，如设间隔空白也要小于 2mm。

如书帖折背上不设帖号，则在黑色折标中放置反白帖号，方便查看。

折标的位置在设计时应离天头 10mm 以上较为合适。

2. 简要书名设计

书名用简称区别，读懂即可。如遇上、下册需加注"上"或"下"来区分。

3. 代号设计

用本厂施工单代号取 4 到 5 位即可。

三、折标工艺规范与技巧

1. 折标工艺设计的规范要求

①折标以长方形黑方块为佳，折标位置要准确，印迹要清楚。

②配书芯以后，折标在书背处要形成阶梯形的标记。

③叠配帖折标放在书帖脊部位置、套配帖折标放在书帖天头位置。

④如遇上厚书本，可以设计两排梯形折标，但两排的黑方块应有所区别，如一排是黑色梯形，另一排设计成斜线黑色梯形，不能设计成圆型折标，不易识别把控。

2. 折标应用技巧

①配页机生产前按书帖顺序，从每个配页工位各拿一帖，配成一本毛本书芯，检查书帖折缝处的黑标阶梯顺序是否正确。

②再用生产施工单与样书一帖帖进行核对，并检查书帖与书帖之间的页码是否连续。

③每个配页工位上方再放置一帖该位的书帖（书帖位置方向与贮帖台位置方向须一致），以便操作人员每次贮帖时都可进行核对。

任务四　锁线工艺技术

锁线书是订联方式中最高质量的书本装订形式，它可确保精装书本和高度使用书册的耐用性。锁线是指用针、线或绳将书帖订联在一起的装订方法。这种方式大多用来装订结实、持久耐用的书籍，如《辞海》、新华词典、现代汉语词典、大型画册、艺术类书籍等。锁线订联这种方法的好处是书帖各页被装订在一起后，还可以平铺展开，尤其是具有收藏功能的书籍，应该使用锁线露背装、锁线胶装或锁线精装的订联方式为好。

一、锁线工艺认知

锁线订联方法是一种用针线穿过帖背并将各页按顺序逐帖串联在一起，并使书帖之间相互锁紧的装订形式（见图2-40）。锁线订历史久远，是一种高质量的有线装订法，适用于较厚书册的装订。由于锁线订是沿书帖订口折缝处进行订联的，因此订后书册还能翻开摊平，便于阅读。锁线订是一种牢固度高、使用寿命长的订书方法，采用锁线订的书芯既可以制成平装本，也可以制成精装本。锁线订一般采用机械锁线，但对于小批量、特殊活源或返修品，还需采用手工方法来完成。

 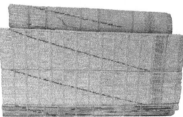 

图 2-40　锁线方式

1. 平锁工艺

平锁（见图2-41）是由穿线针和钩线针间隔构成一组，穿线针把线沿折缝引入书帖中间，钩爪把线拉到钩线针位置并套入钩线针凹槽中，再由钩线针把线拉出书帖订缝形成线圈并相互锁牢的锁线方法。平锁是每帖线位相同的锁线方法，经平锁后的书帖，串联线位于书帖中间，而线圈及线结则在书帖外面。平锁适应纸张种类范围大，而且容易操作，所以平锁方式是目前使用最多的锁线方法。

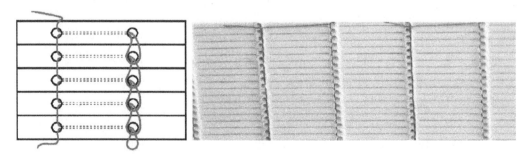

图 2-41　平锁工艺形式

2.交叉锁工艺

交叉锁（见图2-42）也称间帖串、跳锁或绞花锁。一般由固定穿线针、活动穿线针及钩线针构成一组，活动穿线针左右往复运动将书帖锁成册的方法。经交叉锁后的书帖，串连线均匀分布于书帖折缝中心，较平锁而言，交叉锁书帖更加平整、紧实，书芯厚度基本相同，且节省串联线。交叉锁虽然能避免书背锁线部位出现线泡或过高的鼓起，但此种方法牢固性不如平锁，而且书帖在交叉线的拉力下上下位置易发生错位。

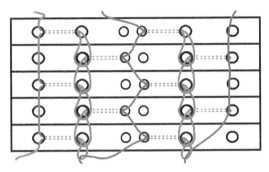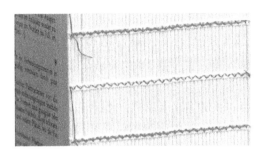

图2-42　交叉锁工艺形式

二、锁线工艺设计方法

锁线工艺设计包括三个部分：①锁线方式设计；②折数与套帖设计；③锁线版心尺寸设计。

1.锁线方式设计

对于32开书籍，2个印张以上，采用157g/m²以上铜版纸印刷内文、250g/m²以上铜版纸印刷封面，则该书籍的装订必须设计为锁线胶订。因为EVA或PUR对于克量大、页数多的铜版纸胶订，无论是牢度还是外观质量都不甚理想。

锁线方法的设计要根据国家标准的规定执行，书帖用纸40g/m²以下的四折书帖，41～60 g/m²的三折书帖，或相当厚度的书帖可用交叉锁，除此之外均用平锁形式。

2.折数和套帖设计

①锁线折数设计方法

虽然折数是根据纸张定量来设计，但锁线通常是在纸张克重允许折叠到最多折数，而无八字褶皱或略有轻微人字褶皱的情况下，比无线胶订的克重要放宽一点。因为书帖越多背部越大，放宽这些常规定量折数能把书背厚度控制在一定范围内，同时也能减少锁线工作量的一半，提高锁线工作效率，加快出书周期。

另外，无线胶订四折的折帖背部堆积厚度会增加一倍，尤其对于定量大的纸张容易产生折空，势必会增加一定的铣背量，而锁线胶订无此顾虑。

通常锁线把79g/m²以下纸张设计为四折页书帖锁线，80～130g/m²纸张设计为三折页书帖锁线，130g/m²以上纸张设计为两折页书帖折页。

②锁线套帖设计方法

由于锁线胶订书帖不能在最后一折划口排气的，仅能在天头划口排气，因此锁线书帖的折缝处较厚，再加上帖背针眼的因素，如果书帖过多，则锁线书芯背部很高，对后面加工十分不利。所以对于较多书帖的二折页（8 版）或三折页（16 版）书帖，应设计成不同套帖方式（16 版套 16 版、8 版套 16 版，8 版套 8 版）后锁线，否则不但书背松大，而且薄帖间很容易产生书帖错位。需套帖锁线产品，小帖应套在大帖外，以便揭页机构打开书帖。锁线折数和套帖设计能减少书帖总量，而且书背坚实、平服。在设计时要根据订联方式综合考虑折数和套帖的运用，权衡利弊，最大限度地提高产品质量。对于两帖超薄型的四折页字典纸，更适应采用同帖后锁线方法来制作，无论从质量还是产量角度考量，都是不错的选择。

3. 锁线版心尺寸设计

①由于打开书芯时，过厚书本的前口坡度较大，订口处成弧度状，阅读时很局促，因此无论是 32 开本还是 16 开本，拼版时版心定位要根据纸张定量、纸张规格、成品尺寸、版心尺寸的特点，以及页面设计情况和装订工艺要求等进行全面考虑，对版心作适当移动调整，以保证翻阅时版心大致居中。

在不影响客户的要求和成品质量前提下，一般厚度在 20mm 左右的书本，版心可偏向切口方向 3mm 左右（见图 2-43）；厚度在 40mm 左右的书本，版心可偏向切口方向 5mm 左右。虽然从表面看版心移动很多，但当装订成册后，翻阅时就不会有订口处文字难读的情况出现。

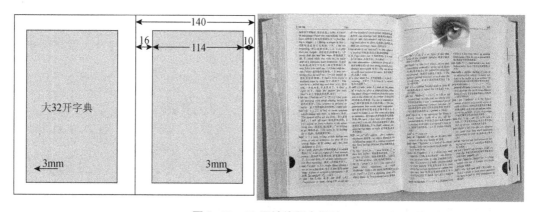

图 2-43　32 开锁线版心设计

②由于锁线胶订书本是不需要铣背的，因此和一般锁线书本一样，周空的前口白边尺寸＝（成品尺寸宽－版心尺寸宽）÷2。

③锁线订联书帖，前口毛边要比前口折边大 5～10mm（小于 5mm 容易串到夹层中），掀口作用是保证锁线机自动搭页时，揭页工作能顺利进行。若纸张不够大，则要改为吸风进行揭页、搭页和锁线。

三、锁线工艺实战

锁线机是运用机器将配页好的书帖用锁线方法订联成书芯的设备。锁线机是通过穿线针与钩纸针相互交替，把配页好的散书帖从订口折缝逐帖串连成书芯的机器。

1. 锁线机分类

锁线机按自动化程度可分为半自动锁线机和全自动锁线机两类，它们的主要工作机构基本相同，但是在输帖、自动控制方面差异较大。另外，锁线机根据加工幅面的大小不同，其型号也有所不同。

半自动锁线机（见图 2-44）依靠人工搭帖，速度慢、劳动强度大，适用于小批量活源。

CP 全自动锁线机（见图 2-45）由输页机构、缓冲定位机构、锁线机构、出书机构及自动控制器等部件组成，除加书帖和收书芯需人工完成外，搭页、揭页、锁线、计数、割线分本等均自动完成。CP 全自动锁线机最快速度可达 220 帖 /min，最大加工尺寸 420mm×340mm，最小加工尺寸 75mm×150mm，锁线机底针最小直径 1.5 mm，针距 19mm，最多针数 10 组，可进行平锁和交叉锁，同时具有对齐边和不齐边两种分帖功能，以满足不同书芯的加工要求。

图 2-44 半自动锁线机

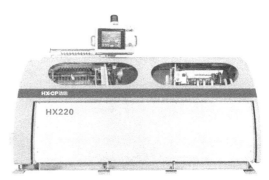

图 2-45 CP 全自动锁线机

2. 锁线工艺制作方法

搭页机按节拍将书帖放在鞍形导轨支架上，由送帖链条上的推书块（挡块）将书帖沿导轨向前推送。当书帖被送至送帖位置时，高速旋转的加速轮将书帖夹紧后，以很高速度发送到订书架上的缓冲定位工位上完成整个书帖的输送。为了防止书帖冲撞定位板时反弹或飞起，定位机构装有缓冲装置，使书帖得到准确的定位。订书架接到书帖后摆向锁线位置，送帖订书架在凸轮控制下向后摆动 26° 左右，在订书架后摆和锁线过程中，由凸版控制的定位机构始终夹持着书帖，以确保书帖定位准确不被破坏（见图 2-46）。

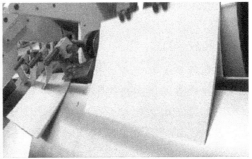

图 2-46 全自动锁线机

3. 锁线工艺流程

锁线机工作流程：搭页—输页—定位—锁线—出书。

首先由搭页机按顺序将书帖搭放在鞍形导轨支架上，送帖链条上的推书块将书帖沿导轨向前推送。当书帖到达送帖位置时，高速旋转的加速轮将书帖夹紧并发送至订书架上的缓冲定位工位，至此，书帖就完成了输送和定位。订书架接到书帖后摆向锁线位置进行锁线，在锁线过程中，定位机构始终夹持着书帖，以确保书帖定位准确。

锁线机构有两种作业方式：①钩爪锁线机构；②吹气送线机构。

①钩爪锁线机构工作流程：为底针打孔—穿线针引线—钩爪拉线—钩线针拉出线并打结（见图2-47）。根据选定的锁线方式，订书架下的底针先打底孔，穿线针在升降架带动下开始下移穿线，钩线爪、钩线针按工艺进行拉线、钩线，一个书帖锁完后，订书架摆回原位。此帖锁线完毕后由推书板将书帖推出至书台上。

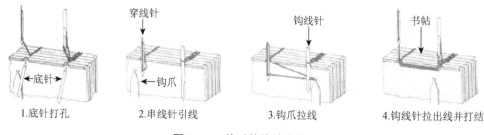

1.底针打孔　　　2.串线针引线　　　3.钩爪拉线　　　4.钩线针拉出线并打结

图2-47　钩爪拉线锁线机构

②吹气送线锁线机构工作流程：送帖—底针打孔—穿线针引线—吹气送线—钩线针拉出线并打线圈—打结（见图2-48）。打好结后一帖书就锁好，接着按上面的工作顺序锁第二帖。当一册书锁线完毕后，由割线刀将线割断，就完成一本书册的锁线工作。

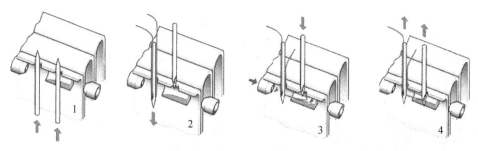

图2-48　吹气送线锁线机构

4. 锁线质量判定与规范

锁线质量的优劣直接影响书册的牢固度及外形美观，因此在操作中必须做到：

（1）锁线前，要检查配页工序所配出的书册页码顺序是否正确，是否有多帖、少帖、串帖、错帖等现象，检查时可查看折缝上的黑方块标记，有不合格品应及时剔除或补救。

（2）锁线时，要保证书帖的整洁，无油污或撕破和多帖、少帖或多首少尾等错帖、无串帖、无不齐帖（缩帖）、无歪帖，或穿隔层帖，针孔光滑、无扎裂书帖，无断线脱针或线套圈泡等不合格品。

（3）锁线完成的书册厚度要基本一致，针位和针距要平骑在书帖的订缝线上、排列整齐，不歪斜。锁线的结扎辫子要松紧适当，平服地在书背上，缩帖≤1.5mm，书册卸车后，要认真检查错帖、漏针、错空、扎破等不合格品，保证锁线质量的合格。

（4）针距与针数的要求

针位应均匀分布在书帖的最后一折折线上，针距与针数应符合表2-3的要求。上下针应在同一孔中穿入，无连续的脱线、断线现象。

表2-3 针距与针数

开本	上下针位与上下切口距离	针数	针组
≥8开	20～25mm	8～14	4～7
16开	20～25mm	6～10	3～5
32开	15～20mm	4～8	2～4
≤64开	10～15mm	4～6	2～3

（5）用线规格

42支或60支4股或6股的白色蜡光线，或同规格的绵纶及尼龙线。

（6）订缝形式

书帖用纸40g/m^{2}以下的四折书帖，41～60 g/m^{2}的三折页书帖，或相当厚度的书帖可用交叉锁。除此之外均用平锁。

任务五 纸张丝缕设定

纸张是印刷的主体材料，纸张的物理、机械和化学性能对印后加工的质量影响非常之大。随着印后加工设备自动化、高速化、智能化的提高，对纸张加工材料的要求也越来越高，其中纸张丝缕方向的设定就是一个重要因素，了解纸张的特性、适性是为了获取理想的印后加工效果，避免出现次品或废品造成的损失。纸张适性是指纸张要与印后加工条件相匹配，适用于印后加工制作的性能，主要包括纸张的丝缕、抗张强度、表面强度、伸缩性等，而纸张的丝缕方向对印后加工影响最大，如纸张起拱、折封爆口、扫衬起皱、封面翘曲、生产降速等弊病。可见，正确认识纸张丝缕方向，并进行针对性设定对保证产品质量十分重要。

一、纸张丝缕认知

纸张丝缕是指纸张纤维组织的纹理，通俗地讲，就是纸张中大多数纤维排列的方向。

纸张的主要成分是植物纤维和辅料。造纸工艺过程：制浆—打浆—抄纸—整饰，其中抄纸程序是将预制好的纸浆加入大量的水，使纸浆中的纤维产生水化作用，当纤维随着水流分布在金属网时，由于纸浆水流的动能和高速运行的筛网的共同作用，使得纸张的纤维大致有规则地形成纵向纤维方向性，其后进入造纸机，使纤维紧粘着造纸毛毡上，以减去大部分水分，并经过成型、压榨、干燥及压光等程序而形成可用的纸张。纸张是一种非均质材料，纸卷在抄造时，造纸机运转方向（纸的前进方向）称为纸张的纵丝缕，也称长丝缕、直丝缕，与造纸机运转方向垂直的方向称为纸张的横丝缕，即短丝缕方向。

众所周知，如果将一把小竹片或竹筷，放入湍急的河流中，竹筷在顺流而下时，竹筷长度方向与水流运行方向必定是一致的，竹筷绝不可能垂直水流运行方向而横走，竹筷就好比纸浆中的长纤维，在造纸过程中处于机器运行方向，也就是直丝缕方向。从中也可以得出结论，在折叠处于直丝缕方向的竹片，弯曲时有反弹倔强性，而折叠处于横丝缕方向的竹片（实际上是折叠竹片相互之间的空隙），并无反弹倔强性。

手工造纸则是通过一个筛网，采用手工抖动的办法渗漏掉纸浆中的大部分水分，同时也使纸张纤维在筛网的范围内能均匀地分布。这种方法制得的纸张，其纤维分布是没有规律的，也根本不存在纸张丝缕方向，只有机器造出的纸张才有纵丝缕和横丝缕之分。

从图2-49可以看出，不同裁切方式得到的纸张，有不同的丝缕方向。

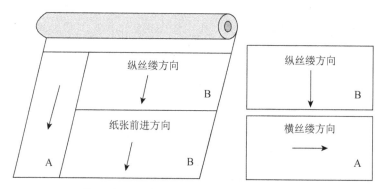

分切下相同尺寸A、B纸张丝缕方向是不同的

图2-49　纸张丝缕形成

如果在印后裁切设计时，采用丁字三开裁切法，那么得到两个直丝缕和一个横丝缕，一般我们在裁切厚纸或套裁封面时都会尽量避免此类弊病的产生。

二、纸张丝缕鉴别方法

折页、配页、锁线是书芯的成型工艺，在印前工艺设计时，首先考虑到在折配锁制作过程中，丝缕方向对书芯的深刻影响，并在打样过程中做好对纸张丝缕方向的鉴别。因此，做好纸张丝缕鉴别，使纸张丝缕方向符合生产工艺要求，意义重大。

1. 纸张丝缕特性

纸张丝缕具有膨胀性和挺度性，虽然不同原料的纸张纤维长度和宽度、形状是不同的，但它们的一般结构是类似的，都是中空的半透明管状，它的两端有渐渐变细的封口。

① 膨胀性

纸张是亲水性很强的物质，含水量会随着环境温度、湿度的变化而改变，因而也会引起尺寸和形状的变化。由于纸张横丝缕和直丝缕两个方向的物理性质不同，造成不同纸张存在不同的方向性，当受到环境温度、湿度的影响，其伸缩量存在明显差异，这是因为纸张纤维在吸水发生膨胀时，其纤维伸长率远小于其变粗率，这样就形成了一个和纸张丝缕方向相对应的方向，即纸张膨胀方向，它和纸张丝缕方向相垂直。所以在纸张含水量发生变化后，纸张膨胀方向（横丝缕方向）的尺寸变形比在纸张丝缕方向伸展要大得多（横丝缕方向的膨胀率是直丝缕的 $3 \sim 15$ 倍，纤维吸水后直径增加 30% 左右、长度只有 1%），这一点我们可以从纸张在印后加工过程中经常发生的扫衬、裱糊、贴标、糊盒等现象发现，由于受黏合剂水分的影响而引起纸张卷曲变形的情况就是最好的例证。一般纸张的纵向（直丝缕方向）伸缩量较小，而横向（横丝缕方向）伸缩变化幅度较大，而且容易发生卷曲变形。

②挺度性

挺度性是指纸张纵丝缕方向比较挺直，即在纸张直丝缕方向上的挺直度、抗张强度都要大于在其横丝缕方向上的相应值。这一现象也是我们印后加工必须重点注意的事项。

2. 纸张丝缕鉴别方法

根据纸张丝缕的特点可以用很多方法辨别出一张纸的直、横丝缕方向，纸张丝缕的鉴别方法可分为机械测定法和手工检测法。

（1）机械测定法

机械测定法是分别按检测规定切取不同纸向的纸条，用检测纸张的仪器去测试纸样的环压强度、耐折度、抗张强度等。测试数值大的纸张为纵向丝缕；反之，则是横向丝缕。

（2）手工检测法

常用手工检测方法有三种（见图 2-50）：撕纸法、弯曲法、浸水法。

①撕纸法

撕纸法就是在纸张没有折痕的情况下，将一张纸撕开，看一看撕下的纸张边如是光滑不带毛边而且撕纸比效省力的一边为直丝缕。而撕裂口无规则和方向性，明显呈毛边、波纹状的是横丝缕。这种方法适用于中等厚度的纸张，如 $60 \sim 120 \mathrm{g/m^2}$ 的纸张。

②弯曲法

弯曲法是用双手按住一小块纸张的两边，按横竖两个方向进行弯曲测试，如弯度大、无弹性，那么弯曲的方向是横丝缕，而弯度小、有弹性的弯曲方向是直丝缕方向。即纸张在垂直与纹理的方向上的弯曲度要比平行与纹理的方向的弯曲度更硬。这种方法适用于较厚的纸张。

③浸水法（缩水法）

浸水法是将一小块单张纸材料轻轻地放到水的表面。这会使纸张的一面变湿，而另一面保持干燥。这时湿润一面的纸张纹理就会膨胀，从而使纸张卷曲成管状，管子长度的方向就是纸张的直丝缕纹理方向。而纸张弓皱弯曲多的一边为横丝缕。这种方法几乎适用于所有的印刷纸张，也是一种比较简单、实用、有效的最常用方法。

纸张丝缕的检测方法还有拉扯法、手执法、翻执法、水滴法、目测法，等等，但其原理都是利用纸张在丝缕方向和膨胀方向所表现的不同特性来检测，如挺度、膨胀变形率、耐撕折度等，我们可以根据实际情况来灵活应用。

三、纸张丝缕设定

纸张丝缕方向设定对印后加工影响巨大，轻者导致生产制作速度降低，重者直接导致成品报废，因此纸张丝缕方向的设定非常重要。

1. 纸张丝缕与书刊装订关系

纸张纹理对折配锁产生影响也是有目共睹的，例如，垂直于直丝缕封面方向的折叠，折缝处会出现爆裂及波纹，直接影响书本外观质量；配页机划口刀大、接点小时，垂直于书帖折缝丝缕比平行于书帖折缝书帖更容易拉坏书页。假如纵向与横向丝缕的纸张使用于同一本书中，由于切边后可伸展度不同，裁切后就会引起锯齿边。纸张丝缕纹理方向如果不与书背平行，那么也会影响到书本的打开（摊平），特别是较重克数的纸张。这些事实充分说明了纸张纹理方向对印后书刊装订至关重要。如果印刷使用刚生产下的新鲜纸张，由于纸张含水量高，成品书裁切后是整齐的，但过一段时间切口处出现凹凸不平的锯齿边（见图2-51）。

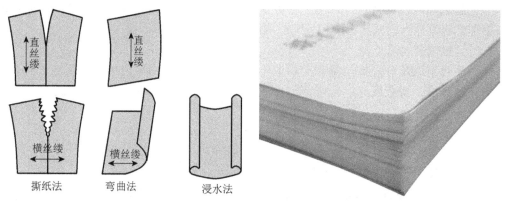

图2-50　纸张丝缕鉴别方法　　　　　　图2-51　裁切口呈锯齿边

2. 纸张丝缕与包装产品关系

包装产品纸张的丝缕方向也要重点注意，它不仅影响到产品的内在质量，同时也深刻地影响着产品的成型质量，甚至会发生纸张丝缕方向不对造成无法弥补的质量损失。比如，由于纸张纵向和横向的撕裂度、挺度和耐折度等性能相差较大，如果纸张丝缕方向选择不当，不仅会降低包装纸盒产品印后加工的生产效率，同时会严重影响到压痕、粘盒和纸盒成型的质量和效果。对像酒标类的需贴瓶的印刷产品，如果纸张丝缕弄错，也会导致贴标不顺利，容易引起贴标后翘曲和起皱，从而影响贴标效果，严重的甚至不能使用。

案例分析：例如，标牌在设计时，要求纸张的丝缕方向和支撑底边的方向垂直，这样标牌在长度方向就有一定的挺度，才能够更好地靠立在物体上（见图2-53），否则，丝缕方向不对，就会造成标牌发生形变弯曲。又如，贴在瓶、罐等外表面上的标贴，由于这些物体的外表面通常都是圆柱形曲面，为了使标贴贴得更稳定，就需要在设计时要求纸张丝缕方向和圆柱面高度方向一致（见图2-53）。同样，包装盒在运输、堆放过程中不能发生形变，以使纸盒中的产品能够得到一定的保护，这就对制作包装盒的纸板丝缕方向也有一定的要求，即纸板的丝缕方向要和纸盒竖立的方向保持一致（见图2-54）。只有当对纸盒垂直方向的承重要求不是很高时（尤其是一些小型包装盒），为了便于纸盒在成品包装时能自动撑开，通常将丝缕方向设置为与纸盒竖立的方向垂直。

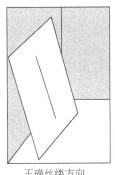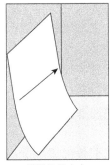

正确丝缕方向　　　　错误丝缕方向

图2-52　标牌丝缕方向

图2-53　标贴丝缕方向

图2-54　纸盒丝缕方向

3. 严格把好纸张丝缕设定关

①纸张在丝缕方向和膨胀方向所表现出的不同特性，决定了在进行版面设定时要尽量多地考虑纸张的特性，因为横丝纸一旦伸缩，印后加工是很难补救的，必须引起重视。

②纸张是一种可变性材料，组成纸张的纤维具有吸湿作用，空气是含有一定量水分的，纸张只要与空气接触，它就会不断与空气湿度发生平衡，当周围环境中空气湿度高于纸张所含的湿度时，纸张就会吸收空气中的水分而膨胀伸长（尤其是横丝缕方向），反之，当周围环境中空气湿度低于纸张本身所含的湿度时，纸张就会释放出水分而收缩变短，以达到与环境湿度的平衡，我们平时所见的荷叶边、紧边、翘曲、起拱等纸张变形缺陷，都是纸张的含水量不均匀造成的。车间的相对湿度较高，纸张原有的含水量过低，纸张边缘便吸水而伸长，中间部分来不及吸湿，纸张便失去原来的平整度，纸边呈"波浪形"，俗称荷叶边。车间相对湿度较低，纸张原有的含水量较高，纸张边缘脱水较快，纸张四边上翘，产生"紧边"。纸张的含水量过少，纤维在横、直两个方向都收缩，纸张便朝着比较干的一面往上卷曲（纤维的宽度即横丝缕方向含水量高，更易挥发）。纸张的理想含水量约为6%，环境温度应控制在20℃左右，相对湿度控制在60%左右。如果印后加工部门在没有恒温的条件下最好能用塑料薄膜将所要加工的印张和半成品围起来，预防印张受潮和过分干燥而引起的纸张变形等弊病，防

止影响生产和质量。

③印刷部门也要遵循纸张丝缕的特性，防止印刷过程中纸张变形膨胀影响到装订产品质量。例如，胶印水放得太大纸张变形，纸张太干卷曲等。因此为了保证纸张的平整和尺寸的稳定，确保印刷套印精度，在上机印刷前对纸张进行调湿处理也很有必要，通过调湿处理，使纸张所含的水分与印刷车间的温湿度相适应，从而降低纸张对水的敏感程度，这样，纸张就不易产生吸湿变形而影响套印。

④对于折叠厚封面经常碰到的就是折缝爆裂，尤其对于纸张丝缕与封面折缝不一致的会更加严重，那么采用压痕刀，先压痕线再折叠，以避免纸张出现裂纹。这也是折页机要配置压痕装置的原因之一。

如图 2-55 所示，折页形式与纸张丝缕方向关系，即最后一折与纸张丝缕方向平行。印刷时通常以印张直丝缕排列方向与滚筒轴线方向相互平行为基准。对于装订折页机同样适用，这是因为：从飞达输纸方面来看，纵丝缕纸在来去（轴向）方向比较挺硬，不易撕口，便于吹松和输送。在折页中如果印张直丝缕方向与折辊平行，书帖折缝也不易断裂，而且折下书帖也相对平服。

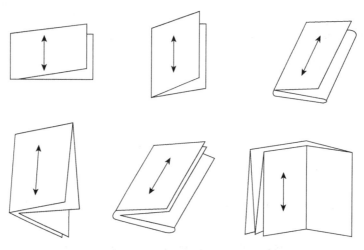

图 2-55　折页形式设计及纸张丝缕关系

⑤在书刊装订中，尽量使书芯和封面纸张的丝缕方向与成品书籍的书背方向一致，这样书本翻阅比较容易，而且展开时也很平服、便于阅读，对于内文和封面用纸较厚的书来说，这一点表现得尤为突出。

纸张各项特性与印后加工适性息息相关，正确认识和判别纸张的直、横丝缕，科学合理利用纸纹特性，来设定指导生产无疑对印后加工会有帮助，对提升印刷产品质量、提高装帧产品的精度提供了基础保障。

4. 纸张丝缕设定注意事项

①新纸使用时，要注意纸张的含水量，不能超标（如果超标需采用烘干方法来控制）。

②纸张外包装上标有 841mm×1189mm M 时，那么小 M 指明了纸张丝缕与长度方向一致，如果是 841mm M×1189mm，则指明了纸张丝缕与宽度方向一致。外包装上

也有用下划线或箭头表示丝缕方向的，裁切白料时一定要按纸张丝缕方向的要求来开切。

③尽量避免变开法，因为变化不定的裁切方法，根本无法把握纸张丝缕的方向。

④书帖最后一折折缝方向要与纸张丝缕方向一致。

⑤书芯天头、地脚方向要与纸张丝缕方向一致。

⑥标签、瓶贴、贴标的纸张丝缕方向要与被贴物的高度方向一致。

⑦对于长方形包装盒，纸张丝缕方向应该垂直于纸盒主要压痕线最长一组压痕线。需要注意的是对于方形盒，有时候偶尔使用反丝缕方向的纸张，主要原因是增加盒子的强度。

思考题：

1. 简述常见折页方法与特点。

2. 在折页机上使用两个上栅栏，对 A3 纸张进行两个平行齐边折叠，将栅栏尺寸与折法的关系填入下表，并在折页机上对 A3 纸张进行三种方法的平行折页。

折法	第一栅栏尺寸	第二栅栏尺寸
对对折	纸张长度	纸张长度
包心折	纸张长度	纸张长度
扇形折	纸张长度	纸张长度

3. 简述折页机构上分纸刀、划口刀、压痕刀的设置与作用。

4. 简述配书帖工艺和配书芯工艺的内容和方式。

5. 简述套配帖和叠配帖的方法和适性。

6. 简述黑方块折标的作用和设计要点。

7. 根据图 2-56 中的梯形折标来识别 5 本书芯的不同配页差错。

正确样本　　　　1　　　　2　　　　3　　　　4　　　　5

图 2-56 梯形折标质量弊病识别

8. 简述平锁工艺和交叉锁工艺的方法和适性。

9. 简述钩爪锁线机构和吹气送线机构的工艺流程和作业方式。

10. 简述纸张丝缕与书刊装订和包装产品的关系。

11. 简述用手工撕纸法、弯曲法、浸水法来检验书芯页张的丝缕方向。

12. 印后加工纸张丝缕设定需注意哪些？

模块三
胶订工艺与实战

教学目标

胶订工艺，被广泛用于图书、教材、杂志、广告等书刊的生产。胶订工艺设计的正确与否直接影响到生产速度、效率与质量。本项目通过胶订技术和与之相关的生产工艺设计和操作方法，来掌握胶订操作中的常见问题与质量弊病，并掌握胶订质量判定与规范要求。

能力目标

1. 掌握书芯设定；
2. 掌握书芯处理工艺；
3. 掌握包封工艺；
4. 掌握双联本设定。

知识目标

1. 掌握胶订工艺流程；
2. 掌握胶订书芯制作；
3. 掌握胶订操作技术；
4. 掌握胶订质量判定与规范要求。

无线胶订是一种不用铁丝、不用线，而是用黏合剂使书帖连接成册的订联方法，它一般用于平装书刊，故称平装无线胶订。无线胶订工艺是适用于机械化、联动化、自动化生产的一种主要装订工艺，具有产能高、周期短、效率高和经济性等优点。无线胶订机既可以是单机形式生产，也可以是联动线形式生产；既可以进行无线胶订生产（铣背方式），也可以进行有线胶订生产（不铣背方式）；胶黏剂既可以使用 EVA 热熔胶，也可以使用 PUR 热熔胶进行粘连。无线胶订装订方法比较成熟，工艺过程也相对容易，具有出书周期快、产量高等优点，非常适用于教材、图书、说明书等批量活件。

如图 3-1 所示为精密达 Cambridge-12000e 全伺服高速胶订联动线，只要将生产订单的数据采集到控制系统中，系统就会自动生成数据信息，并将数据控制信息传输给配页机、胶订机、三面切书机、堆积机等作业控制模块，仅仅 1 分钟之内就能完成全线作业调整，全自动、数字化、全伺服控制系统做到了一键快速启动，就能实现胶订、分本堆积、打捆、打包、码垛全流程"一站式"出书。

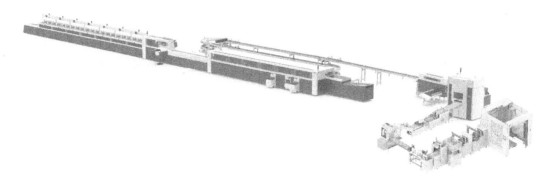

图 3-1　Cambridge-12000e 全伺服高速胶订联动线

无线胶订工艺是将折好的书帖采用叠配法配齐后，经过书芯处理（铣背、拉槽）、上胶（背胶、侧胶）、上封、托打成型订联成毛本书，再经过三面裁切成为成品书。书帖页码是按从小到大的顺序排列，用胶水（热熔胶）把经过铣背的页张（书帖成单张页）和封面粘接在一起，称为无线胶黏订，这种订联方法属于非订缝连接法。而锁线胶订虽然书帖页码也是按顺序排列，但是将书帖用线全部串联在一起，再用胶水把书帖和封面粘接在一起，称为有线胶黏订，这种订联方法是订缝连接法。

胶订生产工艺过程会受到订联材料、订联方法、机器型号等因素影响，因此对胶订的工艺设计与制作也有一些特殊的要求。订联材料指纸张（丝缕方向、纸张松紧）、热熔胶（EVA、PUR）的适性；订联方法指无线胶订（有铣切量）、有线胶订（无铣切量）；机器型号指胶订机的功能（有勒口、纱卡等辅助模块机构）与限制（尺寸、速度）。所以在胶订设计与制作时，一定要根据订联材料、订联方法的适性及胶订设备的机械限制，做到印后合理、规范、匹配的设定才能达到事半功倍的效果。

任务一　书芯设置工艺

将折好的书帖（或单页）、按其顺序配页成书册或订联成本的称为毛本书芯，通常毛本书芯经三面裁切后就成光本书芯，书芯是印后加工术语。书芯承载着一本书的主要阅读内容，书芯开本形式、拼版方式、尺寸大小的设定直接影响到整体效果和印制成本，书芯的用纸厚度、订联方式、书本厚度的设定直接影响到书本牢度和使用寿命。书芯由衬纸、扉页、书帖、插图等组成，即包在封面里面的都是书芯，在胶订批量制作中书帖是组成书芯的主体，而书帖又是页张的集合，因此胶订书芯制作的质量涉及版面制作、拼版设定、折页、配页、锁线等前道工序。在胶订产品的生产和质量把控中，在分析问题和解决问题的过程中，必然要从书芯制作的源头抓起，从印后角度考虑处于最前端的是版面制作工艺。

一、认知版面制作工艺

当我们打开互联网时，首先映入眼帘的就是互联网版面，当我们阅读报纸、书刊、说明书、广告等印刷产品时，首先映入眼帘的就是版面。版面是各类稿件、文字、图案、广告在电子媒体、印刷产品上编排布局的整体产物，是读者视觉第一接触到的对象。同样，图书版面就是读者看到的印刷图文和余白的整体部分，从视觉画面中读者可以捕捉到版面上的一系列信息，包括开本大小、开本方式、印刷方式、订联方式、书芯厚度等信息。

版面（见图3-2）是书刊、报纸、广告等印刷品的页面中图文部分和空白部分的总和，即版面由版心和周围空白部分组成的一页纸的幅面。版心由文字和图片组成，版心是读者阅读的主要内容。周空是版面个性的重要组成部分，周空由天头、地脚、订口、前口的白边组成。版心和周空组成了版面的面积，它是开本设计和制作的来源和主要依据。通过版面可以看到版式的全部设计，版面有横排和竖排之分，也有先后版序之分。

1. 版心

版心是页面中主要内容所在的区域，即每页版面正中的位置，是构成版面的要素。每个版面都有两个中心：一个是视觉中心，一个是几何中心（对角线的交叉点）。从视觉传达效果上讲，版心在版面页上偏上，也就是视觉中心较为合适。图版率就是页面中版心面积的所占比，理论上满版设计图版率最高，对于全图片、图案也许有时是适用的，但对于文字肯定不行，因为不同的产品图版率也是有差异的。图3-3是A4公文用纸的版面，其版心与页边距（周空）的尺寸设计，地脚稍大设计是为了提示、批注、修改等需要，裁切时必须掌握好天头、地脚的比例，而不是上、下相等白边的裁切。

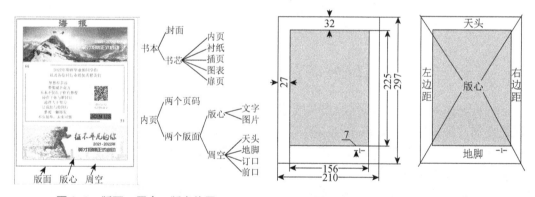

图 3-2 版面、周空、版心位置　　　　　图 3-3 A4 公文用纸版面设置

版心设计对阅读效果会产生直接影响，因此版心设计在书本整体设计中占据重要位置。我们常说的版心是指每一版面上容纳文字或图形的基本部位，版心在版面上的比例、大小及位置与版面的内容、体裁、用途、阅读效果等相关联。版心的大小要根据书刊设计的性质、内容、种类和既定开本来选择确定，一般书刊版面设计时，版心不宜过小，以容纳较多的图文内容为佳。例如，摄景、画册、风景和相册等为了扩大图画效果，宜取大版心，乃至出血处理（画面四周不留空白）；文献、资料、说明书、参考书等以文字为主，则可以扩大版心缩小边口；图文并茂的书刊，图片可根据需要安排，较大的图甚至可以跨页排列或出血处理，这些版面设计对后道加工制作都有指

引意义。

2. 周空

版面率是指版面设计中页面四周留白部分的面积比例，即周空的面积比例。周空越大，页面所占内容就越多；反之，则页面所占内容就越少。而版面率的控制是根据不同的内容进行改变的，周空在版面设计起着非常重要的作用，即使同样的内容，不同的版面率也会出现不同的效果。设计师是根据版心和页边空白的大小，来选择开本的尺寸大小。

①周空设定

周空是版心四周留出的一般 10 ～ 20mm 宽的空白，上方空白边称为天头（上白边），下方空白边称为地脚（下白边），订联位置空白边称为内白边，前口空白边称为外白边。空白边是版心主题的领地，即使使用较小字体，只要在周围留出足够的空白，也能起到突出的作用。版心与版心四周的白边要保留一定比例，周空大小与版心尺寸大小是相互制约的，版心大则周空小；版心小则周空大。我们知道凡周空较大的设计，版面显得疏朗、爽目；而周空较小的设计，则版面显得饱满、醒目。不难发现周空是构成书本版面不可缺少的要素，既有助于阅读、避免版面紊乱，也有助于稳定视线，还有助于翻页，也是折页和裁切制作不可缺少的。

空白可以划分空间，使版面条理清晰。同一书刊所有印张的空白部分（版心与版心间的中缝、拉规边、叼口边等）理论上都应居中摆放、大小一致，因为印张的空白部分宽度不等，就会给折页、订联、裁切带来困难，但在实际设计过程中涉及多种因素还是会有所变化的。

实用型、通俗型书刊和经济型小开本书刊，通常版心不会太小，以容纳较多的图文内容。例如，64 开《新华字典》（见图 3-4），其订口内白边为 8mm，前口外白边8mm（再小的开本，其版心距成品订口或切口应在 5mm 以上）。而休闲类、美术类、随笔类、诗歌类等中型开本的书刊，周空可以较大一些。例如，16 开本的《印后装订工艺》（见图 3-5），其订口内白边为 22mm，前口外白边 17mm，相比小开本要大一些。一些专业书籍为了方便读者添加批注，天头或前口留的白边会更大些。例如，A4开本的《本科教学培养方案》（见图 3-6，大 16 开本），其订口内白边为 28mm，前口外白边 22mm，相比小 16 开本又要大一些。这些版面设置方法和规律都是印后加工必须了解和掌握的。

②出血版设定

摄影集、画册、菜谱、收藏等艺术观赏类书刊，将靠近翻阅口或天头的图片设计成超版心或出血形式，从而使天头或前口空白边不复存在。例如，《实用印刷设计》（见图 3-7）将版面设计成出血本形式。出血版可分成有意出血和无意出血，有意出血是设计时故意设计的一种版面出血形式，一边或多边被设计成无空白边，做到色彩完全覆盖到要表达的空白边；而无意出血指把不应裁切的图文或文字裁切掉了，这种情况就比较复杂，有可能是设计师的问题，也有可能是工艺生产中的误差或失误导致的。另一种情况就是少裁了，如果在设计时靠边的图案不做出血而做得刚好的话，到时候裁切出来的产品很可能会留下一条很细的白边。

版面尺寸:126×92

版心尺寸:110×76

天头空白:8

地脚空白:8

订口空白:8

前口空白:8

图3-4　小型开本版面设定（单位：mm）

版面尺寸:185×260

版心尺寸:146×239

天头空白:10

地脚空白:11

订口空白:22

前口空白:17

图3-5　中型开本版面设定（单位：mm）

版面尺寸:210×285

版心尺寸:160×250

天头空白:21

地脚空白:14

订口空白:28

前口空白:22

图3-6　A4开本版面设定（单位：mm）

图3-7　出血本版面设定

从印后加工制作的角度来看，印刷品经裁切或模切光边的尺寸称为"出血位"，印刷行业要求页面底色和图片的"出血位"为3mm，以保证周空的空白边。如果做比较大的包装也可以多留些出血，如4～5mm。通常出血位尺寸为3mm，这既是从印前、印刷到印后加工普遍能接受的约定，也是印刷厂拼版和印刷时最大地利用纸张尺寸，当然，这与印企使用的设备精度直接有关，印前设计和印刷时不要轻易改变这个约定。尤其是在版面制作时，不留或少留出血位，这种情况出现在多页面组成的印刷品上就十分麻烦，拼版或出样时被发现还能及时纠正，若不幸未被发现，到了印刷或印后环节那就意味着前功尽弃。

版心在版面上的位置安排、周空的大小，是根据开本大小、版心内容而设定。在版面设定中，版心和周空是随着版面的增大而增大，同时周空设计过大影响字的容量、造成版面空泛；周空设计太小，则会让人觉得沉闷压抑，印后铣背、裁切更是困难重重。因此，在纸张面积允许条件下，应适当放量来保证裁切尺寸，如果纸张面积无法放量，必须确保成品尺寸外保留3mm以上的裁余量，无法满足这一条件时应改用相应规格纸张，调整纸张开数或适当缩小成品尺寸等方法来解决，前提是必须先与客户沟通，征得同意。

3.版面设定注意事项

（1）版面设定要求

①同一品种的印刷品或书刊的版心位置应统一（特殊要求除外），以保证成品的天头、地脚、订口、前口的空白边尺寸整齐划一。一旦设计的版心尺寸固定，在组版（拼版）中不得随意改动，以保证正确的工艺设计。

②书籍插图、粘页的订口空白边，无特殊要求时应留足12mm以上，并确保裁切

废边有 3mm 以上余量，防止裁切后成品书产生连刀或被裁切现象。

③当图片或色位设计在页面成品裁切线上时，保持 3mm 出血位能保证设计效果，否则，印刷和装订后无法保证铺满颜色而会不均匀地露白。

④书刊正文插图的说明文字与图边距离，应统一为 3～5mm。

（2）裁切设定要求

①在单张页裁切中，以印张上四个角线作为裁切标准指示线，而不是周空白边一致。

②书刊裁切中，应以生产施工单规定的尺寸裁切。主要是天头和地脚的空白比例（如 64 开字典天头裁切设计为 3mm，如果书帖纸边折叠歪斜就需多切，则会影响空白比例），而前口尺寸通常是固定的。

二、书帖零页设置

无论是无线胶订还是有线胶订都是采用叠配帖的方法，各书帖是按照从小到大的页码顺序排列，毛本书芯也是按照从小到大的书帖顺序平行叠摆在一起。毛本书芯的第一帖和最后一帖一般都应设计成整帖，不足一帖的书页还要分在第二帖、第三帖上，以便装订过程的撞齐、传送或订联得到保障。例如，16 开对开印张垂直交叉三折（见图 3-8），正反套版占 16 个页码；16 开对开印张二折，正反翻版占 8 个页码；32 开对开印张四折，正反套版占 32 个页码；32 开对开印张三折，正反翻版占 16 个页码。书芯处理就是根据书芯的长度、宽度、厚度等数据，对胶订机各工序进行的生产制作调整，如根据开本大小，就可以对侧胶宽度进行设定。

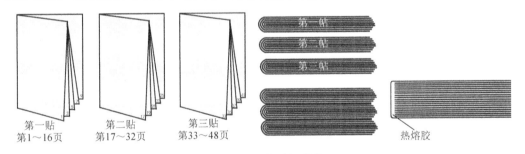

第一贴　　　第二贴　　　第三贴　　　　　　　　　　热熔胶
第1～16页　第17～32页　第33～48页

图 3-8　无线胶订书芯

无线胶订对于不足一帖的书页，不能采用套帖（套页）方法，是为了避免套帖后的出套和套帖后订口不紧实，不能有效铣切书帖环筒问题，通常采用分帖或粘页方法来组帖。例如 2 页 4 版的零头页，在拼版时要排成 4 版，并采用粘页的方法来处理。

一般在安排书页设置时，会尽量采用整数印张或半个印张，目的是便于书刊印刷装订。但在实际工作中由于每本书的版面数不同，常常会遇到最后剩余的零星页张，那么零头页摆放的位置不同就会使书帖页码的顺序发生变化。同时书芯中的插页、前衬、后衬等零页也会影响胶订配页方式，这些都需要在胶订版面设置时予以考虑。

1.零头页设定

胶订生产时不宜把零头页放在书芯的第一帖或最后一帖，这样可以避免书刊装订时造成零头页弓皱和发拨现象，并可防止配页机向胶订机交接书芯时发生一系列故障。那么剩余的零星页怎样安排才最合适胶订制作呢？零头页顺序位置应根据书芯齐帖方式来设定。

根据产品装订顺序、装订方法及装订机械的要求，应合理设计配帖排版方法。同一本书，如需同时安排大小帖印刷，齐头正排配页的第二、三帖位置（第二配页飞达、第三配页飞达）安排小帖印刷，两头安排大帖印刷，有粘页的帖安排小帖印刷，这样有利于机械排废和便于及时检测多帖、少帖。

（1）齐头正排方式

当配页机飞达下帖后，集帖链上拨书推杆推着书帖向前运动，直至将书芯喂入胶订机进行订联，天头靠齐在推杆上向前运动的配页方式是齐头正排。

案例分析：

无线胶装期刊 105g 铜版纸 16 开 16 版 3.75 印张，采用正排齐头配页，那么 2 页 4 版（0.25 印张小帖）应尽可能放在第二帖上，4 页 8 版（0.5 印张小帖）放在第三帖上最适宜，其他三个印张则是整大帖，这样有利于书帖在配页机通道输送过程中被整齐。书芯版面数＝ 16×3.75 ＝ 60 个版面（P），即有 60 个页码。

如图 3-9 所示，书帖地脚在前面（书帖上页码位置在左上端），天头在后面（右面），第一帖页码（1～16）、第二帖页码（17～20）、第三帖页码（21～28），第四帖页码（29～44），第五帖页码（45～60）。

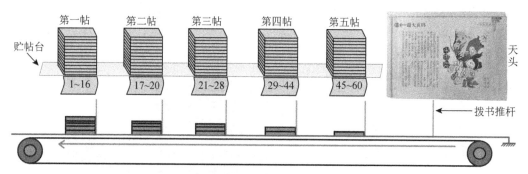

图 3-9　齐头正排配页

（2）齐尾反排方式

当配页机飞达下帖后，地脚靠齐在推杆上向前运动的配页方式是齐尾反排。

案例分析：无线胶装期刊 105g 铜版纸 16 开 16 版 3.75 印张，采用反排齐尾配页，那么 2 页 4 版（0.25 印张）应尽可能放在第二帖上，4 页 8 版（0.5 印张）放在第三帖上最适宜，这样有利于书帖在配页机通道输送过程中被整齐。

如图 3-10 所示，天头在前面（左端），书帖地脚在后面（书帖上页码位置在右上端），书芯版面数＝ 16×3.75 ＝ 60 个版面（P），即有 60 个页码，那么第五帖页码（60～45）、第四帖页码（44～41）、第三帖页码（40～33）、第二帖页码（32～17）、第一帖页码（16～1）。小帖依然是安排在第二和第三配页飞达工位上。

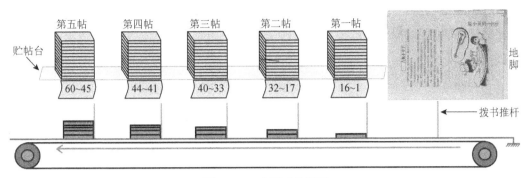

图 3-10　齐尾反排配页

特别提示：

①齐尾反排时，所有书帖的版心地脚预留空白必须保持一致。

②封面也要根据书芯齐脚设计并与书芯同步配套。

胶订大部分配页方式均采用齐头正排，只有当封四要粘贴防伪标志时，因为书本在联机传送带上输送时，自动帖标机是通过光电感应开关来感应有无书本，并给出信号来出标，这样就可直接将防伪标志粘贴在封四上。过去采用人工对书本进行翻身粘贴，要投入大量的人力和物力，而且速度缓慢、效率低下。

2.单张页位置设定

单张页在粘页设定时，应根据齐帖方式和贮帖位置来设定。齐帖方式是指齐头正排还是齐尾反排，贮帖位置是指吸嘴吸书帖的毛边还是光边。

（1）对于书芯纸张定量≤80g 的单张页，由于挺度低（纸张抗弯曲强度低），页张在分离过程中，单张薄纸容易被吸嘴拉破，下帖也不够稳定，因此被设计成粘页来成帖，即粘接在其他书帖上。

①齐头正排配页时，单张页粘接在第一帖的后面（粘接在大页码上），这样就能避开吸嘴直接吸到单张页，防止粘页的单张页被拉破、拉坏。

②齐尾反排配页时，单张页粘接在后一帖的前面（粘接在小页码上），这样就能避免吸嘴直接吸在单张页上，造成走帖不稳和撕拉等现象发生。

（2）对于书芯纸张定量≥100g 的书芯零头单张页，可以放在第二帖位置直接下帖。不放在后面是因为单张页挺度不够，上面再有多帖叠压在上面，就会使单页在通道里摩擦力增大，造成单页往拨书推杆方向卷曲或不齐。不放在最前面的原因是单张页在快速移动中，由于分量轻，很容易被风阻吹起造成飘移，而放在第二帖位置，最上面有一帖轻压着，从躺平到竖立都有厚帖阻隔在较小空间范围内。

如果胶订末页是单张页，其纸张定量是≥80g 铜版纸，由于单页衬和书芯纸张质地不同，那么就不能把单页衬和书芯内页关联在一起设置，此时就要采用直接倒排齐尾的配页方法来处理，胶订生产速度也应对应放慢，何况铜版纸沿张会造成单页衬皱褶的弊病。

（3）对于纸张定量≥150g 的首尾单张衬页，可以直接下帖生产，无须粘页。因为对于稍厚的单张页，打开机器通道壁上吹风孔，就能有效地减轻书帖在通道上的摩擦力。

从以上案例可以看出，单张页的顺序设计是根据页张厚薄、配页方式来决定的，书帖上的页码是随着单张页位置的改变而变化，印后制作方式直接影响拼版的版面次序。

三、跨页设置

跨页也称接版、符合面，是指图画跨越两个页面，即两个页面组合成一个整体图画。

跨页设定由于视觉范围角度广、大气美观，作为一种特殊的构图设定与页面安排，深受读者喜爱，但给印后加工带来了一定难度。跨页位置通常设定在封二与扉页、书芯最后一页与封三之间、书芯内两个相邻页面之间、封面与封底之间。跨页设定按大小可以分为满版跨页、局部跨页；按图案可以分为图片跨页、色块跨页、线条跨页、文字跨页；按版面衔接方式可以分为有缝跨页、无缝跨页。

（一）跨页色块、线条设定

常见的跨页类型有一张图片分布在两个页面中，一根线条将两个页面连接起来（见图3-11），一个色块分布在两个页面中（见图3-12）。

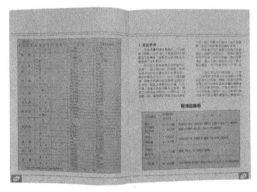
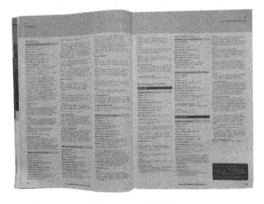

图3-11　线条跨页　　　　　　　　　　　　　图3-12　色块跨页

跨页线条和色块是胶订（骑马订）跨页设计中使用最多的方法，但对印后装订加工来说，跨页线条和色块的上下对位成了重点，在折页制作中就不能光看相邻页码的对准度，还要顾及跨页线条和色块的吻合位置。

（二）跨页尺寸设定

跨页设计尺寸由于胶订铣切量的需要，必须预留一定的空白位置，以免发生文字或图像被遮掉。随着装订形式的不同，空白边尺寸也有所不同，在设定时需了解装订形式对空白边尺寸的要求。

1.无线胶订跨页设定

如图3-13所示，无线胶订某样本，页面内的跨页部分图文出现了严重错位，一部分内容被遮掉了，只有拉开左右面才能使图文完整，但是订口破损严重。这是设计师没有考虑到无线胶订的特点所造成的（订口没有设置铣背白边）。从胶订制作的角度考虑，造成跨页误差的原因有两种情况：①原来设定的胶订锁线工艺，为了赶进度没有锁线，而是直接采用无线胶订，致使图案中接图出现误差；②胶订书背铣切量过大、拉槽过深而造成误差。

如图 3-14 所示，胶订后订口处露白，同样不美观。这是因为设定时书芯铣背深度留得过多形成的。从制作的角度考虑，也有可能是胶订铣切量太少造成的。

图 3-13 无线胶订跨页误差

图 3-14 无线胶订跨页误差

铣背拉槽的深度和刀具和各印刷厂无线胶订设备有关，也与书籍的纸张类型、纸张厚度、书芯厚度等相关。纸张厚度增加，则铣背拉毛深度也要相应增加，那么书籍阅览时不能完全摊平，且书芯越厚，摊开时图文遮盖的部分就越多。

特别提示：在已设定好的有线胶订，在制作过程中不要轻易改成无线胶订。

2.有线胶订跨页设定

如图 3-15 所示，这本大 16 开有线胶订本，两个跨页面中间出现了一条 3mm 宽的白线条，分隔了整体版面，这是由于把有线胶订本当成了无线胶订本，设定了铣切量，这种错误是无法弥补的，因为有线胶订不像无线胶订那样，还可以通过铣切量来补救。

图 3-15 锁线订跨页误差

特别提示：有线胶订牢度高，适合铜版纸书页的胶订，且阅读时书页也可以完全摊开，同样适合跨页设计，建议设计时尽可能将跨页面放在每一个书帖的中间两页，不但省心、省力，而且效果好，印后加工无后顾之忧，也是跨页最合理的设置方法。

（三）跨页设定注意事项

1.跨页设定注意事项

①考虑到人眼对细线具有相当高的误差敏感度，除非设计师对印刷厂家的设备、管理、技术有十分把握，否则应尽量避免细线的跨页设计。

②拼版时，跨页图要单独考虑，特别是斜线类的跨页接图。有跨页图的版面在订口方向也不能简单将版心向订口方向偏让，而要把跨页图与其他版心文字分开，跨页图不动其他版心文字作正常偏让处理。在地脚方向上要随同整个版心一起做上下纠偏，以保证印后制作中拼接图左右、上下位置符合要求。

③表格跨页是无法订联的，要设计成粘接的方法。

④在跨页上设计文字是非常危险的，因为文字的组合是不允许有任何差错的。跨页中的文字或图案尽量移出装订线，如果一定要设计，则要把文字的间距作为它的中缝边，以避免由于设计或装订时的小误差造成文字丢失。

⑤胶订为了防止露白或图文遮住，设计时应将铣背拉槽预留的白边用相同的色块或图案背景过渡，这样即使印刷或印后装订略有误差，书籍打开阅览时也看不到白边。

2.跨页制作注意事项

①按目前行业标准，精品产品的跨页误差≤0.5mm，一般产品的跨页误差≤1mm。

②裁切跨页书版要用高精度的数字裁切设备，并采用快刀裁切。

③折页机要选择精度比较高的栅刀混合式折页机，除了第一折，其余折数均用折刀来折页，尽量避免使用全栅栏折页机。

④折页时相邻页码的对位要顾及跨页的接版，帖与帖的接版也要纳入整体校正范围。

⑤无线胶订铣切量的多少，还要根据跨页接版的实际情况做适当调整。

任务二　书芯制作工艺

胶订书芯由书帖组合而成，在胶订生产前先根据生产施工单掌握开本、尺寸、帖数等数据信息，它是书芯生产制作的工艺参数和依据。

一、开本设定与应用

开本就是一本书的大小，也就是一本书的面积。一本书的大小尺寸是这本书最直观的特征之一。一本合上的书，它的长度、宽度和厚度构成了它的三维尺寸。只有确定了开本规格之后，才能根据设计意图来确定版面的设定、插图的安排和封面的构思。通常把一张按国际标准或国家标准分切好的平板原纸称为全开纸。在不浪费纸张、便于印刷和装订生产制作的前提下，把全开纸裁切成面积相等的若干小张称为多少开数；将它们装订成册，则称为多少开本。开本尺寸是指书刊装订后的成品实际尺寸（净尺寸）。

（一）开本尺寸设定

通常一本书的长度 × 宽度不是随便定义的，要考虑印刷上机用纸的尺寸，并且必须遵循一定的开法规则，才能最有效地利用纸张。因为国标 GB 系列的常用正度纸尺寸有：787mm×1092mm、850mm×1168mm，大度纸尺寸有：880mm×1230mm、889mm×1194mm。四种原纸的尺寸是相对固定的，这也给开本的设定划定了最大尺寸范围，即在最大开本范围内进行合理设定是最经济、最有效的。无论期刊、书籍还是广告等印刷品，如果出现了不规则开本的设定，必然会浪费纸张、增加成本，虽然理论上任何尺寸和克重的纸张都可以制造出来，但实际上特殊规格纸张的订货数量必须超过某一界定量，造纸厂才会接受订货，如 20 吨以上、交货期 30 天以上，无论如何特定规格纸张订单也会给造纸厂带来不便和浪费，价格也会相应提高。因此设定特殊开本时，必须把原纸尺寸因素考虑进去。

1. 开本大小

开本是书刊或画片大小的术语。开本尺寸是印后加工过程中必须掌握的基本知识，它贯穿于整个印后加工流程中。开本按其尺寸大小可以分为大型本、中型本、小型本。

①大型本

大型本通常指 12 开以上的开本，适用于图表、画册、期刊、乐谱和篇幅较大的厚本著作等。青少年读物（插图较多）、绘画、艺术拍卖等印品，通常采用大开本印制。

②中型本

中型本通常指 32 开至 16 开的所有开本。中型本属于一般开本，适用范围较广，各类期刊、教材、图书和参考资料均可应用。小说、传奇、剧本等文艺读物一般选用 32 开，采用轻质纸，单手就能轻松阅读。

③小型本

小型本指 64 开以下的开本，适用于手册、小型字典、工具书、口袋书、通俗小说、卡片读物等。开本设计得小，主要有"袖珍"之便，以便读者随身携带、随时阅读，其次可以降低成本，让较低的书价方便更多人阅读。

印后加工设备有它的特殊性和适应性，并不是所有的印后加工设备都能完成 12 开以上或 64 开以下开本尺寸生产的，这是由于受到相关设备及制作工艺的限制。

2. 常用书籍开本尺寸

口语中通常用"开本多大""多少开"来描述书本规格，如打印机、复印机、传真机和数字印刷最常见的是 A4 纸，它的公制尺寸长度为 297mm、宽度为 210 mm。常用 16 开、32 开、64 开不同规格尺寸，是我们必须牢记和掌握的。

根据表 3-1 中的尺寸进行开本设计，经济、合理、正规，纸张利用率高，无疑是最大面积使用纸张的最佳开纸方法。虽然理论上设计时可以按自己的偏好，随心所欲地去设计自己作品尺寸的大小，但还是要把尺寸控制在常用纸张的尺寸范围内，不要偏离太多为好，否则，既不能有效地利用纸张面积，浪费了纸张、增加了成本，降低了印刷效率（如不能实现最大幅面印刷），也增加了印后加工难度和工作量（如三面切书机压板就需要重新制作等）。常用书刊开本尺寸如表 3-1 所示。

表 3-1 常用书刊开本尺寸

单位：mm

开本 \ 尺寸	全张纸787×1092		全张纸850×1168		全张纸889×1194	
	成品尺寸	版心尺寸	成品尺寸	版心尺寸	成品尺寸	版心尺寸
8开	270×390	235×350	280×410	245×355	297×420	245×375
16开	185×260	153×216	200×285	165×242	210×297	175×242
32开	130×185	95×147	140×203	103×163	143×210	105×170
64开	92×127	69×102	101×137	78×109	105×140	82×112
128开	60×87	50×75	65×97	55×83	67×100	55×86
24开	170×184	145×160	184×203	154×181	188×212	158×192
40开	146×129	126×112	158×139	138×119	166×142	146×123
48开	183×85	153×69	199×92	174×74	209×94	169×80

经常使用的还有 B5 纸张尺寸（176mm×250mm），一般多用于记事本、软抄本之类。

表 3-1 中的常用图书开本尺寸是印后书刊制作过程中必须严格执行的标准，尤其对于成品的裁切尺寸把控十分重要。

由于国际国内的纸张幅面有几个不同系列，因此同开本的规格尺寸也不一样，尽管装订成书后，它们都统称为多少开本，但书的尺寸却大不相同。常用书籍开本尺寸有 8 开、16 开、32 开、64 开，其中 16 开和 32 开应用最多（见图 3-16），同样 16 开本书籍，根据原纸的大小，其开本尺寸也会有大有小（见图 3-17）。

图 3-16 常用书籍开本尺寸

图 3-17 不同尺寸 16 开本对比

（二）开本页数设定

页数是指书刊内页的数量，包括扉页、衬页、白页等。页码设定是构成整个书籍设计过程的一个重要环节，也是很容易被忽视的一个环节。页码设定的功能便是在阅读过程中实现它的延续性和指引性，使一本书能够秩序流畅地被阅读。但页码数量的多少却深刻影响着书本的厚度和开本大小。在印后工艺设计和制作时，就要明白书刊的"开本""拼数""页数""印张数"之间的关联性，同样的字数总量、同样图画面积，设计的开本越大，版面承载的字数和图画就越多，页码就越少；设计的开本越小，版面承载的字数和图画也会相应减少，页码自然就多。

拼数指一个或一组页面在对开纸、4开纸、8开纸正背面上拼版后重复出现的数量。有1拼、2拼、4拼、8拼、16拼等。1拼表示整版没有相同的页，2拼表示整版由2个（组）重复页面组成，以此类推。拼版实际上是根据书刊印刷数量、开本、页数、页码顺序、印刷及装订机型、装订方式等综合考虑结果，使单个页面拼组成较为合理的印装版面的过程。

1. 书刊页数设定

每一本书都有页码，有了页码才能编纂目录，有了目录才能检索想看的内容。书籍页数的多少直接决定了它是一本薄书，还是一本厚书。比如字典通常就有上千页，《中国名胜词典》（见图3-18）就有1470页，既厚，分量也重。而有些儿童读物只有十几页，就像小册子一样。如果书内容多，页数就多，会做成大开本或做成分册书。在设定时选用低克重的轻薄纸张来印刷内文，就可以减少书的厚度和重量，如选用$30 \sim 40g/m^2$字典纸来印刷字典。相反，如果想把一本内容有限的书做得更具有厚度感和分量感，既可以选用一些高克重的厚纸来印刷内文，也可以选用比较松厚的轻型纸和纯质纸来印刷内文，这样可以避免书籍太过轻薄的问题。所以相同页张的书芯在印后加工时，其厚薄是完全不一样的，需引起重视。

2. 画册页数设定

画册、样本、影集、相册等是以图版为主的，先看画、再看字，似乎页码不被重视，其实不然。画册类印品不像书籍可以通过计算文字来确定页数，因此在设定中要关心更多问题，从画册策划阶段开始，从画册设计的内容出发，到画册设定的版式和结构，到最后的装订等诸多问题，都要进行仔细的研究和考量，除追求画册设计效果和制作工艺外，还要了解画册类制作的常识性知识，其中，画册类产品的页数是要关心的重点。

画册类产品的精度要求很高，印刷通常以铜版纸居多，所以画册设定的页数一般为4的倍数，不设零碎页是为了便于锁线装订，因为铜版纸的零碎页是很难处理的，铜版纸粘页时会产生水纹波，直丝缕方向还轻点，横丝缕方向会产生类似弓皱的水纹波，属于很严重的质量问题。因此，画册的页数设定不是越多越好，而要根据实际情况进行页数的设计，对于克重大的铜版纸，由于折数要减少，折页量势必增加，而且画册都是需要锁线胶订的，那么锁线后的书背厚度也会相应增加，过高的书背会对高档画册的外型造成负面影响。

画册类页码也不像书籍那样有要求、有规律，书籍的页码始终和裁切边保持一定距离，而许多画册的页码离地脚很近（见图3-19），折页、锁线和裁切时要十分小心，否则很容易裁切到页码，因此在面码位置设定时，更要精确计算。

3. 拼版页数设定

在拼版的过程中，版面上的页码是随拼版的方法变化而变化。最常见的原版翻身和套版翻身印刷，其版面页数设定也会随之变化。

图 3-18　开本与页数

图 3-19　画册页码

① 原版翻印刷

原版翻印刷（自翻版印刷）是指用一副印版在纸张正面印刷，待印品干燥后，将纸张背面用同一副印版进行翻纸印刷的方法（见图 3-20），即翻版印刷是上一次版可以印两面，一张纸可以印出两份相同的产品。原版翻印刷可以有左右翻纸和前后翻纸两种方法，但绝大多数情况下是进行左右翻纸印刷。采用原版翻印刷的书版产品，在折页前需将其从中间裁开，上纸时一半还需翻身才能上纸。

②套版翻印刷

套版翻印刷（正反版印刷）是指用两副不同的印版，分别在纸张的正面和背面进行翻纸印刷的方法（见图 3-21），即按装版要求先印正面或反面，装两次版，印刷两次完成一份产品。印刷数量大或整印张的书帖多采用套版翻印刷，印刷下的书版产品可直接上折页机折页。

图 3-20　原版翻印刷

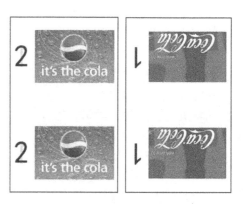

图 3-21　套版翻印刷

从这两种方法可以看出，原版翻印刷装订多了一道裁切工序，理论上是不可取的，但印刷节约了版材，对于小批量的活源还是合适的，尤其是针对零版活源采用原版翻印刷是个不错的选择。对于大批量的活源就不适合，裁切既浪费了大量的人力、物力，也增加了折页的数量，产品的精度还会受到一定的影响。

最佳拼版方式的确定，需根据书刊的印刷数量、生产设备的性能特点、最大的生产效率和经济效益、最优的产品质量等来综合考虑确定。在实际工作中，还要根据具体情况，酌情分析，才能设计出较为合理的书刊印制加工工艺。

（三）竖开本设定

竖开本指书刊上下（天头至地脚）规格长于左右（订口至前口）规格的开本形式。

过去书籍在装订加工中通常将开本尺寸中的大数字写在前面，如297mm×210mm的开本，则说明该书刊为竖开本形式（长×宽）。由于横开本书籍数量较少，因此210mm×297mm也是大家默认的A4竖开本，如果是横开本，通常会在前面加一个横字（如横16开、横32开）。

竖开本的设计是根据内容而定，比如版面的背景在城市，有很多高楼大厦等，则适合采用竖开本。竖开本从版面设计的形式可分为两种：（1）左开本；（2）右开本。

1. 左开本设定

左开本（见图3-22）指书刊加工后在阅读时，向左面翻开的方式。左开本书刊为横排版，即每一行字是横向排列，阅读时文字从左往右（从左至右阅读，眼睛平视）、再从上往下跳行阅读，页码在上部或下部。书刊市场上的产品基本上都是以左开本形式成立。

2. 右开本设定

右开本（见图3-23）在阅读时是向右面翻开的方式，右开本书刊为竖排版，即每一行字是竖向排列，阅读时文字从上往下（目光上下移动，阅读时间长易使眼睛疲乏）、再从右向左跳行阅读，页码在左右两边下部。通常右开本天头空白边要大于地脚空白边，订口空白边也大于前口空白边。右开本这种排版形式只存在于汉字的排列，现代书籍使用也比较少。

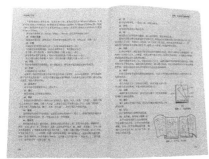

图3-22　左开本　　　　　　　　　　　图3-23　右开本

（四）横开本设定与制作方式

横开本指书刊左右（订口至前口）规格长于上下（天头至地脚）规格的开本形式。

1. 横开本设定

横开本设定是根据内容而定，比如故事内容在田野比较多，地点转移比较多，从一个地方到另一个地方，还有像画册（见图3-24）、工程制图（见图3-25）、公式表单、相册影集等考虑到长度因素，版心的版面跨度都比较大，这时横开本的设计就非常适合，可以很好地满足宽度的需求。选择开本最重要的还是内容，内容好了，无论怎样的开本都不会太影响。至于外观，开本大小也比较重要，通常会选择大一些的开本，这样图片呈现会更好，相应的里面的文字也比较大，非常适合小孩和老人阅读。

图 3-24　横开本画册

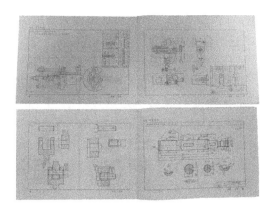

图 3-25　横开本机械制图

通常横开本在版面设定时都采用垂直交叉折页，书帖在配页贮帖斗中是竖式摆放（见图 3-26），这样进入配页通道后拨书辊撞击书帖，容易造成书帖倾斜和翻身，而且配页帖码是从小到大配页（最大帖码离主机最近，最后叠配）。同时，封一和封底的位置也是相反的，很难把握质量关。因此把横开本当成竖开本来做，一切问题就会迎刃而解。

2. 横开本转设为竖开本

横开本重设为竖开本不是简单地把版面旋转 90°后重新排列，而是要仔细考虑折页、配页、胶订工艺的可行性和适应性，确保生产作业的流畅和产品质量的达标。

① 根据配页机输帖要求，书帖仍旧采用垂直交叉法折帖，便于吸帖、输帖（见图 3-27）。

图 3-26　竖式配页输帖方式

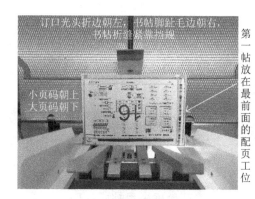

图 3-27　横式配页输帖方式

② 封面输出机构的封面摆放还是按照常规要求，不对封面进行重新改版设定。

③ 版面顺序按照图 3-28 拼版，这种拼版最后一折是翻身折，即反折。而图 3-29 的拼版方式则全部为正折，与前者的区别是书帖长短边位置不一样。这两种拼版方式是要根据折页方式决定的，而折页方式是根据折页机型号、功能、配置等来决定的。

④梯形帖标放在订口位置（书帖宽度位置折边上）。

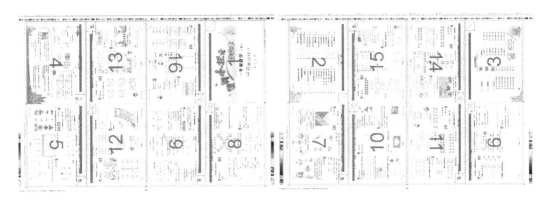

图 3-28 横开本第一帖拼版设计（两个正折、一个反折）

3.横开本转设竖开本制作要点

①书帖的排列方式依旧采取从大到小配帖次序（第一帖离胶订机最近），这种方式符合平时的操作习惯，不容易出现差错。

②加帖作业时（见图 3-27），大页码朝上、小页码朝下，订口光头折边朝左（胶订机方向），书帖脚趾毛边朝右，书帖折缝紧靠挡规（靠身面）。

③胶订机不使用交接传送装置，把过渡轮开口调大不接触书帖。

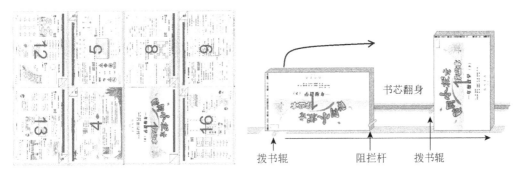

图 3-29 横开本拼版设计（三个正折）　　　　图 3-30 胶订机交接过道翻转机构

④设计一根阻拦杆，阻拦杆前后位置要根据横开本大小尺寸来定位（见图 3-30）。

⑤为了保证书芯由躺平姿态翻转成竖立姿态前进，必须确保翻转机构平稳运行，因此机器速度不能过快，一般控制在 4500/h 左右较为稳妥。

二、书芯厚度设定

书芯厚度是指书籍封面里面或未包封面之前，已配好页或已订联在一起的书帖、插页、图表、扉页及环衬等的总厚薄。在做样本书前，先根据纸张厚度和克重对应表中的数据，估算出书芯的厚度，得到书脊厚度后就可进行封面的数字打样，然后制作胶订样本书。最后根据成品实样书，进行厚薄、铣背量、上胶、包封、裁切等生产数据的修正和确定。常用纸张厚度和克重对应表如表 3-2 所示。

表 3-2 常用纸张厚度和克重对应表

厚度：mm

双胶纸		双面白卡		灰底白卡		双铜版		单铜版		哑粉		灰纸板	
克重	厚度	克重	厚度	克重	厚度	克重	厚度	克重	厚度	克重	厚度	克重	厚度
60	0.08	250	0.32	250	0.31	80	0.06	80	0.08	80	0.08	400	0.6
70	0.09	300	0.38	300	0.42	100	0.08	170	0.23	90	0.09	500	0.75
80	0.11	350	0.45	350	0.48	105	0.09	190	0.26	105	0.1	600	0.9
100	0.12					120	0.1	210	0.28	115	0.11	650	1
120	0.15					128	0.12	230	0.32	128	0.13	950	1.5
140	0.16					150	0.13	250	0.35	157	0.16	1250	2
160	0.18					157	0.14			200	0.2	1550	2.5
180	0.22					180	0.16			230	0.24	1900	3
200	0.24					200	0.18			250	0.26	2200	3.5
						210	0.22					2500	4
						230	0.23					2850	4.5
						250	0.25					3150	5

在书籍整体设计中，只有先知道书芯厚度才能对书背上的文字大小进行设计。要知道书芯厚薄先要知道纸张的厚薄，才能计算出书帖的厚度，并根据书帖的厚度决定折页方式、折数等数据。

1. 纸张定量

纸张定量是指单位面积纸张的重量，以每平方米的克数来表示，即用 g/m^2 表示。从常用纸张厚度和克重对应表 3-2 中可以看出，定量越大，纸张越厚，定量是进行纸张计量的基本依据。定量分为绝干定量和风干定量。前者是指完全干燥，水分等于零的状态下的定量；后者是指在一定湿度下达到水分平衡时的定量，我们通常所说的定量是指风干定量。定量的测定要在标准的温湿度条件下（温度 23℃ ±1℃，相对湿度 50%±2%）进行。

在技术方面，定量是进行各种性能鉴定（如强度、不透明度）的基本条件。在实用方面，定量是决定单位重量所具有的使用面积的根本因素。纸张的定量尽管允许有一定的误差，但必须严格控制误差的限度。

2. 书芯厚度计算法

根据纸张的定量计算，可得到书芯的厚度。

案例分析 1：书芯共有 130 个页张，采用 $60g/m^2$ 的胶版纸黑白印刷，根据表 3-2 中的 $60g/m^2$ 胶版纸厚度是 0.08mm，那么书芯厚度 = 130×0.08mm = 10.4mm。

书刊常用的胶版纸有两种：一种是普通胶版纸。另一种是轻型胶版纸。普通胶版纸以其质地紧密的特点，在彩色、黑白印刷的文本内页中都较为细腻地展示文字和图片。而轻度胶版纸则适用于黑白印刷的文本内页，不适合彩色印刷的细节部分和较多的图片。普通胶版纸以 70 ~ 120g/m² 最为常见，轻型胶版纸以 60 ~ 100g/m² 最为常见，一般教材、书籍都是黑白印刷，采用轻型胶版纸印刷价格低廉，重量约减轻 1/4 到 1/3，在大批量印刷的情况下，使用轻型胶版纸印制的书本，能够比用胶版纸印制的书本减轻不少重量，既方便了读者携带，也节省了一定的物流运输和快递费用。同克重的轻度胶版纸要比普通胶版纸厚 0.05mm 以上，如 60g/m² 轻度胶版纸比普通胶版纸要增加 0.05mm 厚度，因此在计算书芯厚度时，其厚度系数需作相应调整。

案例分析 2：《印后装订工艺》书芯内页共有 130 个页张，采用 60g/m² 轻型胶版纸（轻质纸）黑白印刷，此时 60g/m² 轻型胶版纸的厚度是 0.08 ＋ 0.005 ＝ 0.085mm，那么计算后的书芯厚度＝ 130×0.085mm ＝ 11.05mm。

图 3-31（a）可以看到该书芯厚度电子卡尺的读数为 11.27mm，与计算数值差了 0.22mm，这是因为成品书上油墨厚度、纸张吸湿等因素影响，此 2% 的误差是可以忽略不计的。实际上，测量出的书芯厚度数值与计算出的书芯厚度是基本相符的。如果测出的数值过小，说明原纸的厚度存在问题。只有铜版纸在印刷四个实地重叠颜色，再加上印张数较多情况下，才会对书芯厚度产生一定影响。

案例分析 3：《海派西点》书芯内页共有 51 个页张，采用 157g/m² 铜版纸四色印刷，根据表 3-2 中的 157g/m² 铜版纸厚度是 0.14mm，那么书芯厚度＝ 52×0.14mm ＝ 7.28mm。图 3-31（b）可以看到该书芯厚度电子卡尺的读数为 7.28mm，计算值和测试值完全相符。

（a）　　　　　　　　　　　　　　（b）

图 3-31　轻型胶版纸厚度、铜版纸厚度

因此，平时要注意收集不同品种、不同克重的纸张数据，并用千分卡对其厚度进行精准测试，把记录添加在表中，那么在设计书籍厚度时就快速、准确、方便多了。

特别提示：

1. 书芯厚度计算时要注意：同样克重（定量）的同品种纸张由于品牌的不同，厚度会略有差异，同品种纸张越薄说明纸张紧度越高，档次相应也高。如欧洲进口铜版纸与国内铜版纸相比，同样克重的纸张明显偏薄。

2. 由于环衬、插图、扉页等不计入总页码，在设计书背厚度时别忘了把这一因素考虑进去（有些书籍前后环衬是多页艺术纸，对书芯的厚度影响就较大）。

三、铣切量设定

平装书又称简装，是一种常用书籍装帧形式，以纸质软封面为特征。平装书是最常见的装订形式，装订时先将大幅面印张折页，折叠成预定开本大小的书帖，再配成册，订联成书芯并包上封面后切去三面毛边，即成为可供翻阅或使用的书刊或本册。平装书装订方法简单，成本低廉，适用于篇幅少、印数大的书籍。

常见的平装书包括骑马订、缝纫订、线装、锁线订、胶黏订，而胶黏订又可分为有线胶订（锁线胶订）和无线胶订（见图3-32）。

线装书　　　　　　　　锁线胶订　　　　　　　　无线胶订

图 3-32　常见平装书

无线胶黏订指书帖或书页不用铁丝或线而完全依靠胶黏剂黏合的订本方法，是一种非订缝连接法。无线胶黏订本册具有不占订口、无线迹、无铁丝锈迹等特点，是我国书刊、教材、本册的主要装订方法，无线胶订联动线已实现了自动化、联动化、智能化、网络化生产方式，适用于加工速度快、周期短、批量大的书刊本册加工。无线胶订工艺最大的特征就是要对书芯进行铣背处理，即要把书帖的折缝环筒全部铣切掉，使所有书帖成单张页，再用热熔胶将页张全部黏合在一起组合成紧密的书芯，最后包上封面的工艺过程。因此，铣切量的多少直接关系到书刊的订联质量，无线胶订书刊的散页、掉页等弊病都与铣背工艺设定直接相关。

（一）铣切量设定

1. 铣切量设定

在无线胶订中，书芯处理机构中的铣背、打毛是最关键的一道工序。铣切量是根据纸张厚薄、折页层数而定，通常控制在 1.4 ～ 3mm 范围内，打毛的深度控制在 0.8 ～ 1.5mm。若铣背和打毛的深度不够，必然影响热熔胶的渗透，从而造成脱页、散页等质量弊病。

通常书帖订口必须留出 2mm 左右白边供铣背拉槽所用（见图3-33），如果铣背过深（超过 3mm），很可能造成前口折缝处裁不掉，出现缩页或连刀现象；如果铣背过浅（少于 1.2mm），就会造成折缝环筒铣切不净，出现掉页现象。对于轮转机印刷下书帖铣切量应控制在 3mm 以内，平张四折页书帖控制在 2.5mm 以内、三折页书帖控制在 2mm 以内。还要考虑当书芯过厚时增加铣背深度和背胶厚度，这样书背就不易被折断而掉页了。

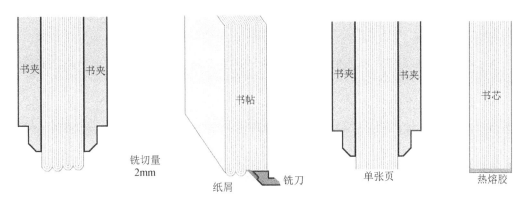

图 3-33　铣切量示意图

案例分析：如图 3-34 所示，无线胶订 16 开 16 版 3 折页书帖，在设计版面时需要在内文、插页版面的订口处，另外加上 2mm 的铣切量。另外，第一帖（最小页码版面）还要考虑留有 7mm 侧胶位置供粘接使用。

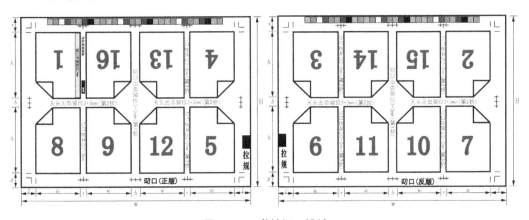

图 3-34　书帖订口设计

2.铣切量设定注意事项

①一本书的首页与末页订口处要留 5 ～ 7mm 侧胶粘接白位，书芯侧胶宽度是要根据开本的大小来设定的，一般 16 开侧胶宽度为 7mm，32 开本侧胶宽度为 5mm，这对于书芯与封面的跨页设计影响重大。

②为了防止订口露白，设计时应将铣切量的部分（2mm 左右）不直接留白边，而要用相同的色块或图像背景过渡，这样即使订联略有误差，书籍打开阅览时也看不到白边。

③书背铣切量及拉槽深度与印企胶订设备、书籍厚度、纸张类型等都有关。如随着书刊厚度的增加，则拉槽深度也相应增加。同样，胶装中如果胶黏剂渗透过深，会出现重影，而渗透过少，会出现露白边。

（二）粘页铣切量设定

无线胶订一折页或单页通常采用粘页的办法来解决，这样就可以保证不出现掉页现象。对于薄型纸插页、前后单衬需根据要求来设计铣切量。如果无跨页图文，可以参照内文铣切量设计；如果有跨页图文，则需要精心计算来满足跨页图文的需要。

1. 粘页订口设定

环衬则不加铣切量，粘页时环衬需缩进书帖订口处 X，X ＝铣切量＋拉槽深度＋缩边。

通常铣切量的控制范围在 1.4 ～ 3mm、拉槽深度的控制范围在 0.8 ～ 2mm，因此，粘页时环衬需缩进书帖订口处 X ＝ 2.5mm ＋ 1.5mm ＋ 1mm ＝ 5mm（见图 3-35）。

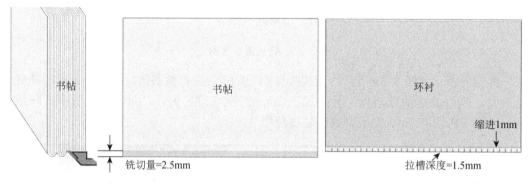

图 3-35　环衬粘页设计

2. 粘页铣切设定注意事项

①单张粘页时，应跟书帖的书背粘平或缩进 1mm，但不能超出书背。

②环衬粘页时，最大缩进书帖 5mm，但不能超出书背。

（三）铣切量设定注意事项

1. 无线胶订书刊的掉页、散页问题大部分跟折页有关，折页出套过大，夹页时撞页不到位，都是造成掉页、散页的原因。所以，三折页、四折页时页需割口放气，折页出套要小于 1.5mm，以免铣切不净。

2. 无线胶订的铣切量、拉槽深度与无线胶订设备、书籍厚度、纸张类型都相关联，在铣切量设定时要综合考虑。

3. 胶订生产前的整理工序中，书贴未撞齐、捆扎不平、不压实就转入铣背，那么这种有质量缺陷的半成品在胶订机中被书夹夹紧后，必然导致书背不平，铣刀铣不好，书背拉槽打毛效果欠佳，从而造成热熔胶渗透不到页张里面，就会发生脱页、散架等问题。所以，在胶订后的质量检验中，如果发现脱页和散页，在检查铣背、拉槽深度是否合适的同时，也要检查进入胶订的配页，捆扎、压实等工序的半成品加工质量是否达标。

四、双联本规格设定

双联本指两本相连在一起的毛本书装订工艺。在胶订 32 开或 64 开的书刊时，由于尺寸相对较小，为了配合胶订机可胶订最大尺寸，通常在最终裁切成品之前，在一页上设定成两个上下版面，即同一帖上经印刷、折页、订联、裁切之后成两本相同的成品方式，胶订双联拼版可以减少一半的订联工作量，提高了胶订生产效率。

（一）双联本规格设定

1. 双联本尺寸设定

无线胶订联动机双联本尺寸设定时，书版版心与版面规格一定要符合胶订工艺要求。

如图 3-36 所示，在设计正度 32 开双联本拼版尺寸时，成品净尺寸 = 130mm×184mm。

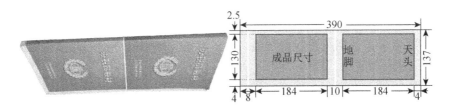

图 3-36 32 开双联本尺寸设计

天头裁切 4mm，地脚裁切 3.5mm，中缝锯刀宽度为 2.5mm，地脚锯刀宽度为 1.5mm。

地脚裁切余量＝地脚锯刀裁切量＋锯刀宽度＋下联地脚裁切量 = 3mm + 1.5mm + 3.5mm = 8mm。

在胶订双联本制作过程中，由于书背是热熔胶粘接而成的，当胶水固化以后硬度比纸张高、韧性较差，那么在裁切的时候，靠近切口的部位，热熔胶就会产生挤压变形，容易造成书背褶皱、封面撕拉破损等不良现象。所以在尺寸设定时，必须在上下联单本中间连接的部位留出一定的裁切余量，这些裁切余量部位用来承担书背变形和封面破损等损坏，即设计裁切余量的长度不小于因裁切产生的书背变形或者封面撕拉破损的长度，本例设计的中缝裁切余量为 10mm，也是最小极限裁切余量。

中缝裁切余量＝下联天头裁切量＋锯刀宽度＋上联地脚裁切量 = 4mm + 2.5mm + 3.5mm = 10mm。

双联毛本宽度尺寸＝铣切量＋成品宽度＋前口裁切量 = 2.5mm + 130mm + 4.5mm = 137mm。

双联毛本长度尺寸＝地脚裁切量＋成品长度＋中缝裁切量＋成品长度＋天头裁切量 = 8mm + 184mm + 10mm + 184mm + 4mm = 390mm。

经过计算可以得出 32 开双联本书帖尺寸≥137mm×390mm，这是设计时的最小极限尺寸，通常在设计时只要纸张尺寸够用，双联书帖尺寸还应略为放大，尤其是高速轮转印刷下的双联书帖，误差相对较大，更需要同步放大尺寸，如 138mm×392mm 就较为合适，能避免一些弊病的产生。如果尺寸设计过大，就会增加裁切的边角料，浪费了纸张；如果尺寸设计过小，锯片刀造成的豁口大于裁切余量，成品裁切边就会产生破损弊病，因此预留适当的裁切余量来承担破损是必须的。

2. 双联本分切设定方法

双联本分切机有两种工作形式：①单锯片分切；②双锯片分切。

圆锯片刀的直径为 400mm，但圆锯片刀的宽度（厚度），要根据被分切的书本厚度进行适当选择。生产 5～30mm 厚的书本，一般选用 2mm 厚度的圆锯片刀；生产 30～50mm 厚的书本，则选用 3mm 厚度的圆锯片刀。那么在双联本尺寸设计时，也应根据书本的厚薄来设计分切刀路的宽窄。

①单锯片分切

单锯片分切机构只使用一把圆锯片刀［见图3-37（a）］，将双联本从中间刀路位置剖开，成两本毛本书。通常这种设计方法适用于两台三面刀，一台切上联本、一台切下联本，因为上联有天头折缝需要多切一点，下联有地脚毛边需要多切一点，两台切书机裁切侧重点是有所差别的。如果上下联毛本书采用一台切书机工作，那么就会增加上下联天头和地脚的裁切量，印刷纸张上机尺寸也会同步增大，尤其是轮转高速印刷下的双联本，由于折页相对误差较大，是很难减小裁切量的。同时，分切下的上联毛本和下联毛本尺寸也很难保持一致。不难看出，单锯片分切看似容易，但对裁切量的设计，要求更高。

②双锯片分切

双锯片分切机构使用两把圆锯片刀［见图3-37（b）］，中间圆锯片刀是沿双联本中间刀路位置进行分切，另一把圆锯片刀是沿地脚刀路位置将毛头裁切为光头，最后成两本毛本书。其最大优点是分切下的上联毛本和下联规格尺寸一致，有利于切书机的精准裁切。地脚锯片刀分切时，对废纸边的裁切尺寸是有一定要求的，地脚锯片刀的裁切量不能小于3mm。

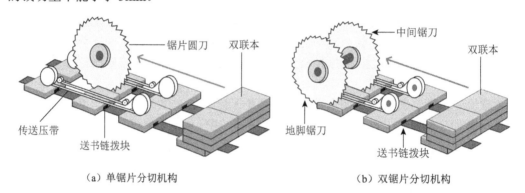

（a）单锯片分切机构　　　　　　（b）双锯片分切机构

图3-37　双联本分切机

如图3-38（a）所示为常用的单锯片分切尺寸设计范围。如图3-38（b）所示为常用的双锯片分切尺寸设计范围。

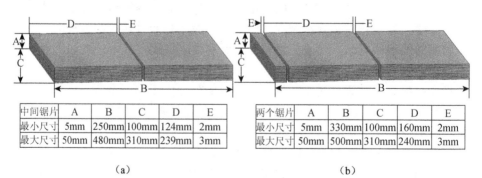

中间锯片	A	B	C	D	E
最小尺寸	5mm	250mm	100mm	124mm	2mm
最大尺寸	50mm	480mm	310mm	239mm	3mm

两个锯片	A	B	C	D	E
最小尺寸	5mm	330mm	100mm	160mm	2mm
最大尺寸	50mm	500mm	310mm	240mm	3mm

（a）　　　　　　　　　　　　（b）

图3-38　双联本尺寸设计

（二）双联本设定注意事项

1. 双联本制作要求

①分切双联本时，在工艺制作上要求做到，既要使双联本被裁切开，又要书本封面和书页不会被拉毛、拉破，以及书背不被压皱，更要求做到书本不能分割歪斜。

②无论使用单锯片刀或双锯片刀，三面切书机将分切下来的两本书同时合在一起时，定位要准确、书本背字高低或背框要达到基本一致。

2. 双联本设定注意事项

①剖双联机尺寸

不同制造商生产的剖双联机器的尺寸是不同的，设计人员一定要了解本企业剖双联机的尺寸范围，才能更好地进行双联本尺寸配套设计。

②对书帖纸边要求

剖双联机对书帖前口纸边的长短是有一定要求的，书帖前口纸边要做到宽窄基本一致，以便于剖双联机组的送书链拨块将毛书本推入机器，尤其对于较薄的双联本更为重要。

任务三　封面制作工艺

封面也称书封、封皮、封衣、外封等，是指书刊外面的一层。封面是书的外貌，它既体现书的内容、性质，同时又给读者以美的享受，并且还起到了保护书芯和美化书刊的作用，其次还便于在书店、图书馆等寻找和检索书刊。封面集中地体现书籍的主题精神，它是书籍装帧设计的一个重点，封面工艺的设计与制作代表了印刷企业印制水平的高低。

封面是对订联成册后的书芯在其外面包粘上外衣的称呼。现在封面的创意极其丰富，按其形状、结构、功能可分为普通封面、拉页封面、勒口封面、组合封面等，不管哪种结构形式的封面，我们按其版面排列顺序又分封一、封二（也称前封）、封三……封底（也称后封）。大多数书刊封面为 2 页四版结构，一般书籍封一印有书名、出版者和作者等，封四印有版权等，如教材、字典、小说和学术著作等封面均采用这种简约设计。儿童读物、立体书、有声书等封面已经跨越了传统封面设计范畴，融入了数字化、智能化、自动化元素，表达的意蕴更为丰富、多彩。印刷品的价值，要靠印后成品来体现。胶订各工序的质量、工艺必须符合装订工艺的要求，封面、插图设计是胶订工艺制作的重要环节，其设计直接影响到胶订的制作与质量。

一、拉页设定与规范

胶订拉页封面的头脚尺寸和书芯长度尺寸一致，拉页订口方向则要缩进 1～2mm，以防止拉页超出书背外边，以防止三面刀压板压紧书沓时，封面发生形变及弓皱，影响正常裁切。对于胶订拉页封面的生产制作，一般预先对封面压好四根封面定位痕线和一根拉页折线，并将折叠后的拉页头脚粘住（拉页封面超宽），才能保证拉页封面在胶订机上的正常生产。

1.封面拉页设定（210mm×297mm）

如图 3-39 所示，胶订封面外拉页设定时，封面 B 比内文小 3mm，封面外拉页 A 比 B 小 1mm。通常胶订封面在前口方向的内拉页和外拉页，都设计成比成品尺寸小 3mm，因为采用叠配帖方式裁切后的成品 B 的尺寸和设计尺寸是一样的，它不像套配帖那样，外套封面会有向订口方向的爬移量。

如图 3-40 所示，胶订封面内拉页设定时，封面 B 比内文小 3mm，封面内拉页 A 比 B 小 9mm，这是因为胶订有侧胶的原因。

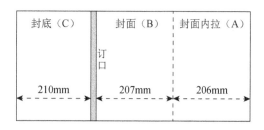

| 图 3-39 胶订封面外拉页设定示意图 | 图 3-40 胶订封面内拉页设定示意图 |

如图 3-41 所示，从胶订成品书可以看到封面内拉页 A 向里折叠时，尺寸是有一定限制的，封面内拉页 A 尺寸＝封面尺寸 B 尺寸－间距－侧胶宽度＝ 207mm － 7mm － 2mm ＝ 198mm，16 开以上侧胶的宽度是 7mm、32 开侧胶宽度是 5mm，间距控制在 2mm 左右。

书籍类胶订封面拉页设计相对比较少，通常都在期刊类的胶订本上见到，而且多是以广告拉页版面存在。

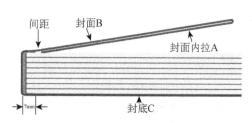

图 3-41 胶订封面内拉页长度设计

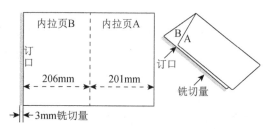

图 3-42 2P 胶订书芯内拉页设计示意图

2.内文拉页设定（210mm×297mm）

胶订的内文拉页比较常见，一般都是报表、制图、地图等跨页横图，内文拉页基本上都设定成内拉页，无外拉页，这与配页机下帖相关。内文拉页有两种：一种是书芯内文拉页；另一种是插图拉页。

①书刊内页一般选用≤ 80g/m² 的胶版纸，对于这种较软的拉页纸张，折页后需采用沿寸方法，将拉页粘接在书贴外或书帖内。页张粘接在书贴外部称为外沿寸，页张粘接在书帖内部称为内沿寸，内沿寸需手工操作十分麻烦，胶订工艺设定时应尽量避免内沿寸。

如图 3-42 所示，2P 书芯内拉页设计。设计时 B 比内文小 4mm，内拉页 A 比 B 小 5mm（由于胶装书不能摊平打开需减小其宽度），拼版设定时还要留 3mm 的铣切量。

由于纸张克重≤105g，因此需将2P拉页沿寸在书帖上。

②插图拉页纸通常采用铜版纸拉页，其定量≥105g/m²，经过包心折（二折页）后成三个页张，折缝订口处具有一定挺度，不用沿张，可直接上配页机进行叠配帖。

如图3-43所示，6P书芯内拉页设计采用平行包心折。设定时C比内文小4mm，内页B比内页C小5mm，内拉页A比B小1mm，拼版设计时要留3mm的铣切量。页码是按内拉页打开后的版面次序进行编码排列，插页内拉页无须沿寸，可直接上配页机叠配帖。

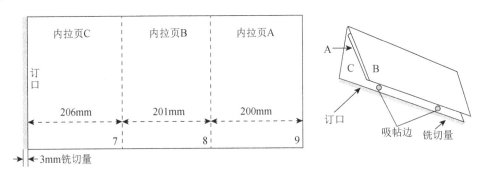

图3-43 6P胶订书芯插图拉页设计示意图

特别提示：配页机吸嘴应选择吸内页C上位置（见图3-43右图中的吸帖边），即吸帖边是内拉页小页码位置，不能设计成大页码位置做吸帖边。

3.拉页设定注意事项

在进行胶订拉页工艺设定时，一定要考虑与印刷、印后装订相关的工艺问题，以确保印刷、印后装订工序的正常进行。

①页面尺寸的设置要合理。页面尺寸设计是拉页设计的关键所在，拉页设计的主要问题都集中在尺寸上（过大过小）。

②封面拉页和内文拉页都需要折页机来完成，因此，拉页拼版方式要根据折页机种类、折页方式来拼成组合大版。

③胶订封面的内拉页要考虑侧胶的宽度。

④胶订内文拉页要预留铣切量，并选择正确吸帖位置。

⑤在设计拉页时，应画好样稿，并通过计算决定采用多大的纸张，做到合适、经济。

二、勒口设定与制作

勒口（折口）是指书籍封面的延长内折部分。封面勒口常见于教材、小说、样本等书籍上，经勒口设计的书籍平摊后显得平伏、精致、大气和挺括。尤其是封面经过覆膜、上光处理后，容易出现封面卷曲、边角起翘等问题，很不美观，而勒口设计能有效避免上述问题的产生，而且能使平装书具有某种精装书的神韵。勒口是书刊装帧的一种形式，其特征是封面的前口边大于书芯前口边，包完封面后将多余的封面边沿着书芯前口边向里折进。在勒口设计中，哪怕一根线、一块色彩、一行文字、一个简单的小插图或小花饰，都能对勒口起到分割面积和装饰的作用，因此勒口设定要具有一定的设计思想。

如图 3-44 所示，封面勒口分为前勒口（和封一、封二连接）和后勒口（和封三、封四连接）。前勒口是读者打开书看见的第一个文字较详细的部位，一般主要放置内容简介、丛书名称和张帖作者信息等。根据侧重点不同，若为了方便读者阅读，会放置书籍内容简介或简短评论；若为了突出作者形象，会放置作者简介；若为了推荐相关书籍，会放置丛书名称。而后勒口在内容上相对简单，一般只有编辑及丛书等文字说明，后勒口的设计要与前勒口一致。

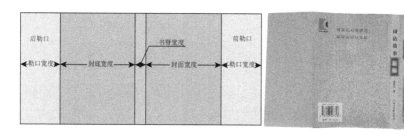

图 3-44　勒口封面设计

（一）勒口宽度设定

勒口宽度是根据书籍的厚度、封面的宽度和勒口的功能来设定的。勒口设定取决于纸张的成本和设计时的形式美感，一般勒口宽度 ≥ 30mm，但通常不会超过书籍开本宽度的 2/3。

1. 勒口宽度设定

勒口承担的是装饰性和实用性功能，因此宽度不宜太窄。如图 3-45 左所示，勒口宽度设计为 22mm，因此勒口宽度设计过小，显得过于小气，既不美观，也不具备承载广告的功能，而且勒口宽度尺寸过小，封面向上曲翘，直接影响其整体美观，也失去了勒口设计意义。

图 3-45　勒口宽度尺寸设计

2. 勒口宽度过大

如图 3-45 右所示，勒口宽度设计过大，距离翻阅线只有 22mm，加大了书籍材料成本的消耗，显得累赘和多余，既不经济，也不美观。当然，有一些书籍会根据勒口功能的需要，在设计时特意将勒口宽度加大，体现书籍的多样功能和艺术特征，但这样的设计大大增加了制作难度和生产成本，因为超大的勒口宽度设计只能采用半自动胶订机生产，而且制作也要动用人工来完成勒口，仅适用于小批量生产制作。

案例分析：

①正度 16 开，书背厚度为 10mm，勒口为 75mm。

如图 3-46 所示，假如《印后装订工艺》为正度 16 开，成品尺寸为 260mm×185mm，封面、封底加书背厚度为 380mm，那么勒口设计时，封面最大净尺寸为 530mm×270mm。

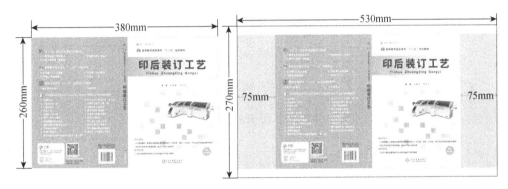

图 3-46　正度 16 开勒口设计

②大度 16 开，书背厚度为 8mm，勒口为 120mm。

如图 3-47 所示，假如《印后装订工艺及设备》为大度 16 开，成品尺寸为 285mm× 210mm，封面、封底加书背宽度为 428mm，那么勒口设计时，封面最大净尺寸为 668mm×290mm。

如图 3-46 和图 3-47 所示，则勒口设计显得比较合理，通常将勒口的宽度设计成封面宽度的 1/3 ～ 2/3 范围内最为合适。

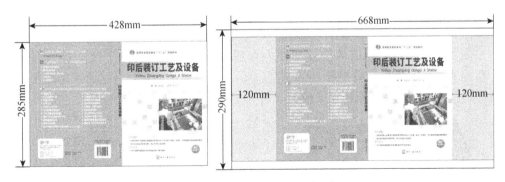

图 3-47　大度 16 开勒口设计

3. 勒口尺寸设定注意事项

勒口尺寸设定要符合印后胶订设备的技术工艺要求。例如我国胶订联动线生产设备的封面上机宽度最大尺寸为 642mm，是无法达到大度勒口封面尺寸的，只有很少进口设备能胜任。由于国产高速胶订联动机几乎已经占据了国内市场份额，因此给这种大度 16 开大勒口设计的机会越来越少，大度勒口宽度尺寸就应减小，必须引起设计者注意。

如图 3-48 所示，高速胶订机封面宽度最大上机尺寸为 305 ＋ 337 ＝ 642mm，而成品尺寸宽度为 210mm，书背宽度为 8mm，那么封面最大勒口尺寸：（642 － 428）mm÷2 ＝ 107mm，勒口设计中通过减小勒口尺寸就能完全适合我国高速胶订联动机的生产。

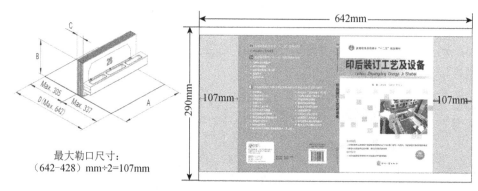

最大勒口尺寸：
（642-428）mm÷2=107mm

图 3-48　大度 16 开最大勒口尺寸

（二）勒口色位设定

勒口作为书籍整体设计的一部分，与书籍封面有紧密的联系。勒口上一般不会是白色，精明的设计师会在勒口上安排广告、书刊摘要、作者简介等内容，从而使勒口起到书载广告的作用。同时勒口承担着延伸书籍封面主题内容的作用，依靠勒口形式拓展书籍整体设计空间。因此勒口页面与封面、封底过渡位置上的色块要设计成同一颜色，也可设计有呼应关系的图案。要避免将文字、竖线条、色块分界线设计在跨页折缝上，造成色位偏差。因为尺寸设计的细微误差及制作的细微误差，最终都会反映在封面与勒口的过渡位置上，影响到版面视觉的连贯性。这种情况胶订工艺是无法补救的，毕竟封面背字居中比勒口偏位重要得多。

案例分析：

如图 3-49a 所示，勒口色位上翻到面上，分界明显，那么由于纸张厚度、印刷及印后装订的允许误差等的积累，导致颜色偏位（上翻或下翻），很不美观。

如图 3-49b 所示，勒口色位设计较为合适，封一的色位有一个向勒口方向的延伸，起到了过渡作用，如果积累 1mm 左右的误差，也能足够弥补。这样读者顺着封面的延伸到勒口处，就能很轻松地了解更多有关于书籍的内容梗概。

（a）黄色块向上翻　　　　　　　　　　　　（b）

图 3-49　勒口色位设计要点

（三）掌握勒口制作方法

在勒口工艺设计时，先要根据装订勒口机器种类、性能、技术参数来设计工艺流程。勒口机的主要功能是将上封装订后的书本按尺寸裁切前口、封面压痕、折页，从而完成书封前口折页工序。勒口工艺设计与制作要根据印企的实际生产设备情况来制定，通常勒口的生产制作有三种方式：①单机勒口；②联机勒口；③连线勒口制作。

勒口机也称折前口机，是一种将包好封面的（平装书）前口多余的封面纸边折进书芯内的机器。勒口机简化了装订工序、节省了材料、减少了劳动强度、缩短了生产周期、降低了生产成本、提高了装订质量和生产效率。

1.单机勒口制作

如图 3-50 所示，勒口单机具有占地小、操作简单、调整方便等优点。勒口机是将经胶订上封面后的书籍立放在输送工作台上，由推书杆将每本书籍等距离向前输送，自动撑开封面，按尺寸裁切书的前口，再经封面压痕、封面折页后输送一书本收集台上。

印后制作单机勒口设备较多，这是因为单机设备适合加工中小批量的活源，设备价格相对便宜，不同的单机可同时加工不同类型的活件，具有操作灵活，调整方便，投资小，适应性广，能最大限度地发挥各机型特点的先天优势，同时单机能随时根据印后市场的需求，灵活调整配置。但印后单机操作时，生产成品的输入和输出都依赖于手工，重复劳动和工作强度大。同时，单机生产周期较长，影响生产效率。

2.联机勒口制作

如图 3-51 所示，联机勒口机是专门和胶订联动机配套的设备，连线勒口机具有中高速运转速度，无须人工干预，节约了人工成本，加快了出书周期，实现了与胶订联动机的同步联机生产。

图 3-50 勒口单机　　　　　　　　图 3-51 联机勒口机

随着印企劳动力短缺和人力成本不断攀升，寻求以自动化、联动化设备取代单机操作，减少劳动力消耗，增加经济效益已成大势所趋，印后加工已逐步走上自动化、联动化的道路。印后加工联机生产就是将印后加工过程的数台设备相互连接，此类设备结构紧凑，占地面积小，缩短了工艺流程，管理与操作方便合理，在较大程度上减少了加工过程中搬上搬下的重复劳动，整合了中间环节，节约了生产时间，降低了差错概率，可一次性完成产品的组合生产，提高了作业效率。当然，联机加工设备也有一些不足的地方，如设备价格昂贵，一次性投入过大，联机调整时间较长，柔性度相对较弱，对印后加工制作的工艺、尺寸规格、材料等有一定的限制等。如半成品的喂料要求较高，某一机组发生故障全线停机，对于一些特殊规格产品还不能胜任。

3. 连线勒口制作

如图 3-52 所示，连线勒口就是在胶订联动机输出前端，增加一套在线折叠装置，通过折板使封面勒口向里折叠，从而完成勒口制作任务。连线勒口的难点在三面切书机上，主要是前口裁切问题，它需要一套封面变位装置来实现裁切前口，吸头封面拉起—裁切前口—封面复位（见图 3-53），不难看出机械动作和结构比较复杂。连线勒口具有不占场地、调整简单、速度快等优势，但由于三面切书机设备价格贵（专利成本因素），而且和单机、联机勒口机一样也只能一本一切，因此影响了连线勒口的普及。

图 3-52　连线折叠

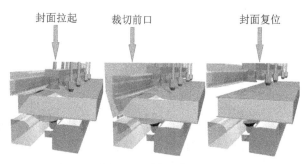

封面拉起　　　　裁切前口　　　　封面复位

图 3-53　前口裁切

从以上三个勒口制作案例可以清晰看出，印后加工具有工种多、机型多、加工变化多等特点，各类印后加工设备差异也特别明显。从生产制作的角度考虑，由于印企产品结构不同，并不能简单地断定单机或联机孰优孰劣，因此单机或联机是根据印企活件和自身情况而定，可谓各有所长。从印后设备的发展趋势来看，目前印刷活源呈现出的印数少、品种多、周期短等特征就对印后设备提出了新要求，设备的模块化、标准化设计可实现加工活源的快速转换，既可单机操作，也可根据批量、工艺等因素组合成不同结构的生产线，具有兼容性强、快速互换、自动化程度高等特点。当前这种模块化的设备设计理念还在不断推陈出新，为印企的生产提供了不同的选购方式。

三、跨页设定与规范

一本精美的书籍不仅要从形式上吸引和打动阅读者，同时还要在印后工序上精心制作，封面跨页设定就是从形式内容到成品装帧，形成一幅整体的、完美的艺术画面。封面跨页的范围很大，可以是封一与书背、书背与封底、封二与扉页、封三与最后一页之间，甚至横跨封一、书背、封底之间，由于封面纸张和内页纸张存在一定差异，因此封面与内文的跨页设计要比内文之间的跨页难度大得多。

（一）封面跨页设定

封面上跨页主要指封一、书背、封底三者之间的跨页，图 3-54（a）的色块都跨越了封一、书背和封底，图 3-54（b）还增加了图片跨越了封一、书背和封底，这种跨页设计是合理的，并不会给印后上封面带来任何困难。如果在封一上设置色块（见图 3-54 左下，色块跨页 1）或封一、书背上设置色块（见图 3-54 左下，色块跨页 2），那么就会产生一系列问题。"色块跨页 1"偏上就会造成封一露白、偏下就会造成书背上多了色条，同理，"色块跨页 2"偏上就会造成书背露白，偏下就会造成封底多了色条，不难看出封面上色块跨页还是设定为封一、书背、封底三者之间相衔接的跨页最为合适，非常有利于胶订包封工艺的制作。

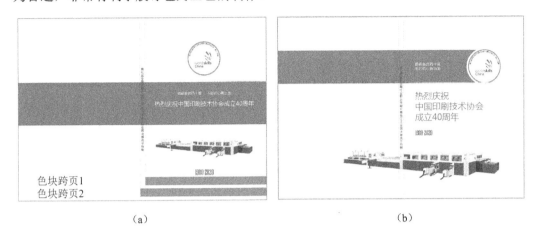

| （a） | （b） |

图 3-54 封面跨页设计

（二）封面与内页跨页设定

封面与内页跨页设计相对有较高难度，主要考虑三个因素：①侧胶宽度对跨页设定影响；②书籍背字对跨页设定影响；③纸张对跨页设定影响。

1. 侧胶宽度与跨页关系

无论是无线胶订或有线胶订，包封面时订口处都必须留出涂布侧胶位置，其宽度根据开本大小在 3 ～ 7mm 范围内，一般 32 开侧胶宽度为 5mm，16 侧胶宽度为 7mm。

案例分析：如图 3-55（a）所示，A4 开本胶装，侧胶被设计为 5mm，实际生产中侧胶需 7mm，因此制作中封二部分图片被粘接，无法完整打开。此种情况也可能发生在原来是有线胶订，后改成无线胶订，没有及时增加订口铣切量，造成内文跨页和封面跨页图片被遮盖，形成图文错位重叠。

如果此样本是 A5 开本胶装，侧胶误设计为 7mm，实际生产中侧胶为 5mm，就会造成跨页中缝露白 1mm［见图 3-55（b）］。此种情况也可能发生在原来是无线胶订，后改成锁线胶订，没有对订口边铣切量进行及时的改动，就会形成内文跨页和封面跨页同时露白。通常在设计时应该把跨页图文都作适当延伸，就可避免露白弊病的发生。如封二或封三与正文接版的图文，应在成品尺寸内重叠 5 ～ 7mm，以保证胶订后的书籍在翻开时接版完整、准确。

2. 书籍背字与跨页关系

书籍背字在设计时一般都是上下、左右居中摆放，尤其是成套类书籍（部头书）要求每本书上背字在同一平行高度位置，如果封二和内页是跨页设计，那么设计时既要考虑到背字上下居中，又要考虑到封二跨页上下位置。制作时同样要考虑二者的关系，如果只顾封面背字上下居中，很有可能出现封二与内文上下错位，因此制作时要兼顾封外和封里位置，以减少封二跨页误差为主。

（a）　　　　　　　　　　　（b）

图 3-55　封面与内文跨页

3. 纸张与跨页关系

一般情况下，封面与内页用纸是不同的，如书芯是胶版纸、封面是铜版纸，必然会影响到跨页颜色的一致性，色差会造成图片出现明显分界。因此在设计时，应考虑用扉页或插页进行过渡，最起码避免易产生明显色差的色块。尤其是对于无线胶订采用厚克重铜版纸封面，设计扉页或插页过渡，能有效避免色差及胶订漏胶弊病的产生。

（三）封面跨页、插图设定要点

封面和插图的跨页设计由于装订的需要，须预留一定的空白边，以免发生文字或图像被遮掉，由于装订的形式不同，空白边的尺寸也有所不同，设计时需了解各种装订形式对空白边尺寸的要求。插图的印制规格和尺寸要求，与书版规格和尺寸要求相同。但在规格安排上要特别注意以下两点：

1. 正文中跨页插图设定要点

正文中的插图，如遇跨页的拼图，在尺寸上一定要除去铣背的加工余量，这余量一般为 2mm 左右（具体要看排版及铣背的设计要求），使跨页图拼接整齐。通常对于内文有接版的胶订书籍，接版图文应在成品尺寸内各重叠 2mm，加上 2mm 铣背量，共为 4mm。

2. 正文中前后页跨页插图设定要点

无论是无线胶装还是有线胶装，包封面时订口处都必须留有涂刷侧胶的位置。正文中的前后页，如遇跨页的拼图，即书本的最前一页插图或扉页与封二的跨页拼图、书本的最后一页插图与封三的跨页拼图，此时既要考虑铣背的因素，还要考虑侧胶的宽度因素。这两个因素都对跨页图文的衔接产生影响，所以正文前后书页上的跨页拼图设计，要以无线胶订机铣切量和侧胶宽度多少而制定。通常对于封二、封三有接版的胶订书籍，接版封面和插图应在成品尺寸内各重叠 5mm，铣切量 2mm 可以是白边，也可以是重叠图文，这样就保证了胶订后的书籍在翻开时接版完整、准确。

特别提示： 封面侧胶宽度是要根据开本的大小来设定的，一般 16 开侧胶宽度为 7mm，32 开侧胶宽度为 5mm。如封面跨页设计时，如果封面上侧胶宽度设计过大，跨页内容将被粘贴而遮住，影响图文效果；如果封面上侧胶宽度设计过小，装订后书籍打开时就会出现跨页位置出错或露白。

3.插图上图文设计

插图上的图案和文字与切口距离应大于5mm，以免在装订成册时产生误差而被切掉。这条也适用于封一、封二、封三、封四上的图文。

有线胶装书芯内的跨页页面订口不必留白，因为书芯经锁线后胶装时只需在书背刷薄胶，无须铣切拉槽，即可包上封面，阅读进书芯可以平摊，但封面二与最前页、封三与最后页设计时，仍需留出 5 ～ 7mm 的涂粘侧胶空白边。

四、封面拼版方式与要求

书背上印有书名、作者、出版社名、标志等，是为了方便读者取阅与辨认。一般书名放在书背的上部，字体较大，书背的下部放置书名、作者、出版社名等，字体相对较小。如果是丛书，还要印上丛书名，多套成套的要印上卷次。《图书和其他出版物的书脊规则》（GB/T 11668—89）要求"图书和其他出版物的书脊（就是印后书籍装订书背）厚度大于或等于5mm 时，应设计书脊；书脊上应设计主书名和出版者名称（或图案标志），如果版面允许，还应体现副书名和其他内容"。胶订封面设定好后，不可能一张张地拿去印刷（除了数字印刷），必须拼成大版上机印刷（一张大纸上印多张封面），通常拼成四开、对开在印制中较为常见。

（一）封面背字设定

书背是联结封面和封底的纽带，它连接书籍的前封和后封，封面工艺设定是根据书的不同性质、用途来表现书籍的丰富内涵。书背常常展示在书店、书馆、自家书柜的书架上，读者浏览书籍时，可以通过书背上的书名来寻觅自己所需书籍，实际上，书籍背字传递了一种检索的信息。书籍背字突出书名，在书背上呈居中位置，书背设定是封面整体设计的一部分，书背设定除了背字要与内容相统一以外，还要具有美感，而书背的尺寸、字号、字体、颜色的设定得正确与否，直接影响到了书背的形式、大小、疏密等视觉效果。封面背字的大步设定，直接影响到胶订包封质量。

1.背字大小设定

封面背字的大小设计非常重要，经常发现由于图书背字大小设计得不合理，引发了严重的印后质量问题。

如图 3-56（a）所示，此书的成品厚度为6mm，背字的设计宽度为5.5mm，理论上背字设计正好在书脊范围之内，但背字大小与书本厚度大致相等时，就会给装订生产加工带来相当困难，由于纸张伸缩、印刷误差、封面裁切误差、胶订机包封误差，一旦封面包偏，书背字很容易进入封一或封四，而书背字进入封一或封四则判为不合格品。虽然封面的左右偏移是在胶订制作过程中产生的，但这种弊病往往是由于设计不当原因而造成的。

如图 3-56（b）所示，背字的设计宽度为2.5mm，背字的设计宽度大大小于书背厚度，给装订加工带来了方便，但过小的背字阅读十分困难，显得十分局促，给阅读检索带来了困难。

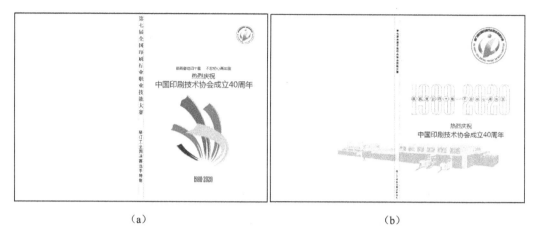

（a）　　　　　　　　　　　　　（b）

图 3-56　背字大小

2. 背字上下位置设计要点

一般封面背字设计要求：左右居中、上下居中。但有时背字过多加上背字较大，胶订包封就要十分小心了。

如图 3-56（a）所示，背字居天头 5mm，成品裁切量 3mm 左右，背字几乎和天头平齐，不排除裁切出血的可能。同样，如图 3-56（b）所示，背字居地脚 6mm，成品裁切量 4mm 左右，也存在裁切出血可能。

对于有背框的封面设计时更要谨慎，虽然背字居中放在背框中即可，但背框的大小、上下位置比背字的设计要求更高，更需要精准计算和打样确认后方可定稿印制。

五、拼版方式设定

封面在设计时，封面与封底基本相同，以一个完整的图形横跨封面、封底和书背；或将封面上的全部或局部图形缩小后放在封底上，作为封底上的标志或图案，从而与封面前后呼应。封面的拼版设计贯穿于印前、印刷和印后装订工艺的始终，精美的封面设计要靠印前拼版、印刷和印后制作来实现，封面制作过程中的每一个工序都会对包封效果产生影响，而印前拼版是封面制作工艺中的第一要素，它直接决定了书刊封面的装帧形式、印刷尺寸和成品尺寸。常见的明信片、产品说明书、招生简章、广告等印刷品，其拼版方式有三种：（1）头对头；（2）头对脚；（3）脚对脚。

从印刷角度考虑，内文版面是根据图文内容及印刷要求来决定的，一般规律是：重要色块、墨量大的实地、精细图文都是拼在版面中间位置，避免位于拖梢边或两侧。如果天头有相同的标志色块，则作头对头拼版设计；如果地脚有相同的标志色块，则作脚对脚拼版设计。

从印后装订角度考虑，封面拼版设计是按照书刊订联方式、单联双联、设备情况等，来设计封面头对头或头对脚拼版，脚对脚在封面拼版中比较少见。由于封面拼版方式直接影响到书刊成品质量，因此装订封面拼版设定优先的理念应根植于设计者的脑海中。

1. 头对脚拼版设计

如图 3-57 所示，头对脚拼版设计（下面这张封面的天头和上面这张封面的地脚接壤）是以书籍的头脚相邻的拼版方式，是一种最常见的拼版方式。

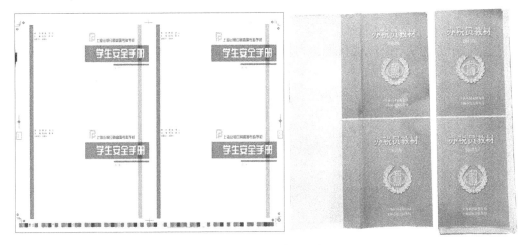

图 3-57　头对脚设计

除了单联胶订封面需要头对头设计外，通常封面、护封、腰封都采用头对脚拼版设计。如果胶订是采用双联本制作，那么封面一定要采用头对脚拼版方式，否则，双联后毛本书形成一正一反交错书本是无法裁切的，因为天头和地脚同沓裁切根本无法控制裁切边废边量，除非有两台三面切书机分开裁切（很不经济）。

2. 头对头拼版设计

如图 3-58 所示，头对头拼版设计（下面这张封面的天头和上面这张封面的天头接壤）是以书籍的头对头相邻的拼版方式，也是一种最常见的拼版方式。

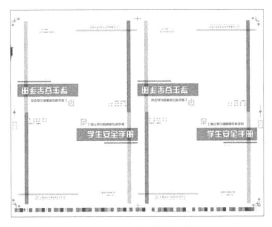

图 3-58　头对头设计

头对头拼版经常用以 16 开胶订封面的设计，这样最大限度地借用了咬口和拖梢的废边，使得封面地脚位置尺寸得到了增长，有利于胶订封面的满包，有效保证了胶订本脏胶、拉丝、空泡等弊病的产生。

3.封面拼版设定注意事项

①如果封面要覆膜，应尽可能安排在版面咬口位，因为咬口位有 10mm 空白位边，正好作覆膜的搭口。

②封里（封二、封三）是不能设计覆膜的，否则封面粘接不牢会脱落。

③如果封里要上光，应采用局部上光，以避开黏合位置（书背里端和侧胶位置）。

④封面分切时，应尽量保证封面地脚长度，除非封面长度超过了书芯长度，这样有利于包封和裁切废边（当然，封面长度也要切到一致），以尽可能满足胶订满包的需要。

⑤胶订封面至少应比书芯长 5mm，以防止封面短、书芯长，造成拖胶或胶水堆积粘坏封面，从而造成大量停机问题。

⑥封一、封二、封三、封四及插图上的文字应与切口保持 5mm 以上距离，以免在装订成册时产生误差而被切掉。

⑦书脊宽度应与书本厚度一致，防止装订成书之后出现封一和书背或封底和书背颜色不一致，影响书的外观。

案例分析：封面头对脚拼版设定

如图 3-59 所示，4 开 2 联封面拼版尺寸在设计时必须预留印刷咬口和拖梢空白边，此封面采用常规头对脚 2 联封面拼版。

封面横向尺寸＝成品长度 ×2 ＋上联天头裁切量＋上联地脚裁切量＋分切刀路＋下联天头裁切量＋下联地脚裁切量＝ 260mm×2 ＋ 4mm ＋ 3mm ＋ 3mm ＋ 4mm ＋ 3mm ＝ 537mm。

封面纵向尺寸＝成品宽度 ×2 ＋书脊宽度＋前口裁切量 ×2 ＋咬口＋拖梢
　　　　　　＝ 185mm×2 ＋ 12mm ＋ 3mm×2 ＋ 9mm ＋ 3mm ＝ 400mm。

封面 4 开上机尺寸：400mm×537mm。

如果用正图 4 开纸尺寸为 391mm×544mm 显然是不够的，因此只能用 4 开大图纸尺寸为 442mm×595mm 取而代之。

只有一种特殊情况可以，如果封一或封底前口裁切部位是白边，那么就可以借用印刷咬口白边，16 开本 2 联拼版就能用正图 4 开纸印刷。

案例分析：封面头对头拼版设定

如图 3-60 所示，2 开 4 联封面采用头对头拼版。

封面横向尺寸＝成品宽度 ×4 ＋书脊宽度 ×2 ＋前口裁切量 ×4 ＋分切刀路
　　　　　　＝ 185mm×4 ＋ 12mm×2 ＋ 3mm×4 ＋ 2mm ＝ 778mm。

封面纵向尺寸＝成品长度 ×2 ＋天头裁切量 ×2 ＋地脚裁切量 ×2 ＋咬口＋拖梢
　　　　　　＝ 260mm×2 ＋ 4mm×2 ＋ 3mm×2 ＋ 9mm ＋ 3mm ＝ 546mm。

封面 2 开上机尺寸：546mm×778mm。

由于正图 2 开尺寸是 544mm×783mm，纸张纵向还差了 2mm，此时全张纸要切成 783mm×1092mm（长度方向不光边），2 开纸切成 546mm×783mm，即长度方向中间切一刀，切下的二叠纸堆做好切口标记，要以切口处作为印刷咬口位。

不难发现，头对头拼版方法可以省出裁切刀路纸边，当拼版尺寸较为紧张时，可以弥补短缺尺寸，非常有利于胶订包封的生产制作。也有印企将咬口减小到 8mm 或将成品长度裁切尺寸缩减 1mm，但笔者始终认为还是在工艺设定和纸张尺寸上进行弥补为佳。

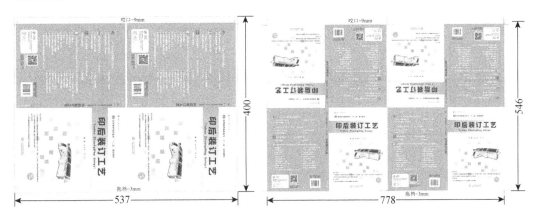

图 3-59　4 开 2 联封面拼版尺寸　　　　　图 3-60　2 开 4 联封面拼版尺寸

六、封面规格设定与要求

封面规格设计要符合胶订生产工艺技术要求，包括封面的长度尺寸、宽度尺寸、裁切精度三个方面。

1. 封面长度尺寸设定

拼版设定时，要在封面的天头、地脚处多留出 5～10mm 的加刀，目的是防止封面短、书芯长而造成的拖胶和大量停机问题。

①双联封面长度尺寸设定

如图 3-61 所示，轮转 32 开双联毛本书芯的长度尺寸为 390mm，成品长度尺寸为 184mm。

封面长度尺寸＝封面天头裁切量＋成品长度＋中间裁切量＋成品长度＋地脚裁切量

$$＝ 5mm ＋ 184mm ＋ 10mm ＋ 184mm ＋ 3mm ＝ 386mm$$

这也是封面设计时的最小极限尺寸。

封面天头裁切量＝毛本书芯天头裁切量＋ 1mm（让天头封面伸出书芯 1mm），这是为了防止拖胶而适当放长封面余量，虽然毛本书芯在涂胶过程中已缩短了天头涂胶长度，但高速运转中难免会发生惯性拖胶情况，而且高速运转时的涂胶长度和慢速涂胶长度也是有细微变化的，也就是说，在慢速调整的涂胶长度在高速运转时就会长一点。所以，通常在封面设计时，需要考虑封面伸出书芯天头 1mm 余量为佳。

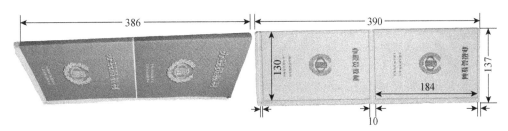

图 3-61　32 开双联本封面尺寸设定

②单联封面长度尺寸

封面长度尺寸＝封面天头裁切量＋成品长度＋地脚裁切量

　　　　　　＝5mm＋184mm＋5mm＝194mm。（封面天头裁切量＝毛本书芯天头裁切量＋1mm）

封面长度设定时，最好天头、地脚都比书芯长5mm，这样可以防止封面短、书芯长，造成拖胶而粘坏封面，进而造成蹭脏、停机等事故发生。

2.封面宽度尺寸设定

封面宽度尺寸＝2个成品宽度＋2个封面宽度裁切量＋书本宽度

　　　　　　＝2×130mm＋2×3mm＋书本厚度＝266mm＋书本厚度

书本厚度＝书芯厚度＋2个封面厚度＋2个侧胶厚度≈书芯厚度＋1mm

无线胶订书本厚度要比其他工艺订联的书本厚度略大，书本印张越多，则厚度越大。因为胶订书芯在包封前不经压平、捆扎，相对会松弛一点，所以胶订书本厚度增加1mm以上余量也是有依据的，但增加多少还是要对书芯进行实际测量而制定。

3.封面裁切精度要求

裁切封面纸张的精度和胶订产品质量有重要关系，通常胶订封面都是经拼大版后上机印刷，那么印后对大张封面的分切精度是有要求的。

切纸机分切的封面尺寸必须统一，分切下的封面大小要一致，边与边的夹角必须成90°，上、下刀口要垂直。胶订封面纸张裁切精度，是胶订上封最关键的环节之一。

封面裁切误差要小于0.2mm，当然，在拼版允许情况下应加大封面的天头和地脚尺寸。

4.成品裁切精度

无论胶订开本是双联还是单联、大尺寸还是小尺寸，在封面尺寸设定时，一定要符合机器设备所允许尺寸范围。通常，胶订联动机上封机构尺寸范围：

最大：510mm（长）×642（宽）mm；最小：120mm（长）×220（宽）mm。

由于印企的胶订设备种类、型号不同，封面的最大尺寸和最小尺寸也是有所差异的。

案例分析：封面拼版尺寸设计

如图3-62所示，正图16开成品尺寸185mm×260mm，胶订封面毛尺寸267mm×388mm，这也是胶订工艺所允许的最小上机封面尺寸。

封面水平尺寸＝成品宽度×2＋书脊宽度＋前口裁切量×2＝185mm×2＋12mm＋3mm×2＝388mm。

封面垂直尺寸＝成品长度＋天头裁切量＋地脚裁切量＝260mm＋4mm＋3mm＝267mm。

封面8开上机尺寸：267mm×388mm。

如图3-62右所示，列出正图纸和大图纸不同开本的最大上机印刷尺寸（四边仅光2mm毛边），如果采用数字印刷机印刷此封面，用正图8开纸张272mm×391mm即可。

规格 （mm）	正图 （787×1092）	大图 （889×1194）
全张	783×1088	885×1190
2开	544×783	595×885
4开	391×544	442×595
8开	272×391	297×442
16开	195×272	221×297

封面水平尺寸＝185×2＋12＋3×2＝388
封面垂直尺寸＝260＋4＋3＝267

图 3-62　16 开胶订单联封面尺寸设定

按照胶订封面毛尺寸 267mm×388mm 计算，4 开印刷上机尺寸 388mm×534mm，2 开印刷上机尺寸 534mm×776mm，理论上，正图 4 开、正图 2 开都能上机印刷，但完全忽略了印刷咬口、拖梢、分切刀路等诸多因素。

5.封面设计与制作注意事项

许多封面质量缺陷虽然并非完全由设计者造成，但设计者可以通过设计来避免问题的产生，建议印后设计者要加强封面设计与制作知识的学习，并掌握相关标准对图书印制质量的要求，并在设计环节与装订部门充分沟通，以减少因设计不当引发的装订制作质量问题。

（1）封面设计注意事项

①封面设计要与印刷相结合，设计中要兼顾印刷，要充分了解封面印制的难点、重点以及承印材料的各项性能指标。

②书刊封面的表面整饰工艺安排要合理，要特别注重封面整饰后的效果。

③封面尺寸的设计要准确。

④选择合理的包封工艺和相配套的包封材料。

⑤勒口与书背的图文色块要尽可能与封面、封底颜色相衔接。

（2）封面制作注意事项

①装订成品尺寸要与封面尺寸相匹配，即要按照设计的规定尺寸要求进行裁切。

②封面制作时，封面、封底、书背、封面拉页、前后勒口的位置要精准。

③订联设备包封调整时，要把书背位置和勒口位置二者整体考虑，进行位置校正。

④护封、腰封的位置要正确，不应影响到整个封面的设计布局。

任务四　胶订工艺实战

胶订是我国使用最普遍的装订形式，在选择加工工艺时没有特殊要求，在正常使用条件下能保证足够的使用期限。胶订设备按其形状可分为三种：直线形、圆盘形、椭圆形。按照生产速度的不同，胶订联动线又可分为低、中、高速三类。低速胶订联动线生产速度在 2000 ～ 4000 本 /h；中速胶订联动线的生产速度在 4000 ～ 8000 本 /h；高速胶订联动线的生产速度一般在 8000 本 /h 以上。如剑桥 -12000e 全伺服高速胶订联动线（见图 3-63）具有自动化、智能化、数字化、网络化的特征，末端结合先进的快速智能打包系统，实现了胶订、分本堆积、打捆、打包、码垛全流程"一站式"出书，速度可达 12000 本 /h，可为用户带来稳定的生产速度、灵活性和胶订质量。智能化设计具有在线监测和远程监控功能，智能化数据接口可接入 MES 系统，是一款面向未来具有物联功能的胶订生产联动线。

一、掌握胶订工艺流程

胶订生产工艺流程：印张折页—配页—铣背处理—包封—三面切书（见图 3-63）。

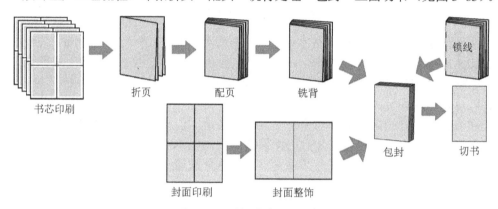

图 3-63　胶订生产工艺流程

胶订主要工艺流程有三种：①无线胶订工艺流程；②有线胶订工艺流程；③无线胶订联动线工艺流程。

1. 无线胶订工艺流程

胶订工艺流程如下：

印张—撞页—开料—折页—套张或沿张—配页—进本—震齐—书芯夹紧定型—铣背—拉槽—涂背胶—涂侧胶—粘封面—托打夹紧成型—收书—切书—成品检查—包装—帖标识。

2. 有线胶订工艺流程

有线胶订工艺流程是一种书芯先锁线再进行胶黏订的工艺流程，其工艺流程如下：

印张—撞页—开料—折页—套张或沿张—配页—锁线—进本—书芯夹紧定型—涂背胶—涂侧胶—粘封面—托打夹紧成型—收书—切书—成品检查—包装—帖标识。

3. 无线胶订联动线工艺流程

无线胶订联动机组（见图 3-64）是一条由五大机组组成的加工无线胶订书籍的生产线，其工艺流程如下：

配页机组：调定各规矩—贮帖—吸帖—叼帖—集帖—书芯进入胶订机组：进本—震齐—夹紧定位—铣背—打毛—拉槽—涂背胶—涂侧胶—粘封面—托打夹紧定型—传送干燥—书本进入剖双联机组：贮本—送单本—剖双联—传送—书本进入三面裁切机

组：贮本—计数送本—切成品—传送—光本进入自动堆积机组：贮本—计数—传送—包装贴标识—码板。

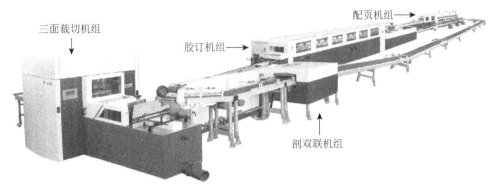

图 3-64　无线胶订联动机组

二、无线胶订工艺实战

无线胶订机既可以是单机形式生产，也可以是联动线形式生产。目前，我国使用的无线胶订机型号有多种，但工作过程与操作要求基本相同。

胶订机是无线胶订联动线的主机，由机架、导轨、夹书器、进本单元、铣背机构、吸纸屑机构、涂底胶装置、涂侧胶装置、给封面机构、托打成型机构、收书装置、电气控制等部件组成。其中铣背机构、吸纸屑机构、收书装置是由单独电机分别驱动，其余各部分工作动力都由主电机提供。主电机动力经链轮或皮带传给减速箱，减速后分别由书夹机构传动链、上胶机构传动链、包本机构传动链、给封面机构传动链、封面机构传动链输出。胶订机工艺流程示意图如图 3-65 所示。

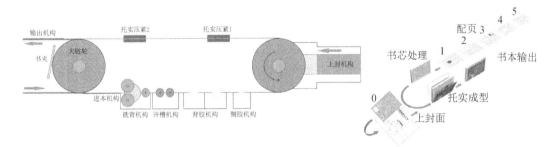

图 3-65　胶订机工艺流程示意图

书夹运动是胶订包本机的主要运动，书夹安置在固定机架上的导轨中，由固定于链条上的驱动销驱动，每个书夹绕导轨运行一周，就可完成一本书刊的胶订加工过程。

书夹处在开始进书本处（能短暂停留），在曲线板的作用下，此时书夹是张开的，书芯进入书夹内，书夹带着书芯向前运动一段距离，书夹自动将书芯夹紧；同时由台板旁的电眼检测发出书夹有书芯的信号，指令电磁阀送气；当书夹通过铣背箱上方时，由高速旋转的铣刀完成书芯的铣背和开沟槽工序；书芯继续向前运行，由旋转的背胶轮上背胶；由上侧胶机构上侧胶，同时，封面机构输出一张封面并压好四根痕线，封面输送链将封面送到托打成型机构台上；当书夹到达托打成型机构上方时，书夹短暂停留并定位，此时封面已在托打成型机构上由侧规和前规定好位；托打成型机构中的双面凸轮通过托打摆杆将包本台顶起，使封面粘贴在涂有胶液的书芯背部（即托实定型），然后拉紧摆杆将托打成型台前后夹板夹紧（即托实成型）；双面槽凸轮继续转动，拉紧摆杆使前后夹板松开，紧接着托实摆杆使托打成型台下降到原位；托打成型完成之后，书夹重新向前运行，在曲线板的作用下，书夹张开，包好的书靠重力下落，落在输出传送带上，书本由立式转向平躺在长传送带上冷却固化，最后将书送到裁切机构贮书斗内。处于张开状态的书夹继续运行，重新回到起始的进书本处，重复进行进书本动作，这样就完成了包本工作。胶订生产联动线一般是由 12 ～ 30 个书夹来依次做这样的回圈运动，进行书刊胶装的生产制作。

三、胶订质量判定与规范

（一）书页、书帖质量要求

书帖质量的好坏，不仅对无线胶订机的生产效率有直接影响，而且对产品质量也有直接影响。因而，书帖在工艺上一定要符合胶订机生产的要求。

书芯在配贴后进入胶订前的处理是胶订过程中不可忽视的工序。配好的书贴外形平整度、松紧度的好坏，直接影响胶订生产线能否正常运转，而且对成书质量也有直接影响。书贴如果未撞齐、捆扎不平、不压实，就转入铣背、拉槽，那么这种质量缺陷的半成品在胶订机中被书夹夹紧后必然导致书背不平，铣刀铣不到位，书背拉槽深度达不到标准，胶订后易产生脱页、散页、空背、皱背等诸多质量问题，因此书贴的整理工作对成书后的产品质量影响巨大。

1. 对书帖折页要求

无线胶订书刊的掉页、散页等问题跟折页有直接关系，折页出套过大，夹页时撞页不到位，都是造成掉页、散页的原因。所以，不管是机折页还是手折页，四折页时必须划口放气，以免出套；一折页或单页最好采用粘页的办法解决，这样就可以避免出现掉页现象。折页出套要小于 1.5mm。

2. 书帖堆放

书帖堆放时要求每摞数量一致，每摞之间订口向里 10mm 交叉堆放，防止书背订口发披及弓皱。

3. 对零版及插图粘页的工艺要求

无线胶订联动机生产的书册中，如果遇有零版（4 版或单页）以及不满 4 页的插图，一般都需要经过粘页后再进行配页。具体要求如下：

①粘页的部位

粘页所粘的部位，应根据无线胶订联动机的配页机的不同型号，以及其吸嘴吸页的不同部位而确定。一般在粘页操作时书帖上粘页的部位，一定要在配页机吸嘴吸页的相反部位，不使吸嘴吸页时直接吸粘页的一面，以防止吸单张或吸 4 页而引起吸破和撕纸，减少配页机操作过程中出现故障和停机现象。

②粘页的牢度和平服度的要求

粘页操作时，既要使粘的书页（或插图）与书帖粘牢，又要使书帖与书帖之间相互不粘连。同时，粘好页的书帖，要撞得齐整而平服。

在堆放书版的卡板上，要垫纸，防止卡板损坏书版。每堆放到半米左右高度，要夹放一块平整的木板，堆完后书帖面上也应该压一块木板，使书帖平整服贴。

③对粘过页的书帖，在投入配页机生产前要逐帖检查，对书页没有粘牢的，要全部取出；对书帖与书帖之间相互粘牢的，要分离后才能上帖。

（二）封面质量要求

1. 封面丝缕设计要求

从理论上说，为了减少书背皱褶，应使纸张丝缕方向与书背平行。胶订书籍封面要求纸张表面平整，有一定挺度，不能卷曲变形，因此在设计时封面用纸的丝缕方向正好与内芯正文相反。虽然纵丝缕封面在包封折叠时，不容易爆线、爆色，但极易卷曲，尤其是覆膜封面，即使有勒口也无济于事，封面纸张越薄，症状越严重。

如图3-66左所示，将封面纸张丝缕方向设计为横丝缕方向，这样封面横向挺度就会增加，封面横向不易卷曲。而最容易卷曲的封面纵向由于书背和侧胶的粘接定位，纸张的伸缩受到限制，仅靠近前口稍容易卷曲，但也受到约束，大大改善了封面卷曲的幅度。

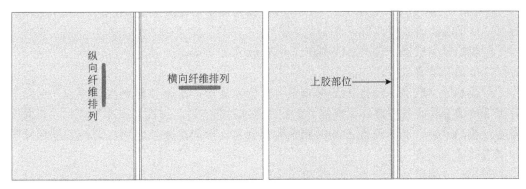

图 3-66　封面制作质量要求

印企在安排封面印刷工艺时，应排除封面纵丝缕的方法，尺寸避免封面横竖混合的拼版印刷方式，改善封面卷曲的弊病。

封面的设计与制作应当遵循纸张的使用规律，在抓好细节中才能获得优异品质。

2. 覆膜、上光封面质量要求

①覆膜、上光封面裁切要求

a. 对贴塑的封面，薄膜裁切（裁割）后的规格，要求能与纸封面的幅面基本相同。但裁割后的腹膜封面，堆叠一定要整齐，使其定型到较平整的程度，防止封面卷曲。

b. 无论封面覆膜或上光，不能出现粘连现象。覆膜、上光封面上料时要抖松，要防止静电及粘连。

②封内覆膜、上光质量要求

常见整体覆膜、上光都是在封面外表（封一和封底），通常不在封内（封二和封三）设计整体覆膜、上光，因为这样会影响到胶订热熔胶的粘接牢度。

如果封内设计了覆膜、上光，那么就需要在封面的上胶部位（底胶和侧胶粘接位置）进行打磨，把上胶位置（见图3-66右）的薄膜、上光部位磨掉，以利于封面的粘接牢固。这样操作费时费力，增加了图书印制成本，在设计时还需谨慎选择。

另外，为了防止覆膜后纸张的卷曲，在确保覆膜质量的前提下，尽量使用最低覆膜温度和最小覆膜拉力的下限，以降低热胀冷缩带来的塑料薄膜伸缩幅度。

（三）胶订质量要求

1. 配页质量要求

书芯正文顺序正确，无错帖、无颠倒、无缺帖、无多帖等差错。

2. 胶订质量要求

①铣切要求

能常铣切量根据印前设计要求为2mm左右。铣切质量以将最面页张粘牢为准，无掉页、露胶根等现象。铣背过深（超过了3mm），还会造成前口裁不开，出现缩页现象。一般轮转页铣切量控制在3mm以内，平张页铣切量控制在2.5mm。

②上胶质量要求

底胶的上胶厚度控制在1.2～1.5mm范围内。书芯过厚时要增加背胶的厚度，这样书背就不易被折断而掉页。

侧胶的宽度根据开本大小控制在5～7mm范围内。

③上封质量要求

封面和正文吻合，封面上到书本上，背字要居中，版框要达到规格要求。封面书背上下两边要轧四条印痕（压痕线），使封面包上书本后，封面与书本平服，而封面不发翘，棱角清晰，同时封面上轧的四条印痕要直，中间两条痕之间相距的宽度尺寸应与书本的厚薄一致。

④托打成型质量要求

书背平整无皱褶、马蹄状，杠线小于1mm。封面无油垢、无压痕、破页等，保证书籍外观质量。

3. 三面裁切质量要求

①裁切时要做到：无颠倒、无翻身、无夹错、无污损、无破损、无刀花、无歪斜、无上下刀、无连刀和折角。

②裁切的误差应做到：裁切书刊尺寸≤1mm；裁切精装尺寸≤0.5mm。

思考题：

1. 简述胶订版面设定要求，胶订裁切设定要求。

2. 简述胶订跨页设定注意事项。

3. 写出常用书刊规格尺寸。

开本 尺寸	全张纸787mm×1092mm		全张纸850mm×1168mm		全张纸889mm×1194mm	
	成品尺寸	版心尺寸	成品尺寸	版心尺寸	成品尺寸	版心尺寸
16开						
32开						
64开						

4. 简述胶订铣切量设定注意事项。

5. 简述封面双联拼版的方式及作用。

6. 写出图 3-67 中，胶订机的部位名称。

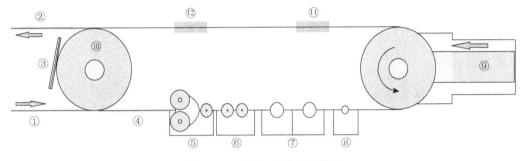

图 3-67　胶订工艺机构工位图

模块四

骑马订工艺与实战

教学目标

骑马订具有工艺流程短、成本低、生产速度快等特点，是最常见的书刊订联方法，被广泛用于期刊、杂志、练习本、广告等小册子的生产。骑马订工艺设计的优劣直接影响到阅读质量和销量。本项目通过骑马订技术和与之相关的生产工艺设计和操作方法，来掌握骑马订操作中的常见问题与质量弊病，并掌握骑马订质量判定与规范要求。

能力目标

1. 掌握书帖设置；
2. 掌握书芯设置；
3. 掌握包封工艺；
4. 掌握双联工艺设计。

知识目标

1. 掌握骑马订工艺流程；
2. 掌握骑马订书芯制作；
3. 掌握骑马订操作技术；
4. 掌握胶订质量判定与规范要求。

骑马订取其于装订之时，将折好的书帖如同马匹上鞍的动作，跨骑在输送链条上而得名。骑马订是最常见的装订加工方法，书帖采用套配法配齐后，加上封面套合成一个整帖，搭骑在订书三脚架上，用铁丝钉从书籍折缝处穿进里面，并使铁丝弯脚锁牢，将书帖装订成本。骑马订的钉子是订在书帖的折缝位置上，打开后看最中间的部分，可以发觉整本书以中间钉子为中心，全书的第一页与最后一页对称相连接，最中间两页也以其为中心对称且相连。

骑马订联方式有两种，一种是在每一个书帖的同一个位置穿订，称为齐订；另一种是在帖与帖之间交错穿订，称为交错穿订。交错穿订方式适合装订用套配法配页的较厚书芯，能使书刊平整，但由于国家标准规定了骑马铁丝订的钉位，因此国内骑马订大多采用齐订方式。齐订方式在包装时，成品书脊有一个铁丝订累积堆积高度；交错订方式书脊相对要平整。

骑马订装订方法比较成熟，工艺过程也比较简单，具有工艺流程短、出书周期快、生产成本低，翻阅时可以将书页摊平，阅读方便的特点。骑马订的订联材料有两种：一种是铁丝；另一种是线。使用最广泛的是铁丝骑马订，但铁丝易生锈、牢度低、易脱落，内文厚度也受限制，不利于书刊长期保存。因此像社保卡、笔记本、存折软卡、证书等，需要长期保存的产品都采用骑马线订方式，但其数量较少，成本相对也高。项目五只对铁丝骑马订进行设计与制作。

　　骑马订适用于需求量大、要求不高、无须长期保存和需要及时发行，书刊内容用于信息传达的大众类出版物。由于采用套配法，书刊不可过厚，通常适用于书刊厚度在 3mm 左右的较薄书刊。在订书前，要将折好的书帖从最甲面一帖开始，依次套叠在一起，最后把封面覆套在最外面，这一工艺过程称为搭页。然后铁丝从书帖折缝穿过，把封面和书页全部订联在一起，书册钉锔外露在书刊最后一折缝上，成为一本毛本书刊。最后，订完本的毛本书还需通过三面裁切，才能加工成可供阅读的书刊。最常见的骑马订生产线就是将完成上述三个工序所用的机器连接起来，采用共同的传动，连续完成书刊从搭页到裁切的全部加工。

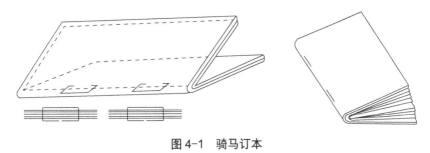

图 4-1　骑马订本

任务一　书芯设置工艺

　　书芯是书帖的集合，书芯的连接方法有两种：①订缝连接法；②非订缝连接法。

　　订缝连接法：用纤维丝和金属丝将书帖连接起来，这种方法用于书帖的整体订缝和一帖一帖订缝。主要用于缝纫订、锁线订及线装，而铁丝订主要用于骑马订。

　　非订缝连接法：是用黏胶剂把书页粘接在一起成为书芯，如活页裱头装、无线胶订等。

　　由于骑马订采用套配帖方法，其书芯设置工艺与胶订书芯设置工艺完全不同。骑马订是以书帖展开后，以折缝中心线为订口进行订联，具有订口两边对称的特性，每帖中的版面页码顺序不连贯。因此，在设计胶订产品后，若是要在制版后再改骑马订产品，则拼版制作就完全不一样，更改就等于重做。只有正确掌握骑马订书芯设置工艺，才能制作出优质产品。

一、纸张厚薄与页数关系

　　骑马订是一种最简便的装订方法，由于铁丝受潮后易生锈，会造成纸张靠近铁丝锈蚀处发黄，造成书页脏污或由于铁丝生锈、强度降低而脱落，而且铁丝难以穿透较厚的书帖。骑马订适用于订联厚度 $\leqslant$ 4mm，即书刊厚度 $\leqslant$ 8mm 的书刊，过厚书刊的骑马订可能会使书刊不易合上，书芯中间会明显鼓出，而且书脊处厚度差值大，会造成书脊上下切口破损。

如图 4-2 左所示，这是一本 32 开双联骑马期刊，封面为 157g 铜版纸，内页为 60g 轻质纸，48 个页张，即 96P 正文，实测书刊厚度为 4.1mm。

如图 4-2 中所示，这是一本 8 开骑马订本，封面为 157g 铜版纸，内页为 80g 铜版纸，32 个页张，即 64P 正文，实测书刊厚度为 4mm。

如图 4-2 右所示，这是一本 16 开骑马订本，封面为 157g 铜版纸 6P 拉页封面，内页为 60g 铜版纸，48 个页张，即 96P 正文，实测书刊厚度为 3mm。如果此书刊内页也换成 105g 铜版，内页最多只能订联 28 个页张，即 56P 正文。如果此书刊内页也换成 128g 铜版，内页最多只能订联 22 个页张，即 42P 正文。如果此书刊内页也换成 157g 铜版，内页最多只能订联 18 个页张，即 36P 正文。

骑马订的厚薄设置是根据纸张厚薄决定的，在一定的总厚薄范围内，纸张越薄，承载的页张数就越多；纸张越厚，承载的页张数就越少，页码自然也少。因此，骑马订页张数量设计时，要根据纸张品种、克重和厚度来计算，最好先打个厚薄样本来验证是最为稳妥的。

二、钉盒型号与页数关系

数字印刷产品联机骑马装订时，不像传统骑马订铁丝长度、弯脚长度都能调节，因此控制页张数（即书本厚度）很重要。如图 4-3 所示，铁丝钉盒的规格型号决定了铁丝的长短和粗细。平时作为耗材可以整盒买，也可以买排钉，装入钉盒内（钉盒后面有两个圆孔，用小圆棒顶一下，卡口打开就可装卸排钉）。钉盒中储放的是 1mm 方形长铁丝，工作时先把铁丝压成门字钉，再把门字钉压入书帖订缝内，最后经过弯钩成型完成订书。由于钉盒内铁丝长度是固定的，因此装订的厚薄就受到了限制，通常只能装订 3mm 左右的薄本书刊。

图 4-2　骑马订厚薄与页数关系　　　　　图 4-3　铁丝钉盒

根据铁丝长度的不同，常用的钉盒有三种。

1. 32mm 铁丝钉盒

32mm 钉盒上的铁丝长度为 32mm，门钉宽度为 16mm，弯脚长度为 7.6mm。其最大订联厚度＝钉脚长度－弯钩长度＝ 7.6mm － 4.5mm ＝ 3.1mm，即书刊最大厚度 ≤ 6.2mm 的书刊。如果内页是 80g 的双胶纸，封面是 157g 的铜版纸，那么总页张最多为 26 页（52P）。

2.28mm 铁丝钉盒

28mm 钉盒上的铁丝长度为 28mm，门钉宽度为 14mm，弯脚长度为 6.6mm。其最大订联厚度＝钉脚长度－弯钩长度＝ 6.6mm － 4.3mm ＝ 2.3mm，即书刊最大厚度≤ 4.6mm 的书刊。如果内页是 80g 的双胶纸，封面是 157g 的铜版纸，那么总页张最多为 20 页（40P）。

3.24mm 铁丝钉盒

24mm 钉盒上的铁丝长度为 24mm，门钉宽度为 12mm，弯脚长度为 5.6mm。其最大订联厚度＝钉脚长度－弯钩长度＝ 5.6mm － 4.1mm ＝ 1.5mm，即书刊最大厚度≤ 3mm 的书刊。如果内页是 80g 的双胶纸，封面是 157g 的铜版纸，那么总页张最多为 12 页（24P）。

与传统印刷不同，数字印刷联机的铁丝钉长度是不可调节的，类似于手工订书机使用固定的排钉。如图 4-4 所示，随着书刊内页的增多，厚度方向消耗的铁丝长度就越多，而弯脚的长度就越短，如果超过最大厚度的 1/4，虽然也能装订，但书页会被铁丝拉得很紧，而且会造成弯钩不足，不能有效锁住书页，易造成拉坏和脱钉。如果超过最大厚度 1/2，就会导致钉脚翘起，出现掉页和扎手现象。

三、骑马订页码设置实战

骑马订采用的是套帖法，是将一个书帖按页码的顺序依次套在另一个书帖的外面（见图 4-5），成为一本书刊的书芯，最后再将封面套在书芯最外面的一种配页方法。因此，我们打开书来看最中间的部分时可以发觉，整本书以中间钉子为中心，全书的第一页与最后一页对称相连，最中间两页也以其为中心对称且相连。

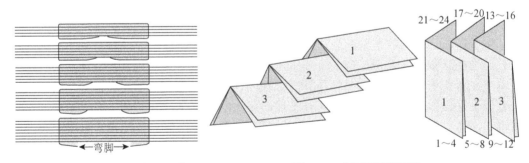

图 4-4 骑马订厚度与弯脚关系   图 4-5 骑马订页码设置

1. 页码设置方式

由于骑马订帖与帖之间是套帖关系，而平装、胶装、精装等订联方法的帖与帖之间都是叠帖关系，因此其拼版方法完全不同。骑马订的套帖设计比较特殊，具有以中心为对称的特性，书帖的前半部分是书帖最前面的页码，而后半部分是书帖最后的页码。套帖后最大页码和最小页码都在最外面的第一帖上，除了中间书帖的页码是连续的，其他书帖的上半帖页码与下半帖页码之间均是不连续、不连贯的。

如图 4-5 所示，这是一本 12 个页张（24P）的骑马订本，第一帖前半帖的页码是 1 ～ 4，后半帖的页码 21 ～ 24；第二帖前半帖的页码是 5 ～ 8，后半帖的页码是 17 ～ 20；第三帖前半帖的页码是 9 ～ 12，后半帖的页码是 13 ～ 16（中心页码是连续的 12 ～ 13 页）。

在骑马订页码设计中，通常用白纸按照设计的折数（折数是根据印刷幅面及折页要求来设定），先折好所有的书帖并套好帖，然后从上向下进行顺序编码，这样展开每个书帖后其拼大版的页码位置一目了然。

2. 页码设置要求

由于骑马订采用套配帖，因此页码必须被 4 整除，通常为 8 页、12 页、16 页、20 页、24 页、28 页、32 页、36 页等。这是因为 4 页为系数的折页，都是从中间的对折装订，一张纸对折就变成了两张，再对折就变成了四张，以此类推，骑马订部位就是在中间的折缝上。每张正反两页就是 4 页，如果页数不是 4 的倍数的话，就一定要用空白页来弥补 4 页的不足，因为骑马订时单张页是没有中缝的，即没有订联部位，因此在页码设计中，页码总数一定要凑到能被 4 整除的数值。骑马订也不像线装、胶订、精装等订联方法那样，单张页可以采用沿寸方法来组合书芯，因为骑马订书刊是不允许出现白页的，既不协调，也浪费纸张，因此内文单张页（2P）需设计成拉页来组合书芯，这样内文拉页也可以平摊开。如果只有单面白页（1P），那么在印刷时就会出现空白页，还不如把白页设计成广告或其他辅助内容。

任务二　书芯制作工艺

骑马订书芯制作工艺是将书帖先进行套帖集合，再进行铁丝订联的工艺流程。书芯爬移量、书帖形式的设置是书芯制作工艺成败的关键所在。

一、书芯爬移量设置

由于骑马订采用的是叠配帖，那么在骑马钉本的铁丝订联部分就会有一个帖与帖累积的堆叠厚度［见图 4-6（a）］，最里帖无形地被挤出，裁口处就形成梯形边状态。毛本书在裁切前马鞍的两侧书帖是靠齐合拢的，最外页张和最中间页张裁切完后，外表看似乎是一样尺寸，实际上中间页张被书册的堆叠厚度向外挤伸，造成了中间页张被多切，如果用尺去测量上下页张和中间页张的尺寸后，你会发现中间页张比外面的页张或封面小得多，这是内页阶梯爬移的结果［见图 4-6（b）］，书刊厚度 ÷2 ＝订联堆叠厚度＝内页爬移宽度。

在实际生产中骑马订的书刊厚度每增加 1mm（订联厚度 0.5mm），书脊处的横向叠加宽度就会增加 0.5mm，这意味着骑马订产品的书页由内到外会被逐渐地向前口方向挤出，挤出量随纸张厚度、内页张数的增加而增加。导致最里帖与最外帖版心、页码误差加大。根据骑马订套配帖的特性，在制作完稿时一定高度注意页码的爬移量，尤其对于骑马订的厚本来说，一不小心很有可能会把版面中的版心切出血，因此骑马订在版心的设计中一定要对版心进行纠偏处理，即把版心向订口方向移位。越是中间的书页移动的距离越大。

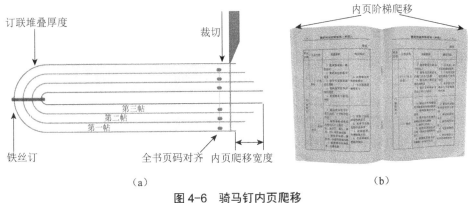

图4-6　骑马钉内页爬移

对于订联厚度＜1.3mm，即书刊总厚度＜2.6mm的骑马订产品来说，可以忽略页码的爬移量，版心居中拼放即可。当骑马订书刊的订联厚度≥1.3mm，即书刊总厚度≥2.6mm时，版心容易跑位，此时拼版就应对内帖版心作偏让处理，即对内帖版心的爬移量进行位移和纠偏。

案例分析： 如果3帖的订联厚度为1.5mm（书刊厚3mm），那么第三帖的所有版心都要向订口方向移动1.5mm左右。如果4帖的订联厚度为2mm（书刊厚4mm），那么第三帖的所有版心都要向订口方向移动1.5mm左右，第四帖上的所有版心都要向订口方向移动2mm左右。

案例分析： 如果3帖的订联厚度为2mm（书刊厚4mm），那么第三帖的所有版心都要向订口方向移动2mm左右。如果4帖的订联厚度为2.5mm（书刊厚5mm），那么第二帖的所有版心都要向订口方向移动1.52mm，第三帖的所有版心都要向订口方向移动2mm，第四帖的所有版心都要向订口方向移动2.5mm左右。

表4-1中的书本订联厚度＝爬移量＝（单页纸厚度×数量）÷2，骑马订版心工艺设计实际上就是拼版制作中的版心偏让处理，它是根据纸张性能、厚度、数量来确定位移的数值。

表4-1　骑马订厚度与爬移量对照表

单位：mm

纸张厚 P数	爬移量						纸张厚 P数	爬移量					
	80胶 0.1	100胶 0.13	60铜 0.063	105铜 0.085	128铜 0.105	157铜 0.135		80胶 0.1	100胶 0.13	60铜 0.063	105铜 0.085	128铜 0.105	157铜 0.135
20P		1.3				1.5	48P	2.4	3.1	1.5	2	2.52	3.24
24P		1.56			1.3	1.62	52P	2.6	3.38	1.6	2.2	2.73	3.51
28P	1.4	1.82			1.5	1.89	56P	2.8	3.64	1.76	2.38	2.94	3.78
32P	1.6	2		1.36	1.68	2.16	60P	3	3.9	1.89	2.55	3.15	4.05
36P	1.8	2.34		1.53	1.89	2.43	64P	3.2	4.16	2	2.72	3.36	
40P	2	2.6		1.7	2.1	2.7	80P	4			2.52	3.4	4.2
44P	2.2	2.86	1.38	1.87	2.31	2.97	96P				3	4	

二、书帖相同边设置实战

由于骑马联动机的配页方式是采用套配帖，因此书帖的中心位置需打开使其能跨骑在集帖链上。书帖的打开方式根据长短边的位置不同而设定，通常骑马联动机的书帖前口纸边有两种方法：①相同边书帖；②长短边书帖。

通常单联书帖都采用相同边书帖，即书帖的光边和毛边宽度基本一致。如图4-7（a）所示，此8开是通过垂直交叉折而得到的相同边书帖。无论二折页书帖、三折页书帖还是四折页书帖只要采用垂直交叉折，书帖的天头位置始终有折缝相连，那么两边吸嘴吸帖就不会出现散页，就能顺利将书帖从中缝分开，下落到托页架后由集帖链带动向前输送完成订联。

相同边书帖是骑马联动机封面、插页、书帖最常用的设计和制作方式，拼版相对容易，尺寸也较为宽松。相同边书帖对印后折页机的机型无特殊要求，全栅栏折页机和栅刀混合式折页机几乎都能完成相同边书帖的垂直交叉折要求。如图4-7（a）所示，单联的相同边与长短边因天头处都有折缝相连，所以都不会影响到书帖的打开，而且对卷筒纸胶印机也无长短边要求。相同边的好处是节省纸张白边，给尺寸较为紧张的版面带来了好处。

实际上，8开二折页书帖沿长度方向进行平行折［见图4-7（b）］，无论正折或反折都能得到32开双联本书帖。

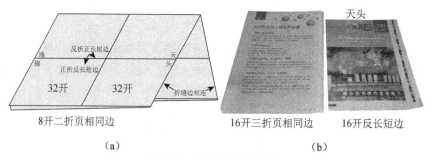

8开二折页相同边　　　　　16开三折页相同边　　16开反长短边

（a）　　　　　　　　　　　　　　　　（b）

图4-7　书帖长短边设计

三、书帖长短边设置实战

骑马订双联本书帖一定要采用长短边，这是为了骑马订能有效地打开书帖，因为双联书帖的前口毛边是双折页，没有长短边就无法将书帖从中间分开。通常在设计时把书帖最后二折设计为平行二折，即双折页采用对对折（滚折）。16开本书帖经过对折就成了32开书帖。

长短边书帖又分为正长短边书帖与反长短边书帖。正面看到的前面毛边大于后面光边的书帖被称为正长短边书帖，正长短边书帖的最后一折是反折的［见图4-7（a）］。正面看到的后面毛边大于前面光边的书帖被称为反长短边书帖，反长短边书帖最后一折是正折的［见图4-7（a）］。正折是逆时针折，反折是顺时针折。

1. 书帖正长短边设计

如图4-8所示，正长短边书帖的设计最为常见，这与胶印轮转机折页机构有关，一般大批量、短交货期需及时发行的 32 开书刊都依赖高速轮转机来完成。卷筒纸胶印机在 32 开双联折页时，第一折和第二折互为垂直交叉折，第二折和第三折互为平行折，而且第三折是反手平行折（逆时针平行折），这样就形成了正长短边，书帖的毛边在外面、光边在里面。在正长短边设计时需留出 6～18mm 的长短边（长短边就是内毛边与光边长短差），如果毛边设计过长浪费纸张，而且超过 20mm 后，三面裁切前口废纸边就不易下落、会形成卡阻。

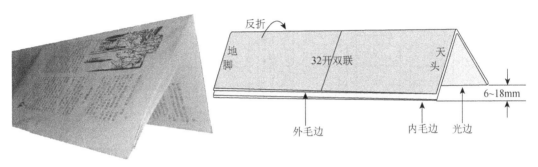

图 4-8　书帖正长短边设计

双折页后内毛边和外毛边也需有长短差，这是为了保证书帖能从中间顺利打开。通常书帖外毛边与光边平齐（也有设计略多），而内毛边必须比光边长，长度差控制在 6～20mm 范围内。长度差的大小与采用什么方式打开书帖有关，使用吸嘴打开、分页钩打开所需的内毛边与外毛边的长度差是不一样的。

另外，印后装订折页机为了与本企业轮转机的折页方式同步配套，在选购折页机型时，也会选购第三折为反手折叠方式（最后一折顺时针折叠）的折页机，这样就能统一书帖的正长短边方向，减少骑马联动机换版调试时间，提高生产效率。

案例分析：如图 4-9 所示，这是最常用的卷筒纸 32 开双联 0.5 印张拼版设计样，采用正长短边齐头拼版方式，第一折（天头折缝 b1）和第二折（光边折缝 b2）互为垂直交叉折，第二折和第三折互为平行对对折，且第三折为反折。H 是书刊长度，w 是书刊宽度，y 是内毛边超出外毛边的距离（长短差值）。

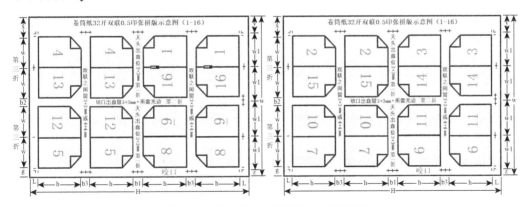

图 4-9　卷筒纸 32 开双联 0.5 印张拼版

案例分析：如图 4-10 所示，这是平版纸 32 开双联 0.5 印张拼版设计样，也采用正长短边齐头拼版方式，第一折（天头折缝 b1）和第二折（光边折缝 b2）互为垂直交叉折，第二折和第三折互为平行对对折，且第三折为反折。H 是书刊长度，w 是书刊宽度，g 是内毛边超出外毛边的距离（长短差值）。

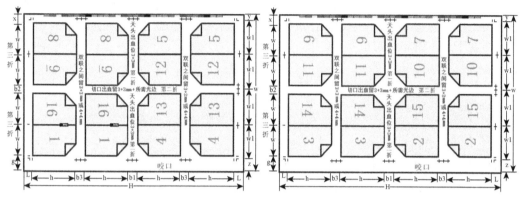

图 4-10　平版纸 32 开双联 0.5 印张拼版

2. 书帖反长短边设计

如图 4-11 所示，反长短边书帖第一折和第二折互为垂直交叉折，第二折和第三折互为平行折，是采用正手平行折（顺时针平行折），书帖的光边在外面、毛边在里面，这样就形成了反长短边，与正长短边相比其毛边位置正好相反。这种折页设计方式符合大部分折页机构要求，第三折无须反向折叠。

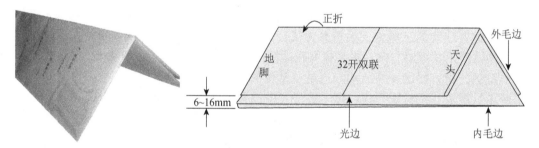

图 4-11　书帖反长短边设计

案例分析：如图 4-12 所示，这是平版纸 32 开双联 0.5 印张拼版设计样，采用反长短边齐头拼版方式，第一折（天头折缝 b1）和第二折（光边折缝 b2）互为垂直交叉折，第二折和第三折互为平行对对折，且第三折为正折。H 是书刊长度，w 是书刊宽度，g 是内毛边超出外毛边的距离（长短差值）。图 4-10 与图 4-12 拼版是相似的，由于第三折的折页方向不同，形成了正长短边和反长短边两种不同纸边形式。

反长短边的内毛边与光边长度差、内毛边与外毛边的长度差，其技术要求、质量要求和正长短边的要求完全相同。

四、双联本设置实战

在印刷一些尺寸较小的印刷品，比如产品说明书、笔记本、证书等 32 开以下的小册子，由于尺寸较小无法进行骑马联动机生产，为了配合骑马订可装订尺寸采用双联本制作，同时可以节省成本。骑马订双联本在印刷拼版时，一页上排列两个相同版面，然后再从中间切开，得到两本相同尺寸的骑马订本。一本 32 开的骑马订小册子，需要印刷 20 万本，单联装订的话，需要订 20 万本，而拼成双联装订的话，减少了一半工作量，也就是只要装订 10 万本即可，这样就能大幅提升印后装订生产效率。有时在总长度尺寸允许的前提下，64 开小册子还被设计成三联本进行装订，效率更高。通常 16 开都是以单联木进行装订，如果 16 开设计成双联骑马订，则双联长度超过了机器规格尺寸，因此 16 开骑马订都设计成单联本装订。

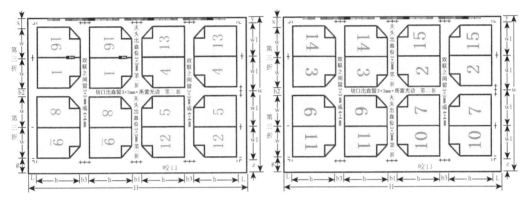

图 4-12　平版纸 32 开双联 0.5 印张拼版

1. 双联本设置实战

骑马联动机双联本设置时要保证封面与内文天头、地脚的一致性。双联本之间应留位 6mm 裁切位，用于中刀裁切废边（中刀的宽度为 6mm）。

设计正图 32 开双联书帖的规格尺寸时，书帖尺寸不得小于 134mm×382mm。如图 4-13 左所示，骑马订双联本之间必须留有 6mm 裁切边，这是中刀所需的裁切量。天头、地脚和前口各留 3mm 裁切量，切净的光本尺寸为 130mm×184mm。不同开本的骑马订天头、地脚和前口裁切量基本一致，双联本和单联本并无太大区别，从图 4-13 中可以看出。

如果是轮转机双联本制作（见图 4-13 右），则天头、地脚和前口再增加 1 ~ 2mm 的裁切量，这是由于卷铜纸双纸路套帖会增加纸边间误差，可能引起裁切时连刀。

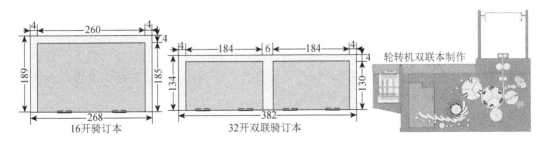

图 4-13　骑马订双联尺寸规格示意图

2. 双联本订口数设计

骑马订靠订头来完成订联，订书机头最小规格是 ZG45，ZG45 代表了最小订距是

45mm。最小订联长度＝订距＋2个订子宽度＋天头切边＋地脚切边 =45mm ＋ 12mm ＋ 12mm ＋ 5mm ＋ 5mm ＝ 79mm，即受到订距所，限二口订的最小骑马订本尺寸为 79mm ［见图4-14（a）］。当骑马订本的书芯长度≤78mm 时，只能采用一口订，如果采用二口订，边上天头地脚裁切边仅剩 4 mm，万一铁丝订没有成型就会翘曲到切口，造成裁切刀花等弊病。

有一个订口就需要一个订书机头来订联，四口订就需要 4 个订书机头来实现，订口数的多少是根据书芯长度决定的。

如图4-14b 所示，一口订的订位为钉锯外钉眼距书芯长上下各 1/2 处（平分两条分），一般使用在微型开本上。二口订的订位为钉锯外钉眼距书芯长上下各 1/4 处，通常使用在 12 开到 64 开骑马订书刊上。三口订的订位为钉锯外钉眼距书芯长上下各 1/4 处和 1/2 处，通常使用在 8 开骑马订书刊上（平分四等分）。四口订的订位为钉锯外钉眼距书芯（上、下联两本书）长上下各 1/4 处，通常使用在 32 开双联书刊上。

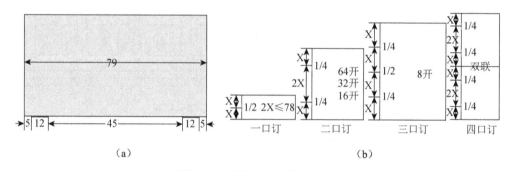

（a）　　　　　　　　　　　　（b）

图 4-14　开本与订口数示意图

任务三　封面制作工艺

书刊装帧艺术在很大程度上取决于封面设置与制作，尤以封一的设置与制作最为重要。在当今琳琅满目的书海中，第一眼看到的就是封一，封一就像人的脸面，它是书刊装帧设计艺术的门面，它是通过艺术形象设计的形式来反映书刊的内容。尤其是期刊杂志的封一，丰富和精美的设计能瞬间吸引读者，起到商品零售的促销功能，而且封一的广告费也是四个版面中最贵的。因此在封面设计时，封一的工艺设计与制作是设计的重中之重，它直接影响读者的购买欲，它是书刊内在精神的体现。同时，封面的视觉传达艺术和创意构思，还是要通过印后制作才能表达出设计的魅力。封面设计和书芯都有统一的构思和关系，骑马订封面拉页、跨页等设计都是封面整体设计的一部分，直接影响着书刊的装帧和整体效果。

一、拉页设置实战

封面是书刊的形象，封面拉页常见于期刊上。因为期刊在零售市场上最大的目的就是让消费者购买，而要达到这个目的，主要靠封面来完成，而这种特殊的封面拉页设计，展开的两面相呼应和均衡，让版面更加生动活泼，给人的视线带来舒展感，并具有良好的信息载体功能，因此被期刊广泛应用。

（一）拉页工艺认知

封面拉页是指封一可以向右再打开，拉出一个相同幅面的版面，形成一个2页四版的完整大一号版面。折页是1页折成小一号的2页，而拉页是2页拼成大一号的整页大图，即拉开后的版面其版心尺寸扩大了一倍。拉页设计具有良好的立意和构思，拉页版面中的版心图案通常是跨页连续图片，版面可以承载广角画面，适合人眼的视觉观赏。拉页封面使设计人员有了较大的设计空间，使更多的信息和内容得以布置，但拉页封面的设计也要遵守印后加工工艺流程，符合印后装订设备运行规律和技术要求，因为拉页封面设计的优劣直接影响到人们对它的认知度、好感度和美誉度，因此设计时要更加细心、精心。

如图4-15所示，此封面通过无缝跨页设计，将两辆车同框以最大的版面比例呈现在读者面前，宽屏的视觉展示出了汽车的舒适、大气、速度和力量的特质，具有很好的广告效应。

封面拉页制作是因为客户的特殊要求或图文尺寸过大时采用，封面拉页常见的是2页四版，而内文拉页一般有2页或多页（见图4-16），经扇形折叠后形成长条，再把长条的一边粘在订联口，向右可以拉出一个或多个相同幅面的版面，扩大了广告放置版面，具有显著的经济效益。内文拉页多见于期刊、图表、地图、风景、DM广告和样本等宽幅图片较多，采用多次扇形折叠，使用沿寸的方法把一边粘接在订口处。

图4-15 骑马订封面拉页设置   图4-16 封面多拉页设置

（二）拉页工艺设置实战

骑马订书刊在制作有拉页的工艺时不建议做成粘页，因为骑马订书刊翻阅时可以平摊，这个特点会让页成的拉页不美观。骑马订拉页封面的头脚尺寸和书芯长度尺寸一致，拉页订口方向则要缩进1～2mm，以防止拉页超出脊背外边，影响正常裁切。骑马订封面拉页前口位置应比书芯的宽度小2～4mm，即拉页版面宽度要缩进成品前口位置2～4mm，以防止切到拉页折叠线。一般32开及以下的开本，前口拉页尺寸比成品尺寸小3mm左右；16开及以上的开本，前口拉页尺寸比成品尺寸小4mm左右。相对来说，骑马订缩进的尺寸要比胶订大一点，这是受到骑马订裁切方法和速度不同的影响。

拉页有内拉页和外拉页之分，内拉页指向里折叠的封面，封面折页时采用平行折中的包心折，二折封面中一张封面包在里面、三折封面中两张封面包在里面（也称关门折）。外拉页指封面采用平行折中的扇形折（也称风琴折），即反复的正折和反折。

1. 6P封面外拉设置（210mm×297mm）

如图4-17所示，6P封面的外拉设计采用二折扇形折。封面B比内文小3mm，A

比 B 小 2mm。由于骑马订采用套配帖方法配页，对于 1 ～ 2mm 薄本书刊 B 的尺寸影响不大，但对于 3mm 左右厚本书 B 的设计尺寸是 207mm，而最后裁切后的成品拉页实际宽度尺寸小于 206mm，这是因为书本厚度要消耗 B 长度，即裁切后成品 B 的尺寸肯定要小于 B 的设计尺寸。随着书芯厚度的增加，外套封面向订口爬移量也会同步增加。

封面外拉页（见图 4-17）设计对骑马联动机制作来说有一定难度，通常有两种做法：（1）先做成内拉页，然后再用人工将内拉封面反折一下；（2）将 A 与 B 的天头、地脚处粘住。这两种做法都耗费人工。

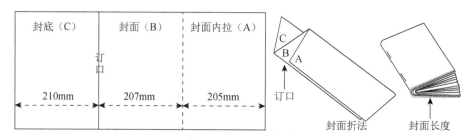

图 4-17　6P 封面外拉页设置示意图

2. 6P 封面内拉设置（210mm×297mm）

如图 4-18 所示，6P 封面的内拉设计采用二折包心折。封面 B 比内文小 3mm，封面内拉 A 比 B 小 3mm。内拉尺寸要比外拉页小，这是因为订口处内拉页不易打开的缘故。

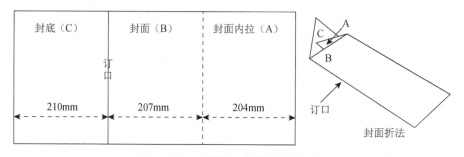

图 4-18　6P 封面内拉页设置示意图

3. 8P 封面外拉、封底内拉设置（210mm×297mm）

如图 4-19 所示，8P 封面外拉和封底内拉设计采用包心折和扇形折。封面 B 和封底 C 的宽度比内文小 2mm，封面外拉 A 比封面 B 小 2mm，封底内拉 D 比封底 C 小 3mm。同理，裁切后成品封面 B 和封底 C 的尺寸肯定要小于设计的尺寸。

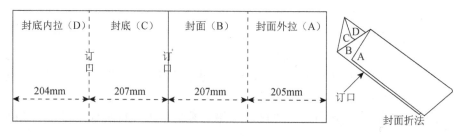

图 4-19　8P 封面外拉页、封底内拉页设置示意图

4.8P 封面内拉、封底内拉设置（210mm×297mm）

如图 4-20 所示，8P 封面内拉和封底内拉设计采用关门折。封面 B 和封底 C 的宽度比内文小 2mm，封面内拉 A 和封底内拉 D 比封面 B 和封底 C 小 3mm。

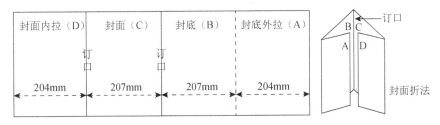

图 4-20　8P 封面、封底内拉页设置示意图

5.8P 封面风琴拉页设置（210mm×297mm）

如图 4-21 所示，8P 封面外拉设计采用扇形三折。封面 C 的宽度比内文小 3mm，封面外拉页 A 和外拉页 B 比封面 C 小 2mm。

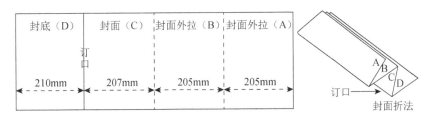

图 4-21　8P 封面风琴拉页设置示意图

对于骑马订拉页封面的制作，先要用折页机折好所需拉页封面，再将外拉页头脚粘住，才能保证拉页封面在骑马联动机上正常生产，内拉页无须粘接。

6.骑马订内文拉页设置（210mm×297mm）

骑马订内文拉页一般都设计成内拉页，这样有利于搭页机从中间打开书帖，其设计与封面设计相仿。如图 4-22 所示是 16 开的内文拉页，采用平行包心折设计，正文 B 的宽度比内文 C 小 4mm，内文拉页 A 比内文 B 小 2mm。

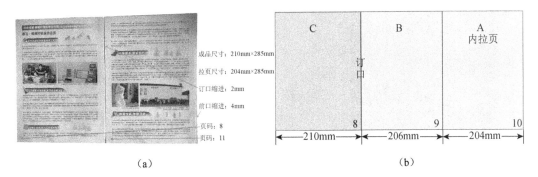

　　　　　　（a）　　　　　　　　　　　　　　　（b）

图 4-22　骑马订内文拉页设置示意图

注意：页码是按拉页打开后的版面次序进行编码排列。如图 4-22（b）所示，拉页打开后看到的 8、9、10 页码是连续的。

137

有时客户给的拉页尺寸和版面尺寸一样，那么要获得生产所需的合理尺寸，必须对版面尺寸进行重新处理，即缩小拉页版面的图文尺寸，以满足拉页尺寸生产的需要。

二、跨页设置实战

骑马订期刊封一印有刊名、刊号、出版单位、广告等，封二、封三也广告居多，封四印有广告、二维码、订阅单号等，根据内容刊内还有一定的广而告之的内容，版面商业氛围十分浓厚。因此，骑马订的跨页设置更要小心谨慎，在实际制作中由于跨页制作失败，导致客户拒付广告费也时有发生，究其原因还是在跨页制作工艺设置时出现了问题。跨页位置设定对骑马订后道制作非常重要，直接影响到页面的整体造型。如果跨页位置出现偏差，造成文字、图片错位，不但破坏了整体造型，还会严重影响到商品的展示和销售。

案例分析：图4-23是一本骑马订的 DM 床垫广告本，由于跨页出现左右偏差，根本看不清床垫的尺寸，价格看上去也让人捉摸不透（1 和 4 容易混淆），这样的样本显然是不合格次品，失去了广告意义。图4-24 简单的"一"字出现了上下偏差（如果是一只手臂跨页就会造成断臂）。

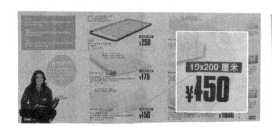 

图4-23　跨页左右错位　　　　　　　　图4-24　跨页上下错位

骑马订跨页设计时，文字被遮盖无法看清（见图4-25）。以上这几种情况既有跨页设计问题，也有跨页制作的精度问题。

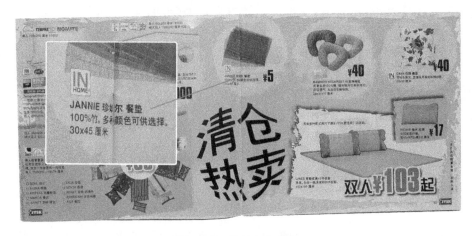

图4-25　跨页文字遮盖

骑马订对装订线要求是非常严格的，要求订联位置的折叠线必须居中。骑马订采用 $105g/m^2$ 铜版纸的样本以不超过 48 页为宜；骑马订采用 $128g/m^2$ 铜版纸的样本以不超过 42 页为宜；骑马订采用 $157g/m^2$ 铜版纸的样本以不超过 36 页为宜。因为纸张厚度、页数虽然和页码爬移有关，但爬移量校正不当就会直接影响跨页符合面精度。

跨页偏位原因分析：

1. 设置因素

如图 4-24 所示，如果在跨页设置时，把该页放在骑马订的最中间进行跨页，就能避免此问题的发生。同样，在跨页设计时，"一"字如果向左移动一点，让字间距作为拼接缝就能避免这样的尴尬。

2. 拼版误差

一个跨页内容被安排不同印版上印刷，拼版时菲林片在印版上的位置有可能通过手工和目测来完成，这是误差产生的一个因素。因此，在拼版设计时要充分考虑排版规律，尽可能让跨页的内容在同一个版面的相邻位置上，就可有效避免跨页的位置误差。

3. 印刷误差

跨页印刷后的印张，其咬口、侧规也会产生细微的允许误差。如印刷四开的拼版、印刷的误差要小于对开，而八开又小于四开。因此，需综合考虑各种印刷要素，对印刷规格作出选择。尤其是地图印刷对跨页位置误差要求最高，不仅跨页量大，而且细线特别多、专色又多，印刷和后道加工更需特别谨慎。

4. 纸张裁切误差

尽管现在使用切纸机的精度较高，但 0.5mm 的机械累积误差理论上还是允许的，而设计中也有出血位的预留。跨页设计时要有足够的出血位，给装订留有必要的校正余地。同时，印后装订裁切尽量使用数字化裁切设备。

5. 折页误差

一个印张多个页面在折页机上被折成一个书帖，由于栅栏和折刀调节的误差、纸边的误差、折空的误差、多折后厚度增加导致的页面偏差等，都有可能在允许范围内发生。除了提高折页制作精度外，有跨页书帖的折数应该适当减少。

6. 套配帖误差

套配贴过程中也存在书帖间位置的微小错动。因此对于跨页书帖的生产速度应适当降低。

任务四　骑马工艺实战

一、骑马订工艺流程

骑马订是将书的封面与书芯配套成为一册，跨骑在机器上用铁丝或线沿折缝进行订书，然后裁切成书册的装订方式。其工艺流程又可分为骑马订工艺流程（见图 4-26）和骑马订联动生产线工艺流程。骑马订设计适合纸张较薄或页数较少的册子，装订成本较低，按册子的大小分为一口订、二口订、三口订。

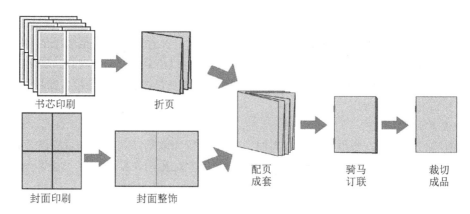

书芯印刷　　折页

封面印刷　　封面整饰

配页成套　骑马订联　裁切成品

图 4-26　骑马订工艺流程

1. 铁丝骑马订工艺流程

印张—撞页—开料—折页—套配页—撞齐—订书—捆书—切书—成品检查—包装—帖标识—码板。

2. 缝线骑马订工艺流程

印张—撞页—开料—折页—叠配帖—胶头—分本—缝纫订线—割线—折本—捆书—切书—成品检查—包装—帖标识—码板。

3. 骑马联动生产线工艺流程

骑马订联动生产线一般由四个机组组成的专为装订骑马订书籍的生产线，四个机组分别为：搭页机组、订书机组、切书机组、堆积机组。其工艺流程如下：

搭页机组：调定各挡规—贮帖—吸帖—叼帖—挡帖—分帖—搭帖—传送—进入订书机组：输丝—切丝—成型—订书—紧钩托平—抛书—传送—进入切书机组：定位—切书—出书—传送—进入堆积机组：贮本—计数—交叉—计数—出成品—包装—贴标识—码板。

二、骑马订工艺实战

骑马订联动机主要是由搭页机、订书机、三面切书机组合而成的联动线（见图4-27），由于具备三个功能，俗称为三联机。全自动骑马联动机的速度达12000本/h，随着技术的进步和功能的扩展，骑马联动机在配页机、订书机、三面裁切机的基础上，再加上堆积机、包装机、插页机、喷码邮发等组成新的多种形式的装订联动线，这也是骑马联动机发展的方向。

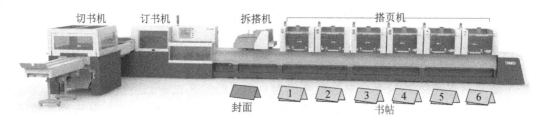

切书机　　订书机　　拆搭机　　搭页机

封面　　1　2　3　4　5　6　书帖

图 4-27　骑马订联动机

骑马联动机有许多型号，但机械结构和技术性能基本相仿，工作过程如下：

将经过折页完成后的书帖，由搭页机组自动输页并配上封面于集帖链上。如图4-27 所示，第六帖（中间帖）最先下帖落在集帖链上，其他帖依次序叠在其上，第一帖（最外帖）最后下帖，然后封面经过折页后下落在书帖上面，从而完成叠配帖的配页工作。书帖在传送过程中经逐页分散的光电检测、歪帖检测和集中的总厚薄检测后，将书帖送至订书机机头下，订书机头按照质量检测装置给予的指令信号，对合格的书帖和封面订上铁丝订，再送到装订机尾端裁刀部分，将订好的书册裁修三边成书，以输送带送出装订机尾。对不合格的书帖，由废品剔除机构传送到废品斗。骑马订后的书本送至三面切书机接书加上，顺次通过二道挡规，首先二侧刀裁切天头、地脚，再进入前口刀裁切前口（老式的也有先切口子，再切头脚的）。如果是双联本，那么还要裁切中缝。最后，通过光电计数装置，按预选的本数进入直线输送机（也有采用收书斗内集书达到预定份数时，自动交替使用另一只收书斗，用人工收书），直线输送机可以连接堆积机进行自动堆积、包装交货，从而自动连续完成三道工序的全部骑马订工作过程。

骑马联动机书帖的最大装订尺寸 470mm×310mm、最小装订尺寸 138mm×105mm，成品最大裁切尺寸 465mm×300mm、最小尺寸 90mm×80mm。这些技术参数是设计人员必须了解和掌握的，骑马订的书帖尺寸和成品尺寸也必须控制在此规定尺寸范围内。

如图4-28 所示，是一台集折页、喷胶、骑马订的联线骑马订加工系统，适用于广告、光盘包装和多页小册子的加工，此骑马订联动线可进行双联本、三联本及多联本的生产，速度达 8000 本 /h，使生产效率达到了极致。

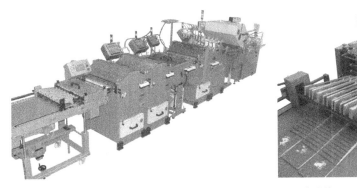

图 4-28　多功能骑马订联动线

三、骑马订质量判定与规范

（一）骑马订质量要求

1.书页与书帖质量要求

①三折及三折以上的书帖，应划口排除空气。

② 59g/m² 以下的纸张最多折四折，60 ~ 80g/m² 纸张最多折三折，81g/m² 以上的纸张最多折两折。

③书页版心位置准确、框式居中，页张无油脏、死折、白页、小页、残页、破

口、折角。配帖应正确、平服、整齐，无多帖、缺帖、错帖、缩帖、倒帖（颠倒书帖）、无明显八字皱折、死折、折角。

④书帖页码和版面顺序正确，以页码中心为准，相邻两页之间页码位置允许误差≤2.0mm，全书页码位置允许误差≤4.0mm，画面接版允许误差≤1mm。

2. 装订质量要求

①配帖应整齐、正确。

②订位为钉锯外钉眼距书芯长上下各1/4处，订距规格一致，允许误差±3.0mm。

③钉锯钉在折缝线上，订后书册无坏钉、轧坏、中缝破碎；无漏钉、断钉、缺钉脚、订拔，弯脚平服和松紧适度；书册平服整齐、干净，钉脚平整、牢固，钉锯均钉在折缝线上，书帖歪斜允许误差≤0.2mm。

3. 成品质量要求

①成品裁切歪斜误差≤1mm。

②成品切书规格准确、四边方正，无毛口、无刀花、无连刀，无严重破头。

③成品外观整洁，全书无压痕、无划伤、无蹭脏、无褶皱和无油污。

④跨页准确，跨页图案、文字、线、色块等不能超过≤0.5mm，接图中不能露白。

⑤书本两对边的平行度和相邻边的垂直度的误差应不超过±0.5mm。

（二）骑马订制作注意事项

由于骑马订书刊在加工工序所具有的工艺特点，这就要求前期制版的版式有别于其他装订方式的书刊，其拼版、留位都要有利于后道工序的生产制作。

1. 骑马订设计注意事项

①套帖设计

整帖放在书芯最里面，小帖（P数少的帖）套在最外面。

②页码顺序设计

以32开双联，内文96P为例。以中心为对称，页码排放顺序为：第1帖1～16，81～96；第2帖17～32，65～80，第3帖33～64，最小和最大页码都在最外面第一帖上。如果页码过多、书本过厚，则应采用其他的订联方法。

③版心偏移量设计

当骑马订书刊的订联厚度≥1.3mm时，要根据纸张性能、厚度、数量来确定版心偏移量。

④双联本设计

a. 双联本书帖要设计成长短边，正、反长短边要根据印刷机型和折页机型来设置。

b. 双联本中缝裁切宽度要根据裁切中刀厚度来预留尺寸，通常中缝宽度为6mm。

⑤标识设计

不能在书背处添加折标、书名标、版别等标识。如要添加，应放置在天头处，并设计好其图文大小，以便裁切时能被完全切除。

2. 骑马订制作注意事项

①骑马订封面尺寸和书帖尺寸要匹配，即要按照设计的规定尺寸要求裁切。

②内文无多贴、少帖、重帖、倒帖现象，同时内文与封面不倒装。

③封面、封底、书背、封面拉页、前后勒口的位置要精准。

④装订线必须严格居中，订口位置符合国家标准并平贴书缝，成型后的两弯钩铁丝不能重叠，中间应相距 0.5mm 左右，钉眼上下偏差 ≤ 1mm，钉眼左右偏差 ≤ 0.5mm。

思考题：

1. 书芯的连接方法有哪些？

2. 简述产生书芯内页爬移量原因及纠偏设定。

3. 为什么骑马联动机书帖要进行不同长短边设置？

4. 写出图 4-29 中，骑马订联动机的部位名称。

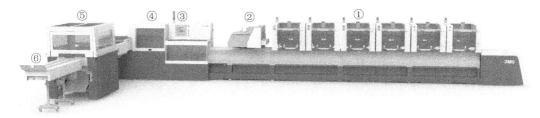

图 4-29 骑马订工艺流程

5. 简述骑马订质量要求。

6. 简述骑马订制作注意事项。

模块五

精装工艺与实战

▌教学目标

精装书籍是一种精致的装订方法，主要是在书的封面和书芯的脊背、书角上进行各种造型加工，是一种美观易长期保存的图书，具有极高的收藏价值。本项目通过精装技术和与之相关的生产工艺设计和操作方法，来掌握精装操作中的常见问题与质量弊病，并掌握精装质量判定与规范要求。

▌能力目标

1. 掌握书芯造型设计；
2. 掌握书封造型设计；
3. 掌握套合造型设计；
4. 掌握装帧材料设定。

▌知识目标

1. 掌握精装书芯制作；
2. 掌握书封制作；
3. 掌握套合制作；
4. 掌握精装质量判定与规范。

精装书籍是一种工序多、工艺复杂、加工速度慢、生产周期长、效率低的书籍装订方式，精装书芯和封面都要经过精致的造型，整体外观高雅、美观，但制作工序繁多、复杂细致，因此制作成本相对也高。一般较大篇幅的经典名著、学术性著作、中高档画册、年鉴等选择精装方式；使用频率高、数量大的工具书、辞典、字典等通常也选择精装方式；数量少的文学名著、高档菜谱、家谱、样本、收藏版或限量版书籍等，也往往采用精装方式来体现其艺术和长期保存的价值。

精装图书多采用考究程度不等的精装样式，书帖通常采用锁线订联方式，书脊富有柔和弹性，使书本打开后能平贴桌面，具有良好的视觉阅读界面。精装书大多以无酸纸印制，且比平装书耐用、久存，但成本较高、价格较昂贵。

精装书的特点是装潢讲究，配有具保护性的硬底封面，具有耐折、耐保存为封面装帧材料。例如普遍采用硬纸板，外覆以织物、厚纸或小牛皮等皮革书壳。32 开尺寸以上精装书籍，封面通常使用比较硬的装帧材料；32 开以下的小尺寸精装书籍，封面也有采用纸面、卡纸和塑料等软质封面（见图 5-1）。精装书封面略大于书芯，封面装帧讲究、耐用，不易磨损，对书芯起到了很好的保护作用。精装书籍的加工方法和形式多种多样，如书芯加工就有圆背起脊、圆背无脊、方背、方角和圆角等；封面加工又分整面、接面、方圆角、烫箔、压烫花纹图案等，具有装帧美观，用料考究，护封紧固，装订结实，有利于长期保存等特点。

图 5-1 精装书籍订联形式

精装书同样先要进行书芯加工。精装书芯一般较厚，大多采用锁线订联，与平装书籍不同，精装书籍在订联后即三面切书，再进行扒圆、起脊、贴纱布、贴堵头布、贴书背纸等加工。精装书籍还需要单独加工书壳，最后完成书芯和书壳的套合。

精装书籍的分类非常之广，正在向个性化、多元化方向发展。常用的精装订联方法有：锁线精装、胶订精装、铁圈精装、蝴蝶精装、包背精装、古线精装等。本章节仅对使用最广的锁线精装工艺设计与制作进行解析。其中，软面精装作为一种新的精装工艺，以其低廉的成本、简化的工艺得到了越来越多出版社的青睐和读者的眷顾。

精装书籍所用的装帧材料非常多，常用材料包括书芯加工用料和书封壳加工用料两部分。设计这些材料的规格应以书芯开本尺寸、书芯实际厚度和书籍造型不同三个条件为依据进行计算，只要掌握好这三个要点就能达到预期效果，否则，会造成不必要的损失。从美学和牢固的观点出发，某些尺寸（如包边的宽度、书背与书壳粘结处的宽度、书壳纸板的厚度）应随书芯开本大小及书芯厚度作相应的变化。

精装书的装订方式（结构）有很多种，精装书的不同结构对工艺加工方式和材料的选择要求也不同。精装书的结构比较复杂（见图 5-2），而且需要把制作后的书芯和书封进行装配套合，因此二者在规格尺寸设计上要匹配、精准。精装书籍的装帧通过设计，决定了精装书籍的造型和采取何种工艺方式。精装书造型设计是根据出版者需要所进行的各种工艺形式的设计与制作，主要分为书芯造型设计、书封造型设计、套合造型设计三大工艺。

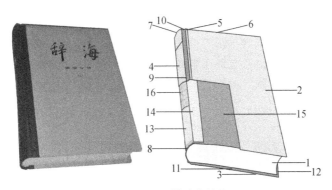

图 5-2 精装书结构

1—书芯；2—封面；3—封底；4—书背；5—布腰；6—纸面；7—中径；8—堵头布；9—书脊；
10—书槽；11—地脚飘口；12—前口飘口；13—中径纸；14—书背布；15—衬纸；16—锁线线迹

任务一　书芯造型工艺

书芯造型设计是指经过折页、配页、订书、切成光本以后的书芯造型装帧设计。一般指对半成品光本书的装帧设计，通常有以下几种造型制作形式。

一、方背、圆背工艺

1. 方背

方背又称方脊。方背书芯的书背平直［见图 5-3（a）］，它与书芯上下环衬互成直角。由于书芯折叠及订线等因素，书背部分厚度一般高于书芯厚度，印张越多越明显，因此，方背造型设计的精装书籍厚度，一般适用于 20mm 以内的书籍。

方背造型工艺的书芯，在书芯三面切光后无须扒圆、起脊，但需在书背上贴上纱布、堵头布和书背纸。

2. 圆背

圆背又称圆脊［见图 5-3（b）］。圆背书芯因前后书贴的地位略有不同，书贴的折叠处略呈半圆形［见图 5-3（b）］，分布在一个弧面上，其厚度得到平衡。书芯的前口处与书背的凸圆形相适应，呈凹圆形。所以较厚的图书采用圆形书脊较好。圆背是经过扒圆加工后背脊成圆弧形的，圆背造型设计以书芯厚度为弦与圆弧对成 120°左右为佳。圆背又可分为圆背无脊（只扒圆不起脊）和圆背有脊（扒圆起脊，起脊的高度一般与书壳的纸板厚度相同）两种。

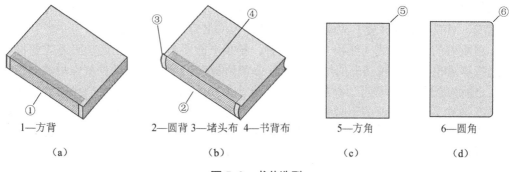

1—方背　　　　　2—圆背 3—堵头布 4—书背布　　　5—方角　　　　6—圆角
（a）　　　　　　　（b）　　　　　　　　（c）　　　　　　（d）

图 5-3　书芯造型

由于精装书芯和书封壳需要分别加工后才能进行套合成册，而且由于书芯纸质不同，因此一般均是先将书芯加工出来（半成品），再根据书芯的规格计算出书封壳的规格，以提高材料计算的准确性。精装书芯圆弧计算方法有两种。

①测量法

测量法是实际生产中常用的一种方法，即将书芯裁切、扒圆起脊后做出一本成品样本，用纸条按扒圆起脊后的书芯后背圆势，沿书背两边直接量取其弧长的实际尺寸。如果所加工的书册是方背，按书芯半成品（即切完的）的实际厚度量取即可。

由于书刊加工书芯所用的纸张薄厚、订联的松紧、成册后所受压力等因素影响，也会造成测量厚度和批量生产出的书背尺寸有所差异，但大致相符合，因此样书还需送有关技术质量部门核实，如有出入就需及时修正。在设计弧长所用材料尺寸时，应把各种可变因素纳入考虑，以避免事故的发生，确保材料的准确及用料的节省。待各方面合格无误后，才能按其规格批量开料加工和成批进行书芯和书封壳的生产制作。

②计算法

计算法是根据书芯厚度计算书背弧长而得出用料规格的设计方法。

根据精装书刊造型习惯及生产中实际情况，精装书刊扒圆（或扒圆起脊）的圆势是书背的圆弧所对的角为90°～130°，那么它所对的圆弧就是扒圆无脊书芯的实际圆弧长。同样，如以书芯厚度加上书背高（即书芯厚度加两块封面纸板）为直径，其所对的角度仍不变，而所对的圆弧就是书芯经起脊后的实际弧长。一般书芯越厚，曲率越小，书芯越薄，曲率则越大；开本越大，曲率越小，开本越小，曲率则越大。

计算法要比测量法方便、科学、精准，适应自动化、机械化生产，也是精装书籍生产工艺设计走向数据化、数字化的一个标志。其计算公式如图5-4所示。

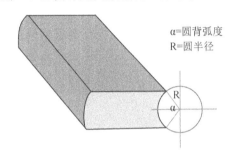

α=圆背弧度
R=圆半径

因为360°的圆心角所对的弧长就是圆周长$C=2\pi R$

所以1°的圆心角所对的弧长是$\dfrac{2\pi R}{360°}$，即$\dfrac{\pi R}{180°}$

于是可得半径为R的圆中，α°的圆心角所对的弧长

计算公式$=\dfrac{α°\pi R}{180°}$

图5-4 圆背精装弧长计算

特别提示：在取书芯厚度时，不要以一本为标准，应取数本经过压平后书芯的自然厚度，既不可将书芯捏紧，也不可翘起而弄得过松，应将多本书芯平放，量取中间适当的一本或将几本书芯厚度相加求总平均值进行厚度的计算。

二、方角、圆角工艺

将书壳纸板前口两角切成圆式为圆角；不切圆角的（即保持切后90°）为方角。方角和圆角的书芯造型是精装书籍的常见工艺。

1. 方角

方角书芯的天头边线和地脚边线分别与口子边线相交成90°的直角［见图5-3（c）］，也是书芯按规格三面切净后的自然角。

2. 圆角

圆角［见图5-3（d）］书芯是将精装书芯的天头、地脚、口子三面切光后，在天头边线和地脚边线与口子相交的角，采用机械切圆角机（见图5-5）将书角切成圆弧形的圆角。圆角的大小设计应根据开本大小来确定圆角的半径，切圆角机的可选圆刀半径在3～8mm。开本与圆角大小对应表如表5-1所示。

表5-1 开本与圆角大小对应表

圆刀半径	3mm	4mm	5mm	6mm	7mm	8mm
开本	256开	128开	64开	32开	16开	8开

如果大开本、小圆角，则显得很局促；而小开本、大圆角，则比例失调也不美观。

圆角书壳纸板在糊制封面时要塞角，比较费工，但牢固耐久不易损坏，只在一些较为精致和讲究的书籍上使用。

三、拇指索引工艺

拇指索引又称查阅踏步口索引，通常在页数较多的精装词典（也有平装书册）的前口冲孔，并粘上字母标识（也有直接印上字母）的书芯造型加工工艺。拇指索引的标识是按字母顺序或音序设计编排，其作用就是读者能快速检索书籍内容，查找十分方便、迅捷。

1. 拇指索引孔位排列

拇指索引在书芯上的孔位排列方向，是按客户要求分为正向排列、反向排列或混合排列。孔位之间的距离并不是固定的，由于孔位是根据章节内容进行索引后分隔，因此孔的数量有多有少、孔位间距也有大有小。如图5-6所示，《辞海》1～4卷，每本孔的数量和间距都是不一样的。

图5-5　切圆角机图

图5-6　拇指索引孔设计

2. 拇指索引孔径大小

孔径设计时，开本越大，孔径越大，开本越小，孔径越小。一般16开及以上开本，把孔径设计成15～16mm；32开及以下开本，把孔径设计成10～12mm。

3. 冲孔字母标识设计

字母定位标识是冲孔位置的指引（见图5-7），在设计时要按英文字母（或拼音字母）顺序作为索引的起始到终结，逐一印刷上该位置字母和出血线，这是为电动冲孔作快速、定位而设计，这样冲孔位置一目了然，提高了冲孔位置的定位准确性。

印刷在该位置的字母定位标识要比冲孔直径小3mm左右，便于标识粘贴时完全覆盖该位置的印刷字母。

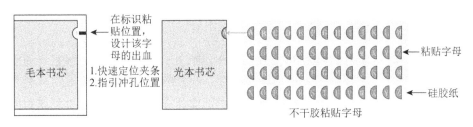

图 5-7 冲孔定位标识粘贴

不干胶粘贴字母在设计时要比冲孔直径大 4mm，这样既覆盖了原来所印的字母和出血线，也使模切后的半圆粘贴字母超出了冲孔半径，防止了粘贴后的字母孔内露白。

也有在印刷正文时，先在标识区域印上比冲孔直径大 4mm 的黑色半圆，再贴上与冲孔直径一样大小的不干胶字母标识。

4. 拇指索引孔制作注意事项

①按一定顺序逐一记录下拇指索引孔标识所在书页的具体页码，作为加工前的准备。

②专用设备的刀具直径有多种规格，用其打孔时，最终拇指索引孔的直径将比专用刀具的直径略大些，但不能过大，特别注意不要破坏到版心。

③要求拇指索引孔布局合理、大小均匀一致；要求拇指索引孔的切口光洁，不允许有毛边；重点检查标识所在位置的前一面拇指索引孔的切口是否光洁。

④考虑到客户的要求和书籍的内容，在满足工艺技术要求的前提下，按需要及加工参数定制拇指索引标识。

四、软衬、硬衬工艺

精装书籍书芯上面和底面，均粘有两张衬页，又称环衬。精装环衬设计有两种：①软衬；②硬衬。

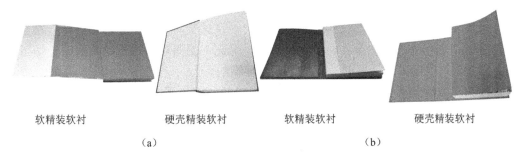

软精装软衬   硬壳精装软衬   软精装软衬   硬壳精装软衬

（a）   （b）

图 5-8 软衬、硬衬设计

1. 软衬设定

软衬指设计时，使用定量为 100g 左右的胶版纸或书写纸，经折页成为一折两页的环衬。

环衬设计成软衬时，均用于黏合套的书籍，即软衬是直接与书封壳粘贴粘结在一起使用的。软衬在硬壳精装和软精装中都有使用［见图 5-8（a）］。

2. 硬衬设定

硬衬指设计时，使用定量为 300g 左右白卡纸或 0.3 ～ 0.5mm 灰纸板的单张页，用黏合剂粘连在书芯上下环衬上，形成硬质衬纸。硬衬的粘贴有两种方法，一种是将卡纸裱糊在上下环衬上，另一种是同粘衬纸一样粘连在订口上。环衬设计成硬衬时，通常用于组合活络套（塑料封面套或贴塑纸环合包套），由于硬环衬平整、挺括，便于插入活络套的塑料软质封面内。硬衬在硬壳精装和软精装中都有使用［见图 5-8（b）］。

软衬、硬衬的未裁切规格尺寸设计，与该书芯未裁切规格尺寸的设计保持一致。

五、堵头布、书背布、书背纸、书丝带工艺

堵头布、书背布、书背纸、书丝带都是书背粘贴材料，其设计直接影响着精装书的牢度和质量。

1. 堵头布设定

堵头布，又称绳头布、书头布、书边带。堵头布是一种经加工制成的带有线棱的布条，用来粘贴在精装书芯背脊天头和地脚两端，将书帖痕迹盖住起到装饰作用，又能使书帖与书帖紧密相连，增强书芯的装订牢度。堵头布白色、红色较多，其宽度在 10 ～ 15mm，长度则按书芯背脊的宽度或弧度来确定，当书封与书芯套合后，堵头布隆起部分露出书籍头脚的边缘，增强了书籍的美观性。堵头布设计图如图 5-9 所示。

堵头布　　　　　　　　书贴痕迹　　　　　　　　美观牢固

图 5-9　堵头布设计

堵头布是带状的丝织品，一边有隆起，其余是堵头布脚，书芯经扒圆后，在其背脊的头脚两端齐书起脊的中间，贴上堵头布，隆起一侧露出书芯背的头脚位置即可。堵头布在使用前先浆洗、再晾干，以保证堵头布的挺直。

堵头布设计有两个作用：①遮掉书帖间的凹凸不平痕迹，起到装饰书籍外观作用；②可以将书背两端的书芯牢固粘连，起到保护书芯天头、地脚的作用。

2. 书背布设定

书背布是书芯制成后，粘贴在书背上的一层布（见图 5-10）。将纱布贴在书芯背上，可提高书背的平整度和书帖间的粘结牢度，有利于书背的定型。

书背布的种类有纱布、无纺布、细布及合成布料等，无纺布通常用在锁线平装本的粘贴，纱布、细布及合成布料通常用在精装本上。最常用的是纱布，因为纱布是一种编织稀疏的平纹棉织物，易于渗透胶液，经上浆后使其硬挺。对于较厚的精装书籍，粘贴书背布后能增加书背粘结和锁线牢度，又能使书背和书封壳粘连成一体，避

免几次翻阅后出现书背处环衬损裂，增加了封壳的开合次数和牢度。

书背布规格设计：书背布长＝书芯长度－20mm。

书背布宽＝书背弧长（或书背厚度）＋40mm（两端均分）。

3. 书背纸设定

书背纸（见图5-10）是粘贴在书背上的一层衬纸，用以加固书背。贴书背纸的作用是将书背纸和堵头布、纱布及书芯背部连为一体，使堵头布在书背上粘得更牢，同时 也防止书芯背部与书壳粘贴。

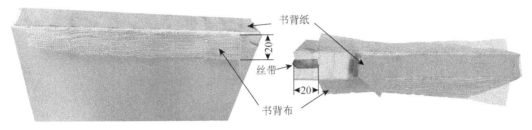

图5-10　书背布设计

①对于平装锁线书籍，当书芯厚度在15mm以上时，通常也会贴书背纸，常用书背纸的定量为150～250g/m² 的胶版纸或卡纸。

②对于精装书籍，通常会使用强度和柔韧性较好的牛皮纸作为书背纸。

书背纸规格设计：书背纸长＝书芯长度－3mm。

书背纸宽＝书背弧长或书背厚度。

还有一种书背纸指在厚度大的书籍书背上另粘一层筒形纸，筒子纸一面粘在书背纸上，另一面粘在中经纸板上，以增加厚书强度，使之不扭曲变形。

筒子纸规格设计：书背纸长＝书芯长度－3mm。

书背纸宽＝书背弧长或书背厚度 ×2＋5mm粘口。

4. 书签带设定

书签带也叫书丝带、软书签，是一条5～8mm宽的丝质织带，有红、绿、黄等多种颜色。书签带是一头粘贴在书刊天头书背中间，长出的另一头夹在书页中间，设计时还要有余量外露在地脚下，主要作用是当书签用。

书签带应粘在距天头上端约10mm的书背处中间（见图5-10），其长度以书籍对角线的长度为准，正常拉直后下面应超出书芯10～20mm。通常薄书均设计1条丝签带，有时厚精装书考虑到内容分为两个部分，为了便于阅读和研究需要，也会设计2条丝签带。

任务二　书封造型工艺

书壳是精装书籍的外衣，对于精装书籍来说，它一方面起着外部装饰作用，另一方面也是为了保护书籍使其具有完好的使用性。因此，精装书壳不仅应有美观的外表，还应有耐用性，制作材料便宜而不变形。当今精装书封的造型多姿多彩，装帧十分讲究，按用料可分为全面精装和接面精装，全面精装又可分为全纸面精装和全布面精装。精装书封壳是由软质裱面材料、里层材料和中径纸三部分组成（见图5-11）。

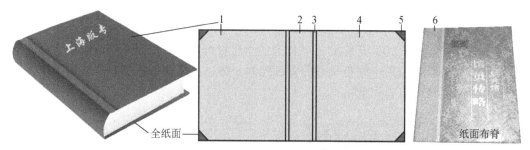

图5-11　全纸面、纸面布脊设计

1—封面；2—中径；3—中缝；4—封底；5—包角；6—中腰布

一、书封面料设置

精装面料设计方式有三种：①全纸面设计；②接纸面设计；③全面料设计。

1. 全纸面面料设置

全纸面精装是指在书封壳制作中，裱面材料采用一张铜版纸、艺术纸、漆纸、涂布纸、纸基涂塑等纸张或合成纸张材料，将两块书壳纸板及中径纸板联结后制成的精装书封壳，即用整块纸张作表面料制成的硬质封面。里层材料，即组成前、后封的材料，多采用纸板。中径纸用厚纸或纸板。书壳在展开平放时，前后封中间的距离叫中径，中径纸的设计能使书壳中腰坚固和富有弹性，便于烫印；在翻阅全书时，中径纸是支持书芯的弹性支柱。前后封的硬纸板与中径纸板中间的距离叫中缝，也称隔槽、书槽。这种全纸面精装样式制作成本相对较低，能起到保护书芯的作用，通常适用于既需要适度考究、精致，需求量又比较大的图书。

全纸面书封壳上可印有书名、图案等，纸面经覆膜后裱糊在硬纸板上。由于书脊处也是纸面，因此开合次数多时，使用寿命受到影响。使用频率高的字典、词典、手册等精装书籍不宜采用全纸面书封壳设计。

2. 接面面料设置

接面精装也称半面精装。接面精装（见图5-11右）是用两种以上的封面软料拼接起来、将纸板组合糊制成的精装书封壳，即用一张较小的面料把两块书壳纸板联结起来，采用这种装帧设计制作的封面，可降低书籍成本。接面精装书封壳又可分为布腰纸面、皮腰布面和包四角多种形式。这种精装样式制作成本稍贵，同样起到保护书芯的作用，通常适用于既需要考究、精致，又相对来说有一定印量的图书。另外，封面、封底由于印刷图文和装帧的需要，也会采用纸面布脊形式以增强书籍外形美观。

接面精装书封壳上可印有书名、图案等，纸面经覆膜后裱糊在硬纸板上。由于书脊处采用了布面，因此受开合次数影响较小，使用寿命较长。接面精装书封壳制作比较烦琐，生产速度和质量控制有一定难度，同时不如全面料坚固耐久。

3. 全面面料设置

全面料精装是指在书封壳制作中，采用一张漆布、织品、真皮、皮革、丝绸、绒布、麻布、压纹纸、艺术纸等材料（见图5-12），将两块书壳纸板及中径纸板联结后制成的精装书封壳，即用整块料作表面料制成的封面。这种精装样式考究、精致的程度都超越了上面两种精装样式，因此所需的制作成本较高，一般适用于既需要相当考究、精致，发行量又相对比较少的高档图书。

皮面料　　皮革面料　绒布面料　丝绸面料　麻布面料　炫光丝面料　压纹布面料　漆布面料　艺术纸面料

图 5-12　全面料精装书封设计

全面料精装书封壳由于面料柔软、平整度不佳等原因，通常不印刷文字和图案，而是采用烫金、烫色、压印设计来弥补局部空白，因此为了表达书籍中图文内容，一般都在书籍外面设计有护封来彰显主题。

二、书封装帧工艺

书封装帧形式繁多，主要方式有包角、镶角、烫金、压印等。

1. 包角、镶角设定

包角和镶角都是对精装书封壳的保护性整饰。

①包角设计

包角设计是对精装书封壳的圆角或方角进行包角，即在书封壳的前口两角上包一层皮革或织品。包角的封面一般是纸面较多，因纸张的耐磨力较织品差，包上织品（或织品封面包上皮革角）的书角可以延长书刊的使用寿命。过去包角设计思路是节省材料并使其牢固、耐久，但制作较为复杂，反而会增加制作成本，所以这种设计现在较为少见。

②镶角设计

镶角设计是对精装书封壳的圆角或方角另外增加金属护角，其作用是防止书封角的损坏，也可以防止翘起和磨损，同时增强书籍外形美观和牢度。镶角设计常用于纸面书封壳，菜谱、笔记本、获奖证书、经典著作等高档书封壳也有设计（见图5-13）。

镶角使用的金属护角类型较多，按颜色分有镀金、镀银、仿古等；按材质分有铜、铝、不锈钢等；按形状分有方角、圆角、方边、圆边等。

金属护角规格有边长、宽度和内空之分［见图5-13（b）］，所以金属护角是根据开本大小来设计。如32开精装本［见图5-13（a）］，书封壳使用2mm厚度纸板，应选用边长15mm、宽度5mm、内空3mm的金属护角最为合适。如果是16开精装本，书封壳使用2.5mm纸板，那么选用边长22mm、宽度6mm、内空3.5mm的金属护角较为妥当。

 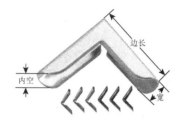 

（a）32 开精装包角　　　　　　（b）金属护角　　　　　　（c）气动包角机

图 5-13　镶角设计

镶角制作比较简单，只需将套好护角的书封壳放入气动包角机中［见图 5-13（c）］，踩下脚踏开关即可压实一次。采用气动包角机有三个优点：安全可靠、响应速度快、压力大小可以通过气阀快速调整，柔性压紧防止压坏。

2. 烫印设定

通常在前封及中腰正面上，用烫印、压印或印刷方法印上书名、作者名、出版社名称及其他装饰性图案。

烫印与压印是指精装封面（书壳）烫印的图文，是借助一定的压力与温度，使金属箔或颜料箔烫印到书封壳上的方法。书封壳常说的烫金多指电化铝材料的烫印。压印是指不用烫印材料，由压印版（见图文烫印版）加热受压后直接在封面（书壳）上压印图文的装帧方法，即由凹凸体组成的图文装帧形式。由于烫印图文低于书封壳平面，具有较好的立体层次感和艺术感，尤其是电化铝烫印具有强烈的金属光泽感，这种视觉冲击感是印刷不能比拟的。

书封壳烫印是在精装书封壳的封一、封四和书背部分的位置烫印。

书封壳烫印通常都是平烫，烫印基准面是平面的烫印版，烫印版上图文是凸出的，烫印后的图文均低于书封壳平面，即烫印后全是凹下去图文。这是因为书封壳里面包衬着厚纸板，很难实现图文凹凸版的立体烫印。

常见精装书封壳的烫印加工形式有四种：①单料烫印；②无烫料烫印；③混合式烫印；④套烫。

电化铝烫印［见图 5-14（a）］，属于单料烫印。压印［见图 5-14（b）］，属于无烫料烫印。烫金、压印［见图 5-14（c）］，属于混合烫印。烫色箔、烫金、压印［见图 5-14（e）］，属于混合套烫，此封面设计了三个烫印工艺：烫色箔—烫金—压印（凹凸压竹节），此烫印工艺在设计时要注意这三个次序是不能颠倒的。

（a）烫金　　（b）压印　　（c）烫金＋压印　　（d）冲切＋烫印　　（e）烫色箔＋烫金＋压竹节

图 5-14　烫料与压印设计

另外，塑料书封壳没有被列入行业标准，这类书封壳一般是根据出版社的要求而制作的。它是采用高频介质将塑料膜加热，按照书刊规格压制而成的整面书壳。塑料防水又耐磨，故用于经常翻阅或小开本的字典、手册、工具书之类的书刊装帧。使用时，将粘在书芯两面的硬卡纸塞在塑料封面的套层内成为软面精装书册，塑料书封壳精装书籍的书芯加工和套合加工工艺与一般精装书的制作基本相仿。

三、护封、腰封设定

1. 护封设定

护封是书籍封面外的包封纸，是套加在封面外的另一张外封面，即护封是套在书籍封皮外面印有书名和装饰性图案的封套，主要起着保护封面和广告的作用。护封上印有书名、作者、出版社名和装饰图画，其作用有两个：①保护书籍不易被损坏；②装饰书籍，提高其档次。

护封的任务就是保护封面，通常情况下，书籍在运输过程中，是用纸来包裹好，以免在途中遇到脏物而受到污损。但到了书店之后，保护书籍的是护封。我们可以想象，读者在书店里好奇地拿起一本书，翻阅书的内部，但大多数的读者仍把它放回去，继续选择他需要的书籍。这样，一本书往往要经过许多只手翻阅以后才卖出去，必然会受到一些损害，而护封被弄脏或破损之后还可以换上一张新的。此外，书籍由于光线和日光的照射，容易褪色和卷曲变形，那么护封就能减轻这种受损的情况。

因此护封的高度与书本高度尺寸基本一致（有的护封高度比书芯高度少1～2mm，以防止护封被扯破）。护封的长度相当于同开本封面勒口长度，因为护封的形式是包裹住封面前封、书背、后封，根据开本的大小不同两边各有一个40～120mm向里折进的勒口。护封应选用质量较好的纸张，以耐磨、耐脏、防水为佳，所以为了更好地保护封面，通常护封还要进行覆膜或上光处理。

护封由五个部分组成：前勒口、前护封、书背、后护封和后勒口。

①前勒口

护封前勒口通常不印文字和图案。如果护封的广告效果已经很强烈，它旁边的勒口一般有意设计得简洁朴素，使勒口统一在书籍内部的气氛中。前勒口和后勒口的四个角，通常都要进行135°左右的倒角处理，防止卷角。

②前护封

书籍前封是书背的首页正面，前护封和封一相似。大多数书籍的前护封上印有书名、作者名、著作名和出版机构名称。也有少数书籍前护封上无有效名称。书名大多位于前封的主要位置且较醒目，而著作名和出版机构名一般都位于从属位置且字较小。

③护封书背

护封书背和书籍书背设计类似，由于包裹在外面，相应的护封书背尺寸要比书籍书背尺寸大，尤其是精装本的护封最大。

④后护封

一般书籍后封（封底）上放置出版者的标志、系列丛书名、书籍价格、条形码、二维码及有关插图等，后护封与后封面相似，设计得较为简单，后护封上只有简单标志及编者名。后护封要与前护封及书背的色彩、字体编排方式统一。

⑤后勒口

护封后勒口常不印文字和图案，也有印条形码或二维码（见图5-15）。后勒口和前勒口要有同样的设计，如果前勒口的线条、色块、底纹延伸到勒口上，那么后勒口的设计样式也要一致。

2. **腰封设定**

腰封也称"书腰纸"，是附封的一种形式，是包裹在图书封面中部的一条约40mm宽的纸带，属于外部装饰物，在不破坏封面整体设计的情况下宣传书籍，使读者在翻阅之前有简单感知。腰封是在书籍印出之后才加上去的，腰封上内容是与这本书有关的事件，大多为关于本书重要事件或作者的评论，又必须补充给读者。

腰封是环绕图书的腰带（见图5-16），主要作用是装饰封面或补充封面的表现不足，因此在设计时不宜太宽，通常设计为该书封面宽度的1/3左右（或50mm左右），长度相当于勒口封面长度。

图5-15　护封后勒口　　　　　　　　图5-16　腰封设计与制作

腰封又称半护封，而护封则称全护封，因此腰封也要用牢度较强的纸张制作。

3. **护封、腰封制作方法**

护封和腰封的制作均由全自动护封机（见图5-17）自动完成，自动护封机还能同时插入明信片、信息卡、光盘等工作。

图5-17　全自动护封机

全自动护封机能自动完成加腰封、护封工作，节省劳动力，提高工作效率。全自动护封机具有护封、腰封压痕、勒口功能，同时还能实现自主插页、插卡片、插光盘的功能。护封采用全包形式，将封面全部包裹在护封里面。而腰封属于半包形式，只有小部分将封面包裹在里面，位置在书腰位置（即书籍高度中下部位置）。

任务三　套合造型工艺

套合造型是精装书籍的最后一道加工工序，即书芯和书封加工完成后进行的吻合加工形式。套合造型的精致与否直接关系到一本书外观质量的高低。除进行活套和黏合套之外，精装书籍还有以下各形式的加工造型。

一、方背套合造型工艺

将切完的光本书芯，不做任何变形就进行其他装饰加工的称为方背，即保持裁切后的书背与书身互为垂直。

1. 方背平脊设计

方背平脊是封面与书芯吻合粘衬后，不用压书槽、书芯不用扒圆，书封面纸用1mm的薄形纸板，中径纸板也相应较薄，粘衬后就进行压实，使书封面、封底与书背各成90°角。

2. 方背方脊设计

方背方脊的书芯造型与方背平脊相同。但封面中径纸与封面、封底纸板根据装帧设计用稍厚纸板，封面与书芯吻合后再经压槽（压沟槽）成型，中径纸板的上下面连线形成书脊，即成为方背方脊的套合造型工艺。

二、圆背套合工艺

将切完后的光本书芯，经扒圆、起脊加工为圆背。圆背书籍套合时有两种造型：
（1）圆背真脊，脊部突出书面的书脊为真脊，即经过起脊造型后套合的书籍形式；
（2）圆背假脊，不突出书面的脊为假脊，即不起脊而利用书背圆势与纸板厚度间隔缝，形成的假书脊。

圆背的黏合造型有三种：①软背；②硬背；③活腔背（见图5-18）。

软背　　　　　　　　　硬背　　　　　　　　　活腔背

图5-18　套合造型设计

1. 软背设置

即书背带软性的软背精装书籍，在套合时与书芯的背脊纸直接粘连，它不受圆背和方背的限制，中径纸一般采用 0.5mm 以下的薄卡纸，在翻阅时可以任意打开铺平，但由于书背部分与书封壳部分中径直接粘连，因此翻阅次数一多，书背上的字迹（烫印、丝印等）容易掉落影响外观质量。

2. 硬背设置

即将书封壳中径部分粘上硬质纸板后再与书芯后背纸直接粘连，这样书背不易变形，但由于书背被中径硬纸板所固定，翻阅时打开性较差（铺不平，摊不开）。

3. 活腔背设置

软背和硬背设计各有欠缺之处，随着工艺不断改革和创新，这两种加工形式已基本被活腔背套合所代替。

活腔背在书芯做背后，再贴上环形背脊纸（筒子纸），背脊纸的内侧与书背粘连，再利用环衬作用，将书册套合牢固，书封面套合成型后在翻阅时，环形背脊纸外侧随书封腰向外弹出，环形背脊纸形成空腔，故称活腔背。活腔背可增强内芯书帖的牢度，有助书背外形美观。活腔背套合加工的书册，在阅读时既能翻得开，摊得平，又不影响烫印效果，是现在常用的一种精装书套合形式。

4. 活套、半套、死套设置

精装书封套合设计中，套合形式有三种：①分活套（即活络套）；②半套（一半粘死在书壳底纸板上）；③死套（粘死在书壳纸板上）的制作。

①活套

活套［见图 5-19（a）］使书芯与书封可以随便分开或更换。制作时，书封的封二和封三另外一层相当于书册幅面一半左右的封兜（套），将加工好书芯的硬衬插在封兜里合起后成为一本精装书册，即成为可以自由装卸的活套精装书籍。

②半套

半套［见图 5-19（b）］是将糊制的书封壳与书芯套合时，书芯的下环衬用黏合剂直接粘贴在书封壳的封三的纸板上，形成半套形式。如果黏合剂选用双面胶粘接，则书封壳可以反复利用，节约材料、重复使用。

③死套

死套［见图 5-19（c）］是将糊制的书封壳与书芯套合时，书芯的上下环衬用黏合剂直接粘贴在书封壳的封二、封三的纸板上。

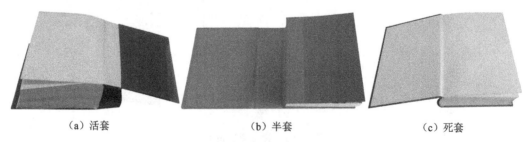

|（a）活套|（b）半套|（c）死套|

图 5-19　活套、半套、死套设计

任务四　精装材料设置与计算

经典性著作、精印图书和经常翻阅的工具书一般都采用精装。精装书与平装书相比，具有用料考究、装订坚实、装潢美观、有利于长期保存等优点。精装工艺类型丰富多彩，选择工艺时既需要考虑内容题材，又需要考虑牢度与材料适性等要求。

一、精装材料种类

精装材料的范围很广，无论书芯、书背、书封所选用材料，都要与所加工书籍本册的档次相匹配。正确选用精装材料，是体现精装加工效果的关键所在，材料选用得是否得当，加工后的成品有明显不同。同时选用精装材料应根据书刊本册的品级、牢固、形式等要求来决定，不能一味追求价格高低，应立足于匹配与适当。

1. 精装书结构与材料

从图 5-20 精装书结构与材料组成中可以看出，精装材料在精装书结构中的功能与作用。由于精装材料的种类繁多，在选择书壳材料与书芯材料时必须考虑书籍的结构强度。作为编辑、封面设计人员及印制人员，对于精装书的结构、加工方式、材料应用应有深刻的了解，以避免在设计工作中，由于材料的匹配、尺寸的计算等不合适，影响图书美观，严重时造成经济损失及材料上的浪费。

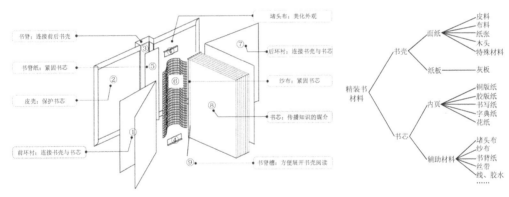

图 5-20　精装书结构与材料

2. 精装书壳材料

精装书壳材料由面纸和纸板组成。面纸通常由皮料、布料、纸张、木头及特殊材料组成，纸板通常由灰板、黄纸板等组成（见图 5-21）。

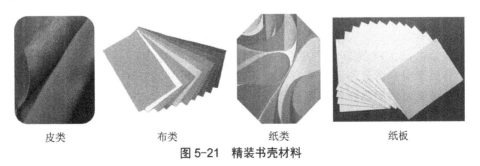

皮类　　　　布类　　　　纸类　　　　纸板

图 5-21　精装书壳材料

①皮料

皮革的质地柔软，强度高，伸缩率小，耐磨、耐折、着色力好，制品鲜艳有光泽。皮革中含有脂类物质，不易黏结，必须使用高黏性的黏合剂。皮革面料。优质的皮革，由于其美观的皮纹和色泽，以及烫印后明显的凹凸对比，使它在各种封面材质中显得出类拔萃。皮革面料只是用于装帧豪华装书籍，因为价格昂贵，很少用作精装书籍的面料。

②布料

常见的丝织品有稠密的棉、麻、人造纤维等；也包括光润平滑的榨绸、天鹅绒、涤纶、贝纶等。设计者可以根据书籍内容和功能的不同，选择合适的织物。例如经常翻阅的书可考虑用结实的织物装裱，而表达细腻的风格则可选用光滑的丝织品等。

③纸张

纸张是精装书面纸最常用的材料，实际生产中多使用 $120 \sim 170 g/m^2$ 的铜版纸、哑粉纸和特种纸（花纹纸）。纸张具有良好的印刷适性，可以印刷出精美的图案，同时也可以过油、覆膜以增强纸张光泽度、质感或强度。

④纸板

纸板是由各种纸浆加工成的、纤维相互交织组成的厚纸页。纸板与纸的区别通常以定量和厚度来区分，一般将定量超过 $350 g/m^2$、厚度大于 0.5mm 的称为纸板。

3. 精装辅助材料

精装辅助材料通常指堵头布、纱布、书背纸、丝带、线和胶水等（见图5-22）。

①堵头布

堵头布通常用在比较大型的书后背来固定书本，贴在精装书芯背脊天头与地脚两端的特制物。堵头布填补了书脊与封面之间的空隙，可以防止灰尘进入书籍从而造成书脊胶水的失效，并且堵头布还能保护每帖内页的对折处，防止破损；同时不同材质、颜色、样式的堵头布可以增加书籍的美观性和设计感。

纯棉、纯麻堵头布有良好的胶水适性，裁切后切口整齐；混纺堵头布由纯棉、纯麻纤维与化纤纤维混织而成，不同颜色的化纤料增加了头布的花色效果，棉麻纤维保证胶水适性，整体上不如纯棉麻系列。使用精装龙设备粘堵头布时，需选用浆水浸制的堵头布，以保证切割时不掉落毛丝，切口干净美观。

②纱布

纱布通常用于书芯的书脊处，提高书芯强度的作用。纱布可分为网纱布和纸底纱布，纸底纱布由网纱裱底纸后制作而成。网纱轻薄，在粘贴时易变形；纸底纱布较厚，不易变形，由于粘贴了纸底，方便机器吸嘴吸取，粘贴在书脊后更加牢固。

③书背纸

书背纸，贴于精装书书芯背部，增加书芯的牢固程度。书背纸由长纤维牛皮纸制作，分为平纹书背纸和皱纹书背纸，皱纹书背纸可分为有弹性书背纸和无弹性书背纸。方脊精装可使用所有类型书背纸，圆脊精装需使用有弹性的皱纹书背纸，方便书芯扒圆工序操作。

④丝带

丝带常夹于书芯，起到翻书隔页作用，通常由化纤料编织制成（也可混纺编织），也可使用皮料等其他材料，可分为平纹丝带和人字纹丝带等。

⑤线、胶水

精装书通常采用锁线方式，使用白色装帧线（也可选择不同颜色的线），线的粗细和材质的选择应该结合书籍的开本尺寸。

胶水使用水溶性黏结剂和热熔性黏结剂最为常见，如白胶、动物胶等。

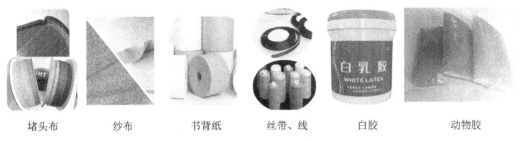

| 堵头布 | 纱布 | 书背纸 | 丝带、线 | 白胶 | 动物胶 |

图 5-22　精装辅助材料

二、精装材料规格设置

精装书常用材料规格分书背和书封壳用料两种。书背用料规格有堵头布、书背纱布、书背纸、书签丝带（画册、特装用料例外）四种。书封壳用料规格有硬质纸板、封面软料、中径纸（中径板）、中腰料、包角料五种。在加工中使用的材料规格尺寸设计，应根据精装加工要求和客户要求来确定书背材料和书封壳材料的用料规格。

1. 书背材料规格设置

①堵头布规格

长：书背弧长（圆背）或书芯厚度（即方背的宽）。

宽：由加工厂固定尺寸，一般为 10 ～ 15mm。

②书背纱布规格

长：比书芯长少 20mm（两端均分）。

宽：比书背弧长或书芯厚度多 40mm（两端均分）。

③书背纸规格

长：比书芯长少 4（或 3）mm（两端均分）。

宽：书背弧长或书芯厚度（也可与纱布同宽）。

④丝带书签规格

长：所加工书芯开本尺寸的对角线＋ 20mm。

⑤筒子纸规格

长：书芯长 4 ～ 6mm。

宽：书背宽或弧长 ×2mm ＋ 5mm 粘口。

2. 书封壳材料规格设置

书封壳通常由三层材料（也有多层的）组成。外层封皮由涂料纸、亚麻、涂布、丝绸、棉纺等材料制成。里层为衬纸，印有实地色、图案或为白衬纸。衬纸与书芯一起钉装，将书芯与书封壳连为一体。在封皮与衬纸之间是一层厚度为 1.5 ～ 3.5mm 的纸板，它由三块纸板拼成。精装书的订联关键就在于书壳的制作，而组成书壳的各部分材料尺寸合适与否直接影响到整书的质量。

（1）硬质纸板规格

长：书芯长＋上、下两个飘口宽。

宽：书芯宽减 3～4mm（即书芯宽－沟槽宽＋飘口宽）。

在飘口设计时，通常 32 开以及 32 开以下的书籍飘口为 3.0mm，16 开书籍飘口为 3.5mm，8 开及以上书籍飘口为 4.0mm。

（2）中径规格

长：书芯长＋上下两个飘口宽（即与纸板同长）。

宽：中径纸板宽＋2 个中缝宽。

①中径纸板规格

长：书芯长＋上下两个飘口宽（即与纸板同长）。

宽：书背弧长（圆背）或书背宽（方背假脊＋两个纸板厚和 1mm 胶层）。

②中缝规格

长：书芯长＋上下两个飘口宽（即与纸板同长）。

宽：8mm（圆背）或 10mm（方背）。

中缝尺寸过大，则使书槽不明显、壳面不紧凑、飘口尺寸增加；尺寸过小，压书槽的封面料易爆裂。当封面纸板厚度≤2.5mm 时，方背书中缝尺寸应减小到 9.5mm。

（3）封面规格

①整面规格

长：书芯长＋两个飘口宽＋两个包边宽。

宽：两个硬纸板宽＋中径宽和两个包边宽。

②接面规格

中腰长：书芯长＋两个飘口宽和两个包边宽。

中腰宽：中径宽＋两个飘口宽（每连接边为 10～20mm）。

表面纸长：书芯长＋两个飘口宽和两个包边宽。

表面纸宽：纸板宽－连接边（10mm）＋一个包边宽（15mm）和一个粘接边（3mm）宽。

③封里纸规格

封里纸长：纸板长－两个包边宽＋两个纸板厚。

封里纸宽：纸板宽－一个包边宽＋一个纸板厚。

中径宽：书背弧长或书背宽＋两个纸板厚和 1mm 胶层。

中缝宽：圆背书槽宽（8m）＋一个纸板厚；方背假脊书槽宽（10mm）＋两个纸板厚。

包边宽：纸板厚度在 3mm 以下均为 15mm 宽；纸板厚度在 3mm 以上均为 17mm 宽。

飘口宽：32 开本及以下 3±0.5mm；16 开本 4±0.5mm；8 开及以上 4.5±0.5mm。

三、精装材料规格计算

案例分析：A4 开本的书，其厚度为 60mm，做一本方背假脊，纸板厚度为 3mm，求纸板的长和宽、中径纸板的长和宽、整面的长和宽。

①书背各材料规格

堵头布长＝书芯厚度（即书背宽）60mm

书背纱布长＝书芯长－20 ＝ 297 － 20 ＝ 277mm

书背纱布宽＝书背长＋40 ＝ 60 ＋ 40 ＝ 100mm

书背纸长＝书芯长－4 ＝ 297 － 4 ＝ 293mm

书背纸宽＝书芯厚度（即书背宽）60mm

②书封壳各材料规格

纸板长＝书芯长＋（2×4）两个飘口宽 ＝ 297 ＋ 8 ＝ 305mm

纸板宽＝书芯宽－4 ＝ 210 － 4 ＝ 206mm

中径纸板长 ＝ 书芯长＋两个飘口宽 ＝ 305mm

中径纸板宽＝书芯厚＋两个纸板厚＋1mm 胶层

中缝宽：书槽宽＋两个纸板厚 ＝ 10 ＋（2×3）＝ 16mm

中径宽＝（中径纸板宽＋两个中缝宽）＝ 60 ＋（2×16）＝ 92mm

整面长＝纸板长＋两个包边宽＋纸板厚度 ×2 ＝ 305 ＋ 15×2 ＋ 3×2 ＝ 341mm

整面宽＝两个纸板宽＋中径宽＋两边包边宽＋两块纸板厚度

$\qquad$ ＝ 206×2 ＋ 92 ＋ 30 ＋（2×3）＝ 540mm

案例分析：A4 开本的书，其厚度为 60mm，做一本圆背（130°），有脊整面精装书，纸板厚度为 3mm，求纸板的长和宽、中径纸板的长和宽、整面的长和宽。

解：A4 开本的尺寸：210mm×297mm

R ＝（书芯厚度＋2 块纸板厚度）÷2 ＝ [60 ＋（2×3）] ÷2 ＝ 33

弧长＝（α° πR）÷180° ＝（130×3.1415×33）÷180 ＝ 75mm

①书背各材料规格

堵头布长＝75mm

书背纱布长＝书芯长－20 ＝ 297 － 20 ＝ 277mm

书背纱布宽＝书背弧长＋40 ＝ 75 ＋ 40 ＝ 115mm

书背纸长＝书芯长－4 ＝ 297 － 4 ＝ 293mm

书背纸宽＝弧长＝75mm

②书封壳各材料规格

纸板长＝书芯长＋两个飘口宽 ＝ 297 ＋ 8 ＝ 305mm

纸板宽＝书芯宽－4 ＝ 210 － 4 ＝ 206mm

中径纸板长 ＝ 书芯长＋两个飘口宽 ＝ 305mm

中径纸板宽＝弧长＝75mm

中缝宽：书槽宽＋一个纸板厚 ＝ 8 ＋ 3 ＝ 11mm

中径宽＝（中径纸板宽＋两个中缝）＝ 75 ＋（2×11）＋ 1 ＝ 98mm

整面长＝纸板长＋两个包边宽＋纸板厚度 ×2 ＝ 305 ＋ 15×2 ＋（2×3）＝ 341mm

整面宽＝两个纸板宽＋中径宽＋两边包边宽＋两块纸板厚度

＝（206×2）＋97＋（15×2）＋（2×3）＝545mm

以上只是对普通精装书用料的计算分析，实际生产中还要根据作者及出版商的设计要求不同，书壳形状各异，其各部分尺寸也有所不同，还要根据具体要求计算用料尺寸。

四、精装用料设置

通过计算获得的每本精装书的用料规格后，在用料总数上还要考虑到原料质量、工艺要求、分切方式等诸多因素。每本精装书材料用量的设计与计算，直接关系到精装书的成本和质量，在用料上必须进行误差分析，并制定裁切方法。

1. 精装书料误差分析

在计算出每本精装书用料规格后，再乘以总本数就能得到总用料数量，但理论算法与出产实际存在一定误差，原因在于理论算法是以100%的材料利用率为条件的，而实际出产中，材料的利用率不可能达到100%。

①装订原料，如纸张、纸板、面料等，在使用之前首先要将大张纸四面切齐。实际计算时要以裁切后的数据为准，其尺寸肯定小于理论值。

②按生产工艺的要求，原料有一定的加工损失。如堵头布使用前要过浆，以加强挺度便于加工，但过浆后长度缩短，且缩水率约在20%。

③在对各种材料进行裁切或分割时，因为受分割工具和分割方式的限制，多数情况只能进行直线分割，因而分切后的数值一般会小于理论值。

④为保证质量，可能会降低材料利用率。如精装书的环衬，其丝缕方向应与书背方向平行，为满足这一要求，就会降低纸张的利用率。

⑤为追求美观或满足客户的特定需要，也有可能浪费材料。如某种图案有方向性，按照客户要求进行裁切，也会造成纸张浪费。

2. 精装辅助用料设定

（1）环衬裁切设定

假如原纸有显著的丝缕方向，则应保证开切后的环衬丝缕方向与书背方向平行，如A4精装书的环衬，在787mm×1092mm的纸张上，一个方向可开切出8个，而另一个方向只能开切出6个，可以看出如果纸张丝缕方向发生变化，出料率相差很大。当然，也可换用其他尺寸的原纸，以提高纸张的利用率。

（2）面料裁切设定

首先要根据计算法计算出1本书所用面料的尺寸。

如果1本精装书面料规格尺寸为296mm×459mm，假设客户提供的面料幅宽1000mm，每卷长100m，则最佳裁切方法是，先将卷料裁为1000mm×900mm的平张，一张就可开出6本，每卷则可以出6×100/0.9=666（本）。

必须指出设计的理论值与实际开切的数量肯定存在一定差距，还需根据具体情况进行分析、设计、计算后裁切。

①如所用面料利用率低，可考虑更换其他规格的面料。

②整卷面料中如有部分材料有皱褶，应将这部分尺寸从总尺寸中减去。

③整卷面料中如有接头，应按实际情况减少所出本数。

④面料如有厚薄不一，涂布不匀，露底发花等题目，应核减尺寸或换料。

⑤如面料烫印难或质量不保，应协商换料，或增加烫印次数及烫印箔尺寸等。

（3）堵头布裁切设定

堵头布 = 计算长度 × 缩水率（补偿）

精装书材料的实际用量，还应根据加工工序的多少及产量，给予一定的加放量，以满足加工损耗的需要。最低限度也要实报实销，或以废换新。

通过精装设计与材料计算的典型实例分析，要求装帧和工艺设计人员掌握有关纸张材料的种类、规格、性能及价格，精装图书成本工价的计算方法，印刷工艺技术及操作过程等方面的知识。这样在装帧和工艺设计时，就能根据图书内容性质和读者层次，结合物质和技术条件，在实用、美观、经济的设计原则下，在确保质量的制作前提下，使每个环节都尽量避免不必要的经济损失。

任务五　精装工艺与实战

精装书是一种精致的加工方法，使用较好的装帧材料和坚固的订联方法，以延长书籍的整体使用寿命，精装工艺质量细节的好坏是衡量精装制造能力水平的关键因素。

精装书籍制作工艺流程有两种：单机制作、精装书籍加工联动线。精装制作工艺流程共分三个部分，即书壳加工、书芯加工、套合加工。

一、精装工艺流程

1. 书芯加工工艺流程

半成品印张开始—撞页—开料—粘、套页—粘环衬—配页—锁线—半成品检查—压平—堆积压平—切书—捆书—涂黏合剂—干燥分本—切书—涂黏合剂—扒圆—起脊—涂黏合剂—潮湿—粘书签丝带—粘堵头布—涂黏合剂—粘书背布—粘书背纸—涂黏合剂—粘筒子纸。

2. 书封壳加工工艺流程

计算书封壳各料尺寸—开料—涂黏合剂—组壳—包壳塞角—压平—自然干燥—烫印。

3. 套合加工工艺流程

涂中缝黏合剂—套壳—压槽—扫衬—压平定型—自然干燥—成品检查—包护封—包装贴标识。

二、精装制作实战

精装制作时，先加工书芯，再加工书封，最后进行书芯和书封的套合。精装书籍制作分为三个工序：①书芯制作；②书封制作；③套合制作。

（一）书芯制作方式

书芯加工质量的好坏，对外形效果有直接影响，为了确保精装书的质量，一般先制作一本样书作为标准，加工时再按工艺要求和样书来生产。书芯加工过程主要有压平、第一次刷胶、裁切、扒圆、起脊、第二次刷胶、粘书签带、堵头布与书背纸。

1. 压平

压平就是对锁线成册的书芯进行压平、压实、定型的过程。锁线后的书芯，由于线条浮穿在订缝，锁得松紧不一致，纸张之间的空气未排除掉，书册喧松不平［见图5-23（a）］，特别是书背部分高凸出书平面。为了便于下道工序的加工造型，书册订锁后都要对书背部分压平，使书芯结实平服［见图5-23（b）］。

（a）   （b）

图5-23　书芯压平定型

2. 第一次刷胶

压平后的书芯要进行涂胶，其作用是使书芯初步定型，为下道工序扒圆、起脊加工做准备。所用的胶料要求稀薄（只起基本定型作用），只在书背表面涂抹薄层胶水即可。

3. 裁切

精装书芯经过刷胶、烘开后，进入三面裁切。裁切方法与一般书刊成品裁切相同。如果用精装联动生产线加工，裁切则是一本一本进行，但裁切规格要求准确，套壳后的三面飘口需保持一致。

4. 扒圆

切成光本书芯，由书芯平背造型变形为圆背造型的工艺称为扒圆。扒圆有手工和机械操作两种。

手工扒圆操作方法：先平整书背，然后开始扒圆操作，用双手拿起书芯口子部分，大拇指在书芯厚度的一半至三分之二处伸进书芯的书口，其余四指压在书芯上面掐住，然后用大拇指抵住书口，与四指配合将上半本书略向上掀起并即向靠身拗动，将书页拉出一个适当的圆势，并将书放正，左手压住书芯表面，使拉出的圆势不予走动，右手用竹刮向书背部分来回刮，进一步将圆势定型，再将书芯翻身，用同样方法拿起书芯厚的一半，再重复第一步扒圆。

书芯扒圆后，书背和口子平稳地交叉（错开）迭起，并在最上面的一本书芯压住或在书芯头脚环包一周狭长牛皮纸条，防止圆势走动变形。在堆叠书芯时，要严格防止书芯变形，如发现圆势走动，应及时纠偏。圆势大小要适宜（一般圆势角度在130°左右），并保持均匀一致。

5. 起脊

经过扒圆的书芯，在书背部分砸挤出一条凸起而形成的沟槽工艺，手工起脊又称敲脊或砸脊。手工和机器都能进行起脊操作，手工起脊所用工具有楔形夹板、敲书架及木榔头，操作时可以分为两步。

① 夹紧定位

将扒圆后的书芯后背朝上平整地放在敲书架的夹板内（见图5-24），旋转扳手轻轻地将书芯夹住，然后将书背边线同夹板边线相平行。按起脊大小程度（即书背高出书面的部分）使书背部分露在夹板外面（书背露出部分约3mm），比封面纸板的厚度略大些，因为书背的高度应相当于封面、胶层、硬纸板三个厚度的组合（即书背＝封面＋胶层＋硬纸板），按规定选好位置后再转动扳手将书芯夹紧定位，进行敲脊操作。

② 敲脊

敲脊时，一只手操纵木榔头（另只一手可稳定敲书架或书芯露出部分），先从书背的中间敲起，用力要得当，先轻后重，软硬劲兼用。书背受力后偏向两边，敲时不可垂直用力正面敲击（特别是书边的两边），要单边着力，迫使后背书帖向两边弯曲，敲到所需程度即可。起脊后的书芯，从敲书架上夹板取出后应放在垫书板上（见图5-25），并将凸出的书背露在垫板的外面，书芯错口堆放。

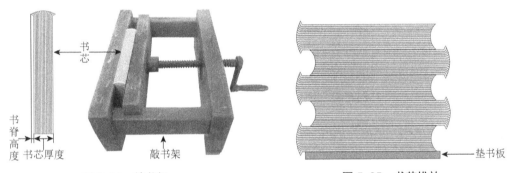

图5-24　敲书架　　　　　　　图5-25　书芯堆放

6. 第二次刷胶

精装书芯加工的第二次刷胶，是指将起脊后的书芯后背两端涂上一层胶黏剂，为粘贴堵头布或书签丝带所用，因此，只刷背胶的上下两端，涂胶的宽度比堵头布稍宽（而机器第二次涂胶则是先粘纱布后粘堵头布）即可。涂刷胶水时，要从书芯中间向两端（向外刷）推刷，不可来回刷动，以避免胶水刮刷在上下切口上造成书页粘连或撕页等。

7. 粘书签带、粘堵头布

涂完第二次胶水后立即进行粘书签带和粘堵头布操作。书签带一般为丝制，所取长以所粘书册对角线的长度为标准，粘进书背天头上端约10mm，夹在书页的中间，下面露出书芯的长度为10～20mm。

书签带粘好后应立即将堵头布粘贴在书背两端。堵头布的宽度是预先加工好的固定尺寸，一般宽10～15mm，长度则按书芯脊背的圆势大小（弧长）剪裁好。粘堵头布的方法分手工和机器两种。手工粘堵头布时，一手压住一摞书芯，一手拿起堵头布，用大拇指捏住堵头布的线棱粘在书背的上下两端，粘后的堵头布，线棱要露在书芯外面，以起到挡住各书帖折痕并使之外观漂亮及牢固书背两端的作用。

精装书芯三粘是指：粘书背布、粘堵头布和粘书背纸。

8. 粘书背布、书背纸

书背布（见图5-26）的长度应比书芯的长短15～20mm，宽比书背弧长（或厚度）大40mm左右。操作时，将预先裁切好的纱布粘帖在涂完胶水的书背上，纱布宽窄与长短要居中，平整地粘在书芯后背上，不得歪斜或皱褶不平。粘完纱布后其渗透的胶水就能粘上书背纸了。

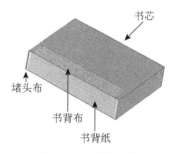

图5-26　书背三粘

书背纸（见图5-27）的长度一般比书芯的长度短4mm（以稍压住堵头布边沿为标准），宽与书背弧长相同，也有将纱布与书背纸裱糊在一起同时使用的。操作时与粘贴纱布相同，要平整居中，无皱褶地粘在书芯的后背上，粘正确后要将其刮平，与纱布牢固粘紧。

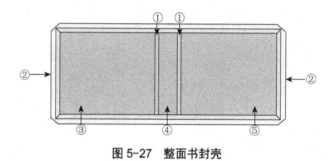

图5-27　整面书封壳

1—中缝；2—包边；3—封里二；4—中径；5—封里3

（二）书封壳制作方式

在精装书封壳的制作中，除塑料压制的活套书封以外，常见精装书封壳（即死套）是由硬纸板、面料、中径纸板等经加工组合而成。

表层面料指书封壳表面的各种织品、塑料、纸张、皮革、PVC涂布纸等材料。里层纸板一般用硬质材料，厚度按设计要求，一般用1～3mm各类纸板。通过表层封面、里层纸板、中径纸牢固粘接，组成前封、后封和有脊背的精装书封壳。书封壳制成后，封里的中径纸和两个中缝宽称中径（见图5-27）。书壳制作加工可以手工制壳，也可以机器自动制壳。

1. 手工制作书封壳

（1）整面书壳制作

将裁切好的封面、纸板、中径纸等书壳材料，按一定的规格搭配、衔接粘连在一起成为书封壳的工艺操作称为制壳。

无论手工制壳或机器制壳，为了使硬质纸板在糊制加工后能平服，套合后不易翘起，一般情况当纸板含水过大或翘曲不平时可先将整张硬纸板用压平机压平。压平时通过压平机的热辊滚动将硬纸板中的水分排除，使纸板压实平整定型，热辊温度在65℃～70℃。

手工制壳在糊制全面料加工过程中，可分为刷胶、摆壳（安放纸板）、摆中径（放入中径纸板或中径卡纸）、包边（包括塞角）、压平晾干等工序。

①刷胶

指封面里层的上胶，着胶面在软质封面料的反面，为黏合纸板所用（见图5-28）。

②组壳

指将硬纸板和中径纸板摆放在着胶后的面料上，并在规定的位置上包壳（见图5-29）。

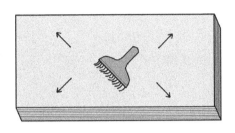

图5-28　刷胶

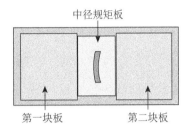

图5-29　摆壳

③包壳

包壳是将软质封面经摆壳后包住硬质纸板的操作。它包括包四边和塞角两个内容。操作顺序是：先包上、下两边（即天头、地脚两边），再塞角后包前口两边。

④压平

其作用是使包壳后封面与纸板黏合更加贴实，确保书壳牢固和外观平整。

（2）接面书壳制作

手工制壳糊接面料（即半面纸面、布腰纸面、中腰纸面）加工过程可分刷胶、摆壳、摆中径、包布腰、二次刷胶、糊面、包壳（包括包边塞角）、压平晾干等工序。接面制壳在加工时比全面操作工序多，因为接面书壳是由一块中腰布、两块纸板拼凑组合而成的，操作时与全面制壳基本相同，方法分先接面和先糊中腰两种。

①先接封面制作方法

先接封面的方法也称蒙面法，即将中腰布（或皮革等）与两块纸板先粘接起来成为一整幅封面，再将粘好的整幅封面刷胶后按一定规格蒙糊在纸板上，包边后成接面书封壳。先接封面时，根据书壳规格先调整接面架的规格，将两块纸板放入接面架的规矩内，再把拼凑接好有中腰的封面粘在纸板上，使封面与纸板粘平、贴牢，最后取出粘好的书壳翻身后包边、塞角、压平成接面书封壳［见图5-30（a）］。

②先糊中腰制作方法

先糊中腰方法也称糊面法，即先将中腰布刷胶，再把两块纸板和中径板，按一定规格（中径宽）糊制好，并包上中腰的上下边，使中腰布与两块纸板固定成形。然后再将切好前口两角的封面纸（或布）刷胶后粘糊在前封纸板和后封纸板上包边后成书封壳［见图5-30（b）］。

手工制出的书封壳，由于操作时手法不稳定有各种操作习惯的不同，因此标准性较差，往往因手动松紧的差别会使书壳制出的规格不准。因此，手工糊制的书封壳不适于机器进行套合加工，通常适合数字印后个性化、小批量的生产制作。

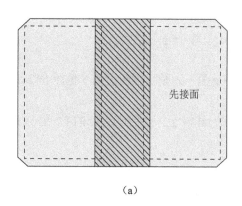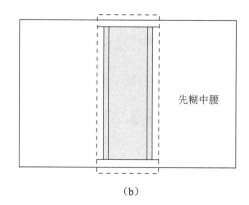

（a）　　　　　　　　　　　（b）

图 5-30　半面书壳制作

2. 机器制作书封壳

代替手工将封面料与纸板、中径纸板，根据书芯尺寸规格相互粘连成书封壳的机器，称为制书壳机或糊封机。制书壳机一般均是单机形式操作，在操作时可以包全面、接面和方角、圆角等不同造型的书封壳。制书壳机的操作过程主要由封面输送、刷胶、送纸板和送中径板、包边塞角、压实输出、整理检查来完成。

制壳机按自动化程度可分为半自动制壳机（见图 5-31）和全自动制壳机（见图 5-32），其结构和原理基本一致。全自动制壳机标准配置能够经济、高效地制作多种类型常规皮壳，从精装书封壳、日记本、笔记本、文件夹、台历架、相册、折叠书型盒和文具制品等都能胜任，具有调整简便、快速，可实现自动数据导入一键启动，无须人员干预。

图 5-31　半自动制壳机　　　　　图 5-32　CP 全自动制壳机

CP 全自动制壳机还可以根据用户的各种需求，通过各种选配装置，还能高速完成各种复杂工艺的皮壳产品，例如，相拼式封面装置、7 块板装置、圆角装置、异形边板装置、超薄纸板装置（0.6mm）、针对特殊封面材料的包角器，如 PU 材料、超小尺寸装置（60mm×60mm）、双通道皮壳裱衬、单侧夹心板装置、PP 文件夹装置、封面消除静电装置、冷胶粘内衬装置等。皮壳自动生产最高速度可达 60 个 /min，具有速度快、产量高、尺寸范围大、精度准、质量优、换版快速、操作维护简便、产品应用面广等特点，还可以选配自动调规装置、连线开板机和纸板预堆积装置以提高生产效率并降低劳动强度。

3.书封壳烫印

精装烫印工艺是根据封面设计者按书刊的品级、出版者要求及书刊内容来确定加工方案的。一般精装书刊封面烫印的方式比较简单，书封壳上只烫印 LOGO、书名、出版者（或作者）等文字和简单图案。精装书封壳的烫印制作形式多种多样，可根据要求分别烫印在不同的加工物上。

（1）常见烫印制作方式

①单料烫

指在书封壳表面用一种烫料且烫一次就完成的烫印形式，也是最简单的一种。

②无烫料形式

指仅用烫版凹凸不平的图文，不使用任何烫印材料，直接在封面上烫压图文痕迹的形式。这种无料烫印形式也被称为压火印或压凹凸。

③混合烫印形式

指在一个书封壳上既用有料烫印，又用无料烫印的混合烫印形式。这种混合烫印形式集成了烫印和压凹凸，操作有一定技术难度。

④多种烫料烫印形

指一个书封壳表面上烫印两种以上不同的烫印材料加工形式。如在同一书封表面既烫电化铝箔，又烫色箔或多种不同颜色的铝箔或色箔。由于烫印材料种类的不同，烫印时所需温度、压力、时间也不同，有时一种烫料或一种颜色只能烫印一次，而有的可能要经过数次烫印才能完成。

⑤套烫

指在同一烫迹上再进行装饰的烫印形式。如突出字迹的主体感或突出图文的艺术性，在文字的边缘再进行烫印的加工。这种加工形式如同彩色印版的套印，要求对位准确、无误差，才能达到套烫的理想效果。如先烫印黑色箔，再在黑色箔层上烫金等。

（2）烫印制作过程

烫印操作无论选择哪种烫印形式和方法，或采用哪种烫印机，其烫印工作过程和要求基本相同，主要包括以下几部分。

①烫印前准备

烫印前的准备工作是根据烫印要求和封面材料性质，做好烫料选择和辅料的准备。

②上版操作

上版是将制作好的铜版进行检查、修正后［见图 5-33（a）］，固定在上平压板［见图5-33（b）］上，并将下平板上的规矩板［见图 5-33（c）］调整到烫印正确位置的操作过程。

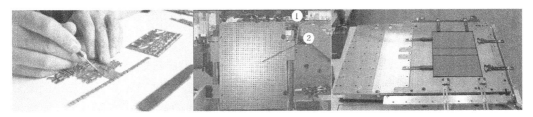

（a）烫印版修正　　　　　　　（b）上平板　　　　　　（c）下平板规矩定位

图 5-33　上版

③上料

上料是指将所烫印的各种材料放在应烫印位置的操作。

机器上料只限于电化铝和色箔在半自动或全自动烫印机上使用，均是卷筒式包装。使用时，可根据烫印面积，先裁切成适当宽度的小型卷筒料，放在自动给料烫印机的贮料架上。烫料将由输料轨道引送到烫印处，然后再调定好走步距离，使烫印机每烫一个书封壳，烫料都能准确地送到预定位置，使之工作正常。

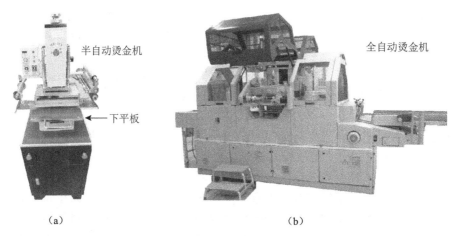

（a） 半自动烫金机 下平板

（b） 全自动烫金机

图 5-34　书封壳烫印机

④烫印

烫印是指上料后将书封壳进入下平板上（规矩版内），经一定时间、温度和压力后，压烫成字迹图案的操作。半自动烫印机［见图 5-34（a）］，操作时只移动下平板，即将下面规矩板抽出，放上书封壳后再推入到位进行的烫印操作。而全自动烫金机［见图 5-34（b）］烫料和书封壳均自动进料—烫印—输出，无须人工干预。

（三）套合制作方式

套合制作是指书芯、书封制作后进行最后吻合的加工，套合加工是精装书制作的最后一道工序。套合形式分方背中的假脊、方脊、平脊；圆背中的真脊与假脊。黏合时又分硬背、软背和活腔三种，其中常用的套合形式主要是活腔背中的方背假脊和圆背中的真、假脊。

1. 黏合书封制作

黏合书封的套合操作手工和机械都能作业，实际上，机械也是完全模仿手工操作的，因此原理是相通的，本节讲述手工套合的操作过程。手工上书封面（套壳）一般包括书封壳书槽部位刷胶、套合、书槽热压、环衬刷胶（扫衬）、压平、压槽成型等工序。

①涂中缝胶黏剂

将书封面（书壳）展开反放，用刷子将胶黏剂均匀涂刷在两条狭长的书槽处（见图 5-35），为书芯与封面按要求套合做好准备，封面书槽涂刷的胶液主要是将书面书槽与书芯背脊处的纱布及书页表层黏结，达到书芯与封面的套合定位作用。

②套壳

书芯与封面按要求相互套合并定位的工艺称为套壳。套壳是书芯与封面正确定位，保证精装书籍外形质量的重要环节。

操作时将书背对齐书槽、天头、地脚、口子与书壳飘口距离相等定位。然后，一手按住书芯（防止书芯移位），一手将另一面书壳从书背随圆势向上复合到书芯上面，并将复合上封面的书籍捏紧取起，检查头脚、飘口是否一致后即放入加热压槽板内将书槽受压进行初步定型。然后进行第二本的套壳，待第二本书芯与封面套合好后，加入热压槽时，取出前一本热压槽板内的书籍，如此交替进行。

③压槽定型

套合后的精装书，应立即进行压槽定型，压槽方法有两种：①用铜（铜、铁等硬质材料制成）线板；②用压槽机。常用压槽定型都选用热压槽机，其最大优点是速度快，在胶黏剂没有完全干燥之前就热压定型效果最好。

④扫衬

扫衬是将压槽后的书册在封二、封三与书芯上下环衬的胶粘过程，使书封壳与书芯粘接。操作时用软性毛刷蘸适量的胶水从衬页的中间向三边均匀地涂刷（见图5-36）。

⑤压平

压平指扫衬后的书册进行压实定型的加工，即将扫衬后的书册整齐错口堆放，送入压平机压平定型。

⑥压槽成型

压平后的书籍用铜线板，即硬质木板四个边沿钉有1.5～2.5mm宽度的铜条（见图5-37），将书槽压实。书封面与书芯被铜线板受压定型的过程，称为压槽成型。压槽成型能使书槽与书背牢固黏结。一般压槽成型的时间在12h以上，使粘衬的胶液自然干燥，达到定型紧固、外形美观的效果。

图5-35　涂中缝胶黏剂

图5-36　扫衬

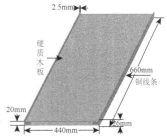

图5-37　铜线板

2. 套合书封制作

套合装的封面与书芯套合操作比较简单（见图5-38），封面一般是塑料压制成型，在上封时，只要把书芯上下环衬上裱有的硬质卡纸分别插入书封内的套层里（即封二、封三的书兜里）。在套合时，硬质卡要与套层插到底，书芯与封面无翻身颠倒，封面套层不撕裂，书芯上下硬卡无折裂起皱。经成品检查后的书册，

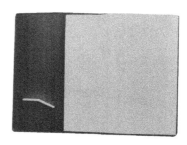

图5-38　套合书封

再经过贴标识和包装加工，就完成了精装书加工的全过程。

三、精装联动机实战

精装联动生产线是用机械动作将订锁后需要加工成精装书籍的半成品书芯，通过多机组连接进行自动化生产加工精装书的机器。

精装联动生产线工艺流程：书芯压平—背部刷胶干燥—切书—扒圆起脊—粘堵头布—纱布—贴书背纸—封面套合—压槽成型等诸多主要工序连接起来进行加工的一条精装联动生产线（见图5-39）。

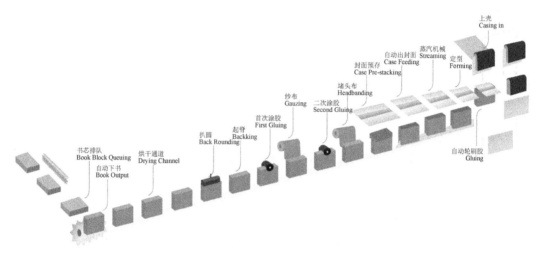

图 5-39　精装联动生产线工艺流程

精装书联动生产线是比较先进的装订机器，全部生产线由6～11个机组所组成，每个单机和全线的生产都设有自动智能控制，配合联动生产线自动生产，同时有的单机还可以单独进行生产，以适应各种加工的需要。精装联动生产线根据其速度、功能的不同，可分为紧凑型（见图5-40）和标准型（见图5-41）两种，但工艺原理、操作过程基本相同。

图 5-40　柯尔布斯紧凑型

图 5-41 浩信 680 高速标准型

浩信标准型精装联动机普遍采用智能人机触控屏，最高生产速度为 60 本 /min，书芯经过扒圆起脊成型后，在书背处依次经过热熔胶、贴纱布、贴堵头布等处理后，书芯在上壳刀板上，由链斗式升降机系统的传输翼接过，不停机的皮壳飞达输送封壳，上了胶的书芯由传输翼粘在对齐的书壳中，已经上壳的精装书经过油压装置，通过六组双向油压大板系统进行压合，接着进入六组热压槽位小夹系统实现压槽。成书完成后，可直接连线错脊堆书机和码垛机械手，实现精装书的的错脊堆放及码垛。

（一）掌握书芯加工方法

书芯加工主要是指压平、刷胶、烘干、压脊（二次压平）、切书等工序。

1.压平

压平的作用是将输送来的半成品书芯压平、压实到书芯厚度基本一致，使后面造型加工能够顺利进行。压平前应依书芯实际厚度调好压平机的压力，不得过紧或过松。书芯压平后要整齐，不歪斜、无卷帖、无缩帖等，压平后的书芯厚度也要基本一致。

2.刷胶、烘干、定型

书芯刷胶、烘干、定型的作用是使书芯达到初步正确定型，防止下道工序加工时书帖之间脱散、相互错动而影响书芯造型加工效果。

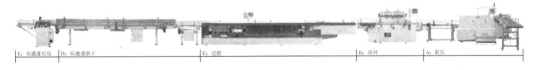

| E: 双通道后压 | D: 双通道烘干 | C: 过胶 | B: 双衬 | A: 前压 |

图 5-42 浩信 HX6000 过胶龙

如图 5-42 所示的浩信 HX6000 刷胶烘干机是具有压平、铣背、上冷胶（或 PUR 胶）、上花纹纸、烘干、定型等功能的集成过胶机。

3.压脊

压脊（第二次压平）的作用是使上胶后的书背宽度（或厚度）一致、平整定型，以供裁切（或堆积后裁切）和其他造型加工。因为书背进胶后要膨胀变宽，如不进行压脊，则达不到预期的平整效果。

4. 切书

精装联生产线所使用的三面切书机，与一般三面切书机基本相同，为了能自动切书并与其他单机匹配，在输入书芯部分采用了自动贮本形式，即由自动进本器将书芯自动送入夹书器下进行切书。切完书册后，再由推本器将书芯逐本推出，经传送后进入下道工序加工。

图 5-43　扒圆

5. 扒圆、起脊

上道工序把过胶干燥程度达到 90% 左右的书芯输入扒圆机、起脊机。扒圆是将书芯在书背上进行变形加工，将平齐的书背加工成有一定弧度的圆背。扒圆机、起脊机的加工，其操作分为两步，但机器的结构是连在一起的，均是先扒圆后起脊。

扒圆时由一组（一对）圆辊，将书芯压紧后做相对旋转动作（见图 5-43），将书背扒成适当规格圆势，加工成圆背书芯。扒圆的圆势根据我国精装扒圆加工使用的圆势所对的角度 α 应在 90°～130° 较适宜（见图 5-44），不可过大或过小。书背圆势过大或过小都会影响加工质量或造成不必要的返工浪费。

起脊是在书芯正反两面接近书背与环衬连线的边缘处压出一条凸痕，使书背略向外鼓起的工序。起脊是将扒完圆的书芯由起脊楔板（见图 5-45）在距离书背边一定位置时将书芯夹紧，由起脊槽板将压紧好的书芯沿书背部分压住后做往复摆动，使书背沿书背两边变形（见图 5-46），并依楔板的外形压挤，使书芯的背槽明显出现凸出的棱线为止。

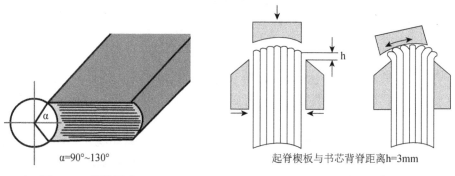

α=90°～130°

图 5-44　圆势弧度

起脊楔板与书芯背脊距离h=3mm

图 5-45　起脊楔板

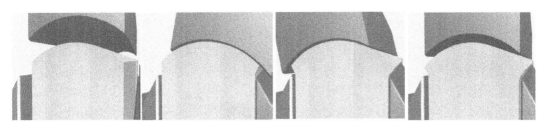

图 5-46　起脊

起脊槽板的规格有多种，可根据书芯厚度不同，选择不同曲率的起脊槽板，加工时可根据书芯厚度（或所要求的弧度大小）选择其中的一种。

6. 三粘

三粘就是指贴背工艺，是在书芯背部粘贴堵头布、纱布、书背纸的工序。

书芯经刷胶后，进入粘贴书背纱布操作，即在书背上粘贴一块比书芯的长短20mm，比书背宽（或比书背圆势宽）40mm 的书背纱布。其作用是：牢固精装书背与书封壳的粘连。机器粘纱布是利用粘纱布装置，按其尺寸规格自动地切断后粘在书背上（见图 5-47）。

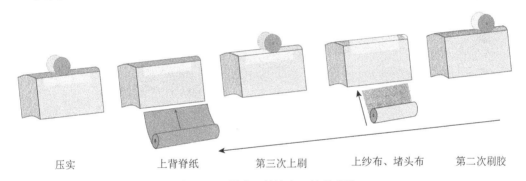

压实　　　上背脊纸　　　第三次上刷　　　上纱布、堵头布　　　第二次刷胶

图 5-47　刷胶、粘纱布、粘书背纸

书芯粘完纱布后被再一次刷胶，着胶后进行粘贴书背纸的加工。

（二）掌握套合成型加工方法

套合加工就是在精装书芯加工完后，在书芯两衬纸表面涂上胶液，然后套上预先制作好的书壳，再施加一定的压力后书壳便粘在书芯上。

机器套合工艺是先扫衬后套合，即书芯进入套合工位后，先由分本器将书芯中间分开送入套壳传送板内（见图 5-48）。由于传送板上升，使书芯经过两个相对旋转刷胶辊给予的一定压力，使胶液传送后刷粘在书芯前后环衬上。套合传送板的不断传送，使到位的书封壳准确地套在书芯上，经套合好的书册被夹辊和夹板合拢平实后送入压槽装置。

压槽是在精装书籍套合后，在其面与背接触部分的连线沟槽内（见图 5-49）利用机器的压槽器将沟槽压住压深（3mm 左右）。压槽的作用是牢固书封与书芯的联结，增加精装书的美观，便于翻阅。

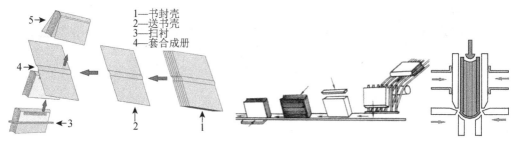

1—书封壳
2—送书壳
3—扫衬
4—套合成册

图 5-48　扫衬套合　　　　　　　　　　图 5-49　压槽成型

（三）护封制作法

护封是指套在书籍封面外面的包封纸。为了使护封紧密地护在书的外面，采用前后勒口的办法，使宽出书面的部分折向封皮内。在勒口处还可以印上作者简介、内容提要和本套丛书名等。护封有两个作用：（1）保护书籍不易被损坏；（2）装饰书籍，提高档次。护封可以是单机操作完成，也可以联机设备完成（见图 5-50）。

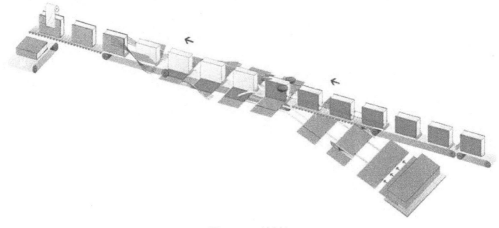

图 5-50　护封机

（四）丝带制作法

丝带常用于精装书本的阅读定位标记。笔记本书芯丝带机可以全自动完成书芯及丝带的自动上料，通过分书刀将丝带穿入书芯，自动切断丝带尾部并挽入书芯，并将丝带一段喷胶固定在书芯书脊头部，最后将穿入固定好丝带的书芯计数堆积。

图 5-51　HX-2000 全自动书芯贴丝带机

浩信 HX-2000 全自动书芯贴丝带机（见图 5-51）是将丝带自动植入书帖中，丝带尾可以按照特定需求切成不同形状，直角或者斜角；丝带从书芯分开、穿入、夹住、粘住一气呵成，粘贴牢固。全程全自动化操作，自动调版、计数、检测故障，无须人工参与，粘贴丝带速度可达 40 个书芯 /min，10 倍于人工粘贴丝带效率，特别适合一些精装书、笔记本书芯中丝带粘贴安装的工艺。浩信 HX-2000 全自动贴丝带机适用于不同尺寸书芯，最大尺寸为 290mm×210mm，最小尺寸为 100mm×80mm 的书芯，书芯的厚度为 8 ～ 60mm。

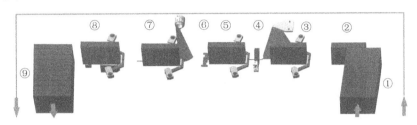

图 5-52　浩信 HX-2000 全自动书芯贴丝带机工艺流程

浩信 HX-2000 全自动贴丝带机的生产工艺流程（见图 5-52）：①进本—②分本—③进书—④切带—⑤穿带—⑥夹带—⑦弯带—⑧上胶、贴带—⑨收书。浩信 HX-2000 全自动贴丝带机通过加装自动进书分本机模块，就可在自动贴丝带的功能基础上进一步提升产量，实现精装龙自动化联线生产。

（五）绑带制作法

绑带通常采用橡皮筋、松紧带用于笔记本封壳的闭合绑定，它是文具产品的重要组成部分，一直以追求设计美感和功能完备为目的。HX36B 笔记本绑带机（见图 5-53）采用伺服传动，仅需一人操作，经过定位穿孔、穿橡皮绑带、切断橡皮绑带、喷胶粘贴固定橡皮绑带、自动计数及成品自动码垛，实现了对不同尺寸笔记本封壳的全自动安装，高效生产且确保高品质。

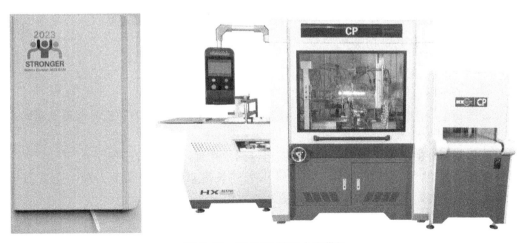

图 5-53　HX36B 笔记本绑带机

浩信 CP 笔记本封壳绑带机仅需一人操作，生产速度为 30 个 /min，加工产品的最大尺寸为 A3 尺寸（420mm×300mm），最小尺寸为 A7 尺寸（105mm×74mm）的封壳，适用于大多数通用产品。由于采用双飞达进料系统，吸取式送料避免了对笔记本表面的刮擦；当封壳进入自动定位打孔系统后，采用气动元件实现精准打孔，不损封面；绑带输送系统可以实现宽度为 6～16mm 橡皮筋的输送和穿带。

（六）书芯裱卡制作法

书芯裱卡是将 2 页 4 版的一折页书帖相互间贴合，使多帖合为一体的订联方法，最常见的是蝴蝶精装书芯的制作。作为儿童卡书、卡通书、板仔书内页的配页、对裱以及涂胶"一站式"完成的设备，裱卡龙实现多页码卡书书芯的制作，局部涂胶工艺可以生产儿童卡书中的洞洞书、字谜书、揭页书等。

图 5-54　ASJ 卡书裱卡生产线

ASJ 卡书裱卡生产线（见图 5-54）是一款新型板书装订设备，它能根据客户的不同需求装订制作揭页的卡通板书，能做局部上胶，也能做普通卡书满胶上胶，适用于市场上大部分产品，实现一机多用，能完成对裱，黏合，具有速度快、省时、方便等特点。

四、精装质量判定与规范

（一）精装书芯加工质量要求

1. 书背平整，厚度一致。裁切规格符合规定。

2. 圆背书芯的圆势在 90～130°，起脊高度为 3～4mm，书脊高与书芯表面的倾斜度为 120°±10°。

3. 扒圆起脊的书背不开裂、皱褶和破衬，四角垂直，无回缩变形。

4. 堵头布粘贴平整、牢固。方背堵头布的长度以书背的高度为准，允许误差 1.5mm；圆背堵头布的长度以书背的弧度为准，允许误差 1.5mm。

5. 书背布贴正、居中，粘平粘牢。书背布的长度应短于书芯 15～25mm；圆背书背布的宽度应长于书背弧长 40～50mm；方背书背布的宽度应长于书背宽 40～50mm。

6. 书背纸粘贴位置准确，粘平粘牢。书背纸的长度应短于书芯 4～6mm；圆背书背纸的宽度与书背宽相同；方背书背纸的宽度与圆背弧长相同。

7. 丝带粘贴在书芯背部上方的中间，长度与书芯的对角线长相同。

（二）精装书封壳加工质量要求

1. 书封壳的四边要黏结牢固，不允许有松、泡、褶皱等现象。

2. 书封壳的表面与 4 个圆角要平服整齐，保证圆角部位不出棱角。

3. 书封壳四边的包边大小要一致，将包边宽度确定为 15mm，标准要求包边宽在 12 ～ 16mm 的范围内。

4. 书封壳的每个圆角打 6 个褶，理论上要求其不少于 5 个，且 4 个圆角的打褶数量要一致。

5. 书封表面无脏迹，保证书封外观的整洁。

6. 烫印字迹、图案清晰，不糊、不花，牢固有光泽。书背字烫印歪斜误差符合国标。

（三）精装套合加工质量要求

1. 套合时一律要涂抹中缝黏剂，并不可涂溢在纸板边沿上。

2. 套合紧实，表面平整、无明显翘曲，书的四角垂直，歪斜误差＜ 1mm。

3. 三边飘口位置一致，圆背、圆势符合规定。

4. 书槽整齐牢固，深、宽度为 3.0±1.0mm，压槽后的槽线要平直、无褶皱、无破裂，压痕清晰，平整。

5. 环衬和书芯前后无明显褶皱。

6. 全套书的书背字上下误差＜ 2.5mm。

7. 加工完的精装书要立即整齐错口堆放 12h，待自然干燥定型后方可进行成品检查与包装。

总之，一本好的精装书并非偶然所得，在设计与制作过程中需严把各工序质量关，给人以不乏现代美感中的纯朴、更兼有现代工艺中的精致。

思考题：

1. 精装书芯造型工艺有哪些方式？

2. 精装书封造型工艺有哪些方式？

3. 精装套合造型工艺有哪些方式？

4. 怎样设置精装书芯的书背材料？

5. 写出图 5-55 中，精装工艺流程中的部位名称。

6. 简述精装书芯加工质量要求。

7. 简述精装书封壳加工质量要求。

8. 简述精装套合加工质量要求。

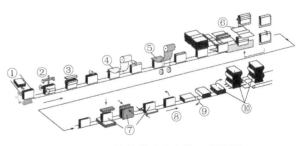

图 5-55　精装联动生产线工艺流程

模块六

覆膜、上光工艺与实战

教学目标

　　书刊封面、商品样本、广告、说明书、各种证件以及纸制包装品，经过覆膜、上光后表面增加了一层保护层，延长了使用寿命。本项目通过覆膜、上光技术和与之相关的生产工艺设计和制作方法，来掌握覆膜、上光制作中的常见问题与质量弊病，并掌握覆膜、上光质量判定与规范要求。

能力目标

　　1. 掌握预涂膜工艺设置；
　　2. 掌握上光工艺设置；
　　3. 掌握覆膜、上光工艺控制要点。

知识目标

　　1. 掌握预涂膜制作技术；
　　2. 掌握上光制作技术；
　　3. 掌握覆膜、上光质量判定与规范。

　　印后加工是利用各种物理或化学手段来装饰和美化印刷品的工艺，印后加工主要包括书刊装订和印刷品表面整饰。印品表面整饰的方法很多，随着各种印后工艺的发明和发展，越来越多的实用型印品整饰方法出现在我们眼前，为书刊封面、广告、包装盒等带来了更多的新颖和独特的创意。印品整饰是在印刷表面进行一定的处理，增强印刷品的光泽度、耐光性、耐热性、耐水性、耐磨性等，以增加印刷品的美观、耐用性能，目前新型材质和加工技术被不断引入书籍装帧和包装领域，使得印后加工呈现出百花齐放、百家争鸣的景象。

　　印刷品整饰加工主要有覆膜、上光、烫金、压凹凸、模切、糊盒等。覆膜、上光工艺是印刷品表面整饰加工工艺的主要形式之一，也是印后工艺的一个重要环节。覆膜、上光工艺可以提高印品的光泽效果、艺术效果和保护性能，使印刷图文清晰和逼真，色彩鲜艳夺目，从而激发顾客的购买欲望。同时，覆膜、上光可以增强印刷品表面耐磨度、平滑度、耐潮湿、防水性和防污性，有效地保护商品在流通环节免受损害，不仅保护了印刷品，并可以延长印刷产品的保存和使用时间，提高商品竞争力，其作用十分显著。覆膜、上光属于印品整饰中的不变形加工，仅对印刷品表面进行覆膜和上光，不会使纸质印刷品结构产生物理形变，当今随着市场竞争的日趋激烈以及顾客消费品位的不断提升，生产厂商对产品外包装的表面整饰工艺更是给予了前所未有的关注。

虽然覆膜、上光工艺相对简单，但影响其工艺生产的因素诸多，很容易导致一些产品质量问题的产生。而且，由于其属于牢固粘贴复合产品，因此产生的质量问题是不可逆转的，加之覆膜、上光工艺属印后加工工艺，一旦出现质量事故，前功尽弃，带来的损失相当巨大。所以，印企在生产过程中应对覆膜、上光工艺引起足够的重视，在生产工艺设计时应掌握足够的覆膜、上光专业知识，以避免覆膜、上光质量问题的产生。

印后加工中的一个重要环节就是印品整饰，人靠衣装、佛靠金装，书刊封面、护封、广告、包装盒等产品都要靠表面整饰来体现，而表面整饰要靠覆膜、上光来实现，因此覆膜、上光具有广阔的市场发展前景（见图6-1）。各种印后工艺的应用都是为了印品能更加出众，更加吸引眼球，更加有卖点。但是书刊、日用品、快递盒箱等大众印刷品，不能和化妆品、香烟、礼盒等利润很高的高档商品相提并论，成本太高的后加工是很难让消费者接受的。何况精品图书、畅销商品也不是靠高档的物料和奢侈的印后工艺堆砌而成的。因此，设计人员只要采用适当工艺配合适当内容，凭借设计人员对图书内容和商品内涵的充分理解、对印后工艺的娴熟把握，才能实现图书和商品的外观包装真正优秀。

图6-1　覆膜、上光产品

任务一　覆膜工艺技术

覆膜产品的应用领域非常广泛，可以分为三大类：①纸制品覆膜；②塑胶面覆膜；③金属面覆膜。

纸制品覆膜，又称过塑、贴膜，是将透明塑料薄膜覆盖于印刷品表面形成纸塑合一印刷品的加工技术，起到增加光泽、保护印品和增加牢度的作用。覆膜已被广泛用于书刊封面、画册、纪念册、明信片、产品说明书、挂历和地图等进行表面装帧及保护。目前，常见的覆膜包装产品有纸箱、纸盒、手提袋、化肥袋、种子袋、不干胶标签等。

塑胶面覆膜通常是在 PET、OPP、PVC 等材料表面先 UV 印刷，然后再对印面进行覆膜处理，以保护油墨层的牢固。

金属面覆膜即在平面型铁皮、铝皮等金属表面进行覆膜加工处理。

因此，覆膜产品已不再是单纯的纸张覆膜产品，而是纸张（或塑料、铁皮等）、胶黏剂和塑料薄膜合成的复合材料制品。本项目仅解析纸张与塑料薄膜复合工艺的设计与制作。

一、覆膜工艺认知

覆膜按所采用的工艺手段不同，可分为即涂膜工艺与预涂膜工艺。

随着《纸质印刷品覆膜过程控制及检测方法》国家标准的制定以及发布实施，加快淘汰了使用挥发性、有碍操作者健康并污染环境的即涂覆膜工艺，随着时间的推移，以甲苯等为溶剂的即涂膜产品将退出市场。高效环保预涂覆膜工艺将逐步替代即涂覆膜工艺，预涂膜工艺推动了覆膜产业的可持续发展，进一步促进了覆膜工艺的绿色环保化。预涂膜与即涂膜相比价格稍高。

1. 即涂膜工艺

即涂覆膜工艺所用覆膜的黏合剂是即时涂布，使用的黏合剂有溶剂型和乳液型两种，随时用随时配制。即涂膜按照纸质印刷品的覆膜过程可分为两种形式：①干式覆膜法；②湿式覆膜法（见图6-2）。

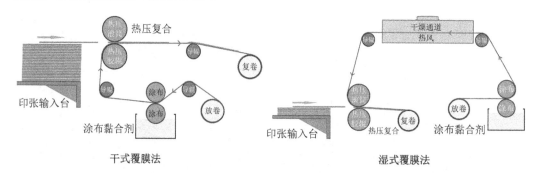

图6-2 即涂覆膜工艺

①干式覆膜法

干式覆膜法是国内常用的覆膜方法，它是在塑料薄膜上涂布一层黏合剂，然后经过覆膜机的干燥烘道蒸发除去黏合剂中的溶剂后干燥，再在热压状态下与纸质印刷品黏合成覆膜产品，干式覆膜法的空气污染较大。

②湿式覆膜法

湿式覆膜法是在塑料薄膜表面涂布一层黏合剂，在黏合剂未干的状况下，通过压辊与纸质印刷品黏合成覆膜产品。

自水性覆膜机问世以来，水性覆膜工艺得到了推广应用，这与湿式覆膜工艺所具有的操作简单，黏合剂用量少，不含破坏环境的有机溶剂，覆膜印刷品具有高强度、高品位、易回收等特点密不可分。目前，该覆膜工艺越来越受到国内包装厂商的青睐，已经广泛用于礼品盒和手提袋之类的包装。

2. 预涂覆工艺

预涂膜是指预先将塑料薄膜上胶、复卷后，再与纸张印品复合的工艺（见图6-3）。它先由预涂膜加工厂根据使用规格、幅面，将胶液涂布在薄膜上复卷后供使用厂家选择，而后再与印刷品进行复合。用预涂膜的覆膜机操作简便、易加工，省去了黏合剂的调配、涂布以及烘干等工艺环节，整个覆膜过程可以在几秒钟内完成，加工后的图文更加美观，没有火灾隐患，也无须清洗涂胶设备等。预涂膜与即涂膜相比污染少，对人身体无伤害，无褶皱、无气泡、脱落等现象。预涂膜工艺用途广，可以进行印刷品以外的覆膜加工，如金属薄板、塑料板材、各种类型食品包装等，预涂覆膜是一种高档包装材料。

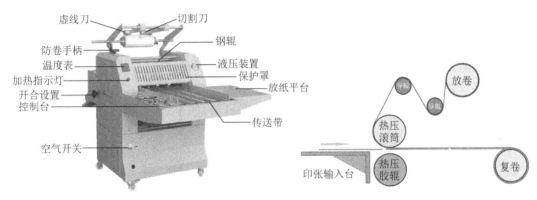

图6-3　预涂膜覆工艺

预涂膜的黏合剂层采用熔融型热熔胶，热熔胶是由主黏树脂和增黏剂、调节剂等数种材料混合而成。有机高分子树脂是单一高分子低温共聚物。由于热熔胶是由数种材料混合而成，所以覆膜后的透明度明显低于低温纯树脂类的预涂膜。预涂膜覆膜工艺，特别是熔融型预涂膜覆膜工艺具有即涂膜覆膜工艺无法比拟的优势，是未来覆膜行业的必然选择。

二、覆膜工艺方法

像产品说明书、书刊封面、纸盒外表面这些容易磨损的部位，通常需要设计一层保护膜，就是印刷之后、折叠和裁切之前给它裱一层塑料薄膜，这层薄膜必须很透明，有很好的韧性，质地均匀，没有砂眼气泡，表面也很平整。覆膜在一定程度上弥补了印刷产品的质量缺陷，许多在印刷过程中出现的表观缺陷，经过覆膜以后（尤其是覆亚光膜后），都可以被遮盖。覆膜产品设计时，覆膜材料、覆膜方式、覆膜工艺的设计直接影响着覆膜的质量与效果。

1. 覆膜材料选用

覆膜材料设计包括覆膜基材设计与覆膜厚度设计。

（1）预涂覆膜基材选用

预涂膜由基材和熔融型黏合剂胶层构成，通常使用最多的是基材为双向拉伸聚丙烯薄膜（BOPP）和双向拉伸聚酯薄膜（PET）。在预涂覆膜设计时，需根据覆膜产品的材质、属性、功能等要素来选择预涂覆膜基材。

预涂覆膜既可进行单面覆膜，也可进行双面覆膜（见图 6-4）。

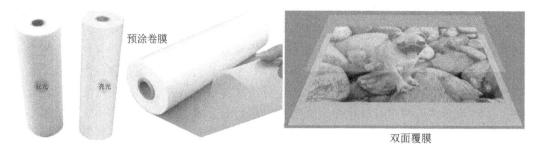

双面覆膜

图 6-4　预涂覆膜方法

① BOPP 预涂膜

BOPP 聚丙烯基材薄膜具有透明度高、光亮度好、韧性高，伸长率优，透气率低等特点，具有较好的耐磨、防潮、耐热、无毒无味、耐化学腐蚀等性能，而且质地柔软、价格低廉、成本较低、操作性能优良。因此，在书刊封面、广告、纸盒、纸袋等纸质品的覆膜设计中，BOPP 预涂膜是国内应用最广的理想覆膜材料。

② PET 预涂膜

PET 聚酯基材薄膜最大特性就是薄膜经过电晕处理后，表面润湿性能保持的时间较长，通常与聚乙稀、聚丙烯及铝箔、纸张等制成复合材料和各种包装材料。PET 预涂膜与 BOPP 预涂膜相比，不容易弯曲、硬化度更高，价格也贵。PET 预涂膜除了用于印刷、纸袋等二次加工，还经常用于交通设施广告牌、交通反光标志、反光警服、工业安全标志等。

聚酯薄膜（PET）是一种高分子塑料薄膜，是一种无色透明、有光泽的薄膜，机械性能优良，刚性、硬度及韧性高，耐穿刺，耐摩擦，耐高温和低温，耐化学药品性、耐油性、气密性和保香性良好，由于其综合性能优良而越来越受到广大消费者的青睐。PET 预涂膜的设计，广泛用于印刷烫金膜、复合包装膜、护卡膜、镀铝膜、蒸煮包装的外层材料领域，是最常用的阻透性复合薄膜基材之一。

（2）覆膜厚度设置

覆膜工艺是在印品的表面覆盖一层透明塑料薄膜而形成一种纸塑合一的产品加工技术，塑料薄膜的厚度直接影响覆膜产品的透光度、折光度、薄膜牢度和机械强度等。

透明度以透光率即透射光与投射光的百分比来表示，BOPP 预涂薄膜的透光率为92% ～ 90%，PET 预涂薄膜的透光率为88% ～ 90%，而厚度与透光率是成反比的。当然透明度越高越好，为了达到 90% 以上的透光率，不同产品的预涂覆膜厚度非常薄，这是为了保证被薄膜覆盖的印刷品有最佳的清晰度。在印刷品覆膜设计时，通常 BOPP 预涂膜厚度控制在 0.01 ～ 0.02mm，PET 预涂膜厚度一般控制在 0.012 ～ 0.02mm，不难看出印刷品使用的都是 0.02mm 以下的薄型膜。

预涂薄膜的厚度越薄，透明度越高，牢度越低；预涂膜厚度越厚，透明度越低，牢度越高。因此在覆膜设计时，对于一些色彩、清晰度有较高要求的印刷品，不宜采用较厚的薄膜，而对于一些证件、卡类、户外展示等纸质印刷品，则需要采用较厚的薄膜（大于 0.02mm），以起到保护印刷品表面、耐磨、耐脏、防水的作用为主。

2.光膜、亚光膜选用

覆膜按透光度的不同，可分为亮光膜［见图6-5（a）］与亚光膜［见图6-5（b）］。

另外，还有一些特种薄膜，如珠光膜、激光膜、金属膜等［见图6-5（c）］，常被用于印刷品包装、防伪和装潢设计中。

①光膜

光膜又称亮光膜，从表面区分颜色可以看出来，光膜是光亮表面，覆膜后透明光亮。

光膜透明度最高，对印刷墨色的光亮度几乎没有影响，而且能使印刷品色彩更加绚丽，常用于书刊封面、卡片、纸盒等平整表面的覆膜设计，透明光亮的覆膜会增加印刷品的艺术效果。但光膜的反光度较高，阳光照射下也比较耀眼，所以光线比较强烈的场合不宜把印刷品设计为光膜。例如，手提袋覆光膜以后亮闪度高，装东西以后稍有变形就会显得软熟和低档；又如，挂历也不适用设计覆光膜，因为它的反光度会干扰人的视线。

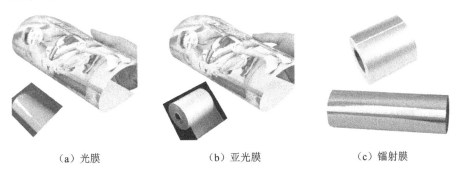

（a）光膜　　　　　（b）亚光膜　　　　　（c）镭射膜

图6-5　光膜、亚光膜、镭射膜设计

②亚光膜

亚光膜又称消光膜，从表面区分颜色可以看出来是雾状表面，是一种低光泽、高雾度、呈漫反射消光效果的塑料消光制品，覆膜后像亚光磨砂般的亚光表面，具有似纸外观、印刷时色彩逼真且手感舒适等特点。

亚膜质感厚实稳重，是一种低光泽、高雾度、呈漫反射消光效果的包装用膜，薄膜表面类似纸面具有非常低的光泽，其表面反射光弱而柔和。亚膜的价格也稍贵于光膜，一些世界名著、高档礼品包装、户外广告均采用亚光覆膜设计，能彰显产品的柔和高贵、古朴典雅的档次。但亚光膜会使印刷品色彩减暗，会影响到一些挑剔的印刷颜色。如人物的肤色，稍微偏一些都不行的企业标准色，就不适宜采用亚光覆膜设计。

③镭射膜

镭射膜一般采用计算机点阵光刻技术、3D真彩色全息技术、多重与动态成像技术等。经模压把具有彩虹动态、三维立体效果的全息图像转移到PET、BOPP、PVC或带涂层的基材上，然后利用复合、烫印、转移等方式使商品包装表面获得某种激光镭射效果。镭射膜、珠光膜等属特种薄膜，通常用以印刷品的防伪、装潢设计中。

3.覆膜工艺设计注意事项

光膜、亚光膜、镭射膜的应用非常广泛（见图6-6），在覆膜工艺设计时，要注意效果、印刷工艺、纸张材料、环保和后加工的适性等因素。

光膜　　　　　亚光膜　　　　　　　　　　镭射膜

图6-6　光膜、亚光膜、镭射膜应用

①效果

光膜和亚光膜的视觉效果有很大区别，前者光亮夺目、色彩鲜艳、生动活泼，后者端庄凝重，在覆膜设计时应充分考虑印刷品的内容与用途，并听取客户意见，力争在沟通后取得共识。不论光膜还是亚光膜都会略微改变印刷原本的颜色，如覆光膜后的不同印刷品色彩在观赏上会偏红、偏黄；覆亚膜后印刷品会偏暗等，设计者应予以注意。如送签样稿时，应送覆膜后的样稿，否则会导致颜色失真。

②印刷工艺

在设计覆膜工艺时，应在印刷前充分考虑印刷品的墨量，选用合适的工艺方法。如果印刷品图文面积大、墨层厚，则应选用胶印工艺，因为胶印工艺的墨层相对较薄，能保证覆膜质量。同时应尽量避免在大面积印金银墨的印刷品上覆膜。

③纸张材料

表面凹凸不平的纸张不适合覆膜。设计印刷品覆膜时，应考虑印刷纸张表面强度大、平滑度高、白度高、质地均匀、伸缩性小等特点。通常以铜版纸、白板纸、白卡纸为宜，定量应大于 $90~g/m^2$。

④环保

纸印刷品经过覆膜，成为纸塑合一产品，这种成品由于无法回收再造纸，也不能自然分解，会对环境造成污染，设计时应充分考虑。尤其是出口外贸产品，设计时考虑利用其他光泽处理方法，如 UV 上光、压光等方法取代。

⑤烫金

如果印刷品既要烫金又要覆膜，那么应先覆膜再烫金，这样能保证电化铝的光亮度和覆膜的牢度。

特别提示：覆膜后的印刷品容易出现翘边现象，因此在设计书刊课本封面时应设计勒口，以防起翘。如果用上光处理，则不必设计勒口。

三、覆膜工艺实战

覆膜是印刷品表面整饰的一种常用手段，是将塑料薄膜覆盖于印刷品表面，并采用黏合剂经加热、加压使之黏合在一起的工艺制作方式。

1. 覆膜工艺用途

覆膜工艺用途有三个：①改善印品光泽度；②改善印品物理性能；③为后道加工创造条件（见图6-7）。

耐光、抗氧化　　防潮、防水　　耐磨、耐刮

提高光泽度

图6-7　覆膜的作用

①改善印品光泽度

纸印刷品经过覆膜后，提高了印刷品的光泽度，使印品表面色彩更加鲜艳夺目。亮光膜的光泽度比UV、光油都要高。

②改善印品物理性能

印刷品经过覆膜后，改善了耐磨、耐潮湿、耐光、防潮的功能，使印刷品在运输与使用中不易受损，从而延长了印刷品的使用寿命。与上光相比，覆膜能增加纸张的牢度。

③为后道加工创造条件

经过覆膜后的印刷品在后道工序如胶装、模切、糊盒等工艺流程中，比没有经过覆膜的印刷品更易于控制质量。如覆膜封面后期压痕不爆裂，模切后更光洁。

2. 预涂覆膜工艺流程

预涂覆膜工艺流程：工艺准备—薄膜放料—热合压—收卷—分切—成品。

预涂膜热裱覆膜机主要由印刷品输入台、放卷机构、热复合机构、收卷机构和控制系统组成（见图6-8），预涂覆膜机工艺结构简单、操作方便，具有较好的前景和推广价值。

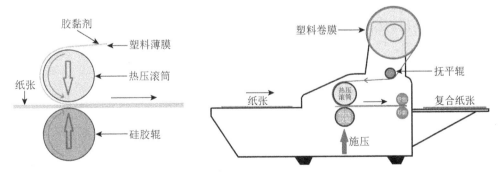

图6-8　预涂覆膜工艺流程

3. 预涂覆膜制作方法

预涂覆膜机的前期准备工作较为简单，无须配制黏合剂溶液，无须烘道升温，只需调整好压合辊滚筒的压力、复合温度、复合速度，即可进行覆膜操作。预涂覆膜机制作过程：把预涂卷膜放在覆膜机进卷机构的送膜轴上，薄膜按规定前进方向经导向辊进入热复合机构，这时从印刷品输入台输入的纸张也一起进入热复合机构，经过热复合机构的热压钢辊和硅橡胶衬辊进行热压复合后，复合机构输出的纸塑合一产品被传送到收卷机构的收料轴上，也可进行直接分切，完成整个预涂覆膜工作。

①工艺准备

操作前要检查机器各部件是否正常，进行开机前的例行检查和润滑、清理，还要掌握产品覆膜的工艺参数，质量要求及准备好覆膜的相关产品和物料。先接通电源开关，打开热压钢辊加热开关进行加温，加温时，将温度控制指示器调节到适应的工艺要求位置，常规产品温度一般控制在85℃左右。

必须注意：预涂覆膜生产前必须预热20min，温度上升到设定值，才可以进行覆膜生产操作。

②薄膜放料

操作前先要对预涂膜进行检查，预涂膜外观膜面应平整、无凹凸不平及皱纹，还要求薄膜无气泡、缩孔、针孔及麻点等，膜面无灰尘、杂质、油脂等污染。根据覆膜印刷品的尺寸，选择合适尺寸的预涂薄膜，通常预涂覆膜宽度比印张宽度要小些，比成品裁切尺寸要大一些。把预涂膜穿上料杆，装到送料轴适当位置上固定，一般放置于料杆轴的中间部位，实际上，薄膜的安装位置取决于送纸的位置。再把送料轴安放到支架轴座上，安装预涂膜卷时需注意塑料薄膜在支架上的安装方向。

必须注意：预涂膜卷的胶面朝卷芯，即预涂卷膜内层为胶面，外层是光面。那么在安装时，胶面必须背对热压钢辊。若塑料薄膜滚筒装反，胶层就会粘在热压钢辊上，引起薄膜上胶水黏结在热压钢辊上，此时应该立即停机运行，并进行及时清理。

③热合压

预涂膜复合压力是指热压钢辊和硅胶衬辊对中间覆膜纸张的压力大小，由于热压钢辊是固定的，因此复合压力的大小是靠调节硅胶衬辊与热压钢辊的间隙来实现的。通常预涂覆膜的整体复合压力控制在 18～23MPa（180～230kg/cm²），可以根据纸张厚度来调整压力旋钮，控制复合压力的大小。机械压力调整时，只需同步调节硅胶衬辊上两端弹簧的压力即可；而液压方式调节时，调压手轮上带有压力表，旋转手轮即可，调整更为方便。

④收卷

复合好的纸塑合一产品自动复卷到收料轴上形成卷筒纸。

⑤分切

用刀具将复合卷筒纸上的印品进行分割，将分割后的印刷品进行整齐堆叠，防止卷曲。

⑥成品检查

检查成品是否符合质量要求。

4. 预涂覆膜制作控制要点

预涂覆膜机生产制作控制三个要素：温度、压力、速度。覆膜机的运行控制就是对这三个技术参数的适应性进行修正和调整。

①温度

通常根据印刷品纸张、油墨的不同，将温度控制仪的温度设定在 70℃～90℃ 范围内。

②压力

一般覆膜表面平滑、平整、结实的印刷品，压力控制在 100～150KN/m（mPa）。覆膜粗糙松软的印刷品，压力控制在 150～230KN/m（mPa）。

③速度

覆膜速度控制在 8～12m/min 范围内，较为合适。

由于正式运行的速度比试运行的速度要快，同时试运行是单张纸的操作，与批量纸的操作有较大差异。这是因为在恒温的条件下，速度的增加和批量连续生产都会带走较多热能，加快热压钢辊的散热，温度也会随之降低，因此，为了确保热熔胶的有效工作温度，必须同步提高热压钢辊的温度。同理，在快速运行时，压力也应做相应的增加。

注意事项：覆膜温度不是一个恒定的值，随着生产速度的提高，温度要做相应的同步提高，也就是说，速度和温度成正比，生产时要灵活运用。

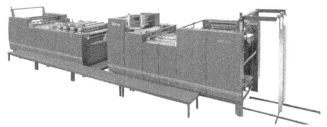

图 6-9　全自动预涂覆膜机

5. 全自动预涂覆膜机

全自动预涂覆膜机（见图 6-9）运用现代先进的覆膜技术，将送纸与切纸自动化，这大大提高了生产效率，降低了人工投入的成本，而且经过全自动覆膜机覆膜的产品颜色更加亮丽、美观，而且防潮湿，易清洁，经久耐用。预涂膜全自动覆膜机包括预涂塑料薄膜放卷、印刷品自动输入、热压区复合、自动收卷四个主要部分，采用人机界面彩色触屏，操作简单、方便，直搭口采用前规和拉规，结合伺服技术高速生产，纸张搭口精确控制在 ±2mm，接输入待加工纸张尺寸、叠加距离等。全自动预涂覆膜机可以选配除粉装置、热辊加刮板移动装置、链刀分切装置等辅助装置，适用于 BOPP、PET 等各类预涂薄膜的分切。全自动预涂覆膜机配有盘刀、气动打孔装置、防曲装置，能根据纸张大小调节分切位置，高速自动分切，压浪机构能将纸张整平，实现不停机平服收纸操作。

四、覆膜质量判定与规范

1. 覆膜质量要求

①印刷品图案色彩在日晒、烘烤和紫外线照射下保持不变。

②塑料薄膜与印刷品黏合平整、牢固。

③覆膜产品不准有气泡、分层和剥离。

④覆膜产品平整光洁，不能有褶皱、折痕或其他杂物混入。

⑤覆膜产品不得卷曲。

⑥不能出现出膜和亏膜。

2. 覆膜检测要求

①覆膜的环境应防尘、整洁，室内温度适当；各种覆膜耗材、涂胶装置要密封。

②根据纸张和油墨的性质不同，覆膜的温度、压力和黏合剂应适当。

③覆膜黏结牢固，表面干净、平整、不模糊、光洁度好、无褶皱、无起泡和粉箔痕。

④覆膜后分割的尺寸准确，边缘光滑、不出膜，无明显卷曲。

⑤覆膜后干燥适当，无粘坏表面薄膜或纸张现象。

⑥覆膜后放置 6～20h，质量无变化。

任务二 上光工艺技术

上光是在印刷品表面涂上（或喷、印）一层无色透明涂料，干后起保护及增加印刷品光泽的作用。在印刷品表面涂（或喷、印）上一层无色透明的涂料，经流平、干燥、压光、固化后在印刷品表面形成一种薄而匀的透明光亮层，起到增强载体表面平滑度、保护印刷图文的整饰加工功能的工艺，被称为上光工艺。

上光不仅可以增强印刷品表面光亮，保护印刷图文，而且不影响纸张的回收再利用。从成本来看，上光成本不超过覆膜的一半，因此与覆膜相比，上光这种无污染的表面整饰方式具有低价、环保、可持续发展优点。

印刷品经过上光后在表面罩上一层亮膜，其应用范围有：

①书籍装帧，如护封、封面、插页以及年历、月历、台历、广告、宣传样本等，经过上光能使印刷品增加光泽、色泽鲜艳。

②包装装潢纸品，如纸袋、封套、商标等上光后起到美化和保护商品的作用。

③文化用品，如扑克牌、明信片等印品图案上光后能起到抗机械摩擦和防化学腐蚀作用。

④日用品、食品等，如卷烟、食品、洗手液等商标上光后可以起到防潮、防霉的作用。

⑤金箔、银箔、铜箔、粉箔等烫印产品，经过上光后可以获得良好的附着性能。

上光工艺历史悠久，随着上光工艺的发展和进步，科技含量越来越高，应用范围越来越广，尤其是符合安全环保要求的水性涂料上光和 UV 涂料上光的迅速发展以及各种联机上光方式的广泛应用，大大促进了上光技术的进步和发展。

一、上光工艺认知

1.上光原理

纸张印刷图文后，虽然油墨具有一定的光亮度和抗水性能，但由于纸张纤维的作用，印刷品表面的光亮度、耐水性、耐磨性及防污性都不够理想。要解决这一问题，印刷品表面上光是一个很好的方法。上光就是在印刷品表面覆盖一层无色透明光油。

①水性上光原理

水性上光［见图6-10（a）］是以水基性上光油为主体的各种水性树脂涂料，由成膜物质、溶剂和助剂组成。水性上光涂料从外观上看像早餐豆浆，无色无味，水性上光涂料有亮光型和亚光型，水性上光采用的是红外线辐射加热烘干方式。水性上光油中的水起着挥发、渗透、快干的作用，而树脂和乳液则起成膜、附着、高光的作用。水性上光油属于绿色环保型产品，它所用溶剂主要是水和一些醇类，其挥发物不会污染环境。

②UV上光原理

UV上光［见图6-10（b）］是利用UV（Ultra Violet的缩写，即紫外线）照射到固化的上光涂料，UV上光涂料在一定波长的紫外线照射下，能够从液态转变为固态。紫外线是电磁波谱中波长在 10 ～ 400nm 辐射的总称，UV上光采用的是紫外线辐射光固化方式干燥。UV上光涂料从外观上看像家里的烧菜油，有较强的刺激气体。

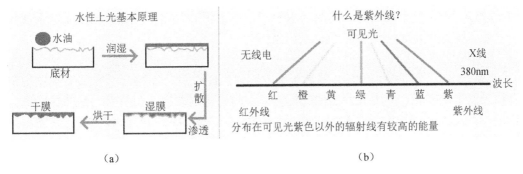

图6-10　水性上光、UV上光原理

③压光原理

压光指将上过光的印刷品待干燥后，经压光机热压辊热压及冷却成品的过程。它是上光的深加工工艺，可使上光涂布的透明涂料更加具有致密、平滑、高光泽亮度的理想镜面膜层效果，能提高印刷品的档次与市场竞争力。

2.上光工艺形式

上光工艺设计也被称为印刷品装饰工艺设计，还被称为"印刷品美容"设计。其实印刷品上光设计不仅有"美容"作用，而且实用，上光还有保护印刷墨层防止划蹭等功能。上光按所采用的工艺和设备不同，可分为三种上光工艺形式：①涂布上光工艺；②UV上光工艺；③压光工艺。

①涂布上光工艺

涂布上光是采用一定的方式，在印刷品的表面均匀地涂布上一层上光涂料的过程。涂布上光工艺简单,成本低,上光效果较好。常用的涂布方式有喷刷涂布、印刷涂布和上光涂布机涂布。上光涂料可以分为溶剂型上光涂料和水性上光涂料。由于溶剂型上光涂料不利于环保,已被国家列入淘汰产品,因此本项目不对溶剂型上光工艺进行讲解。

水性上光工艺(见图6-11)涂料以水为溶剂,涂布干燥过程没有有机溶剂的挥发物,对环境无污染,对人体无害,适用于食品包装领域。新型水基上光涂料性能稳定、光泽好、耐磨性、耐水性、耐化学性、耐热性均达到比较满意的效果。其热封性和印后加工的适应性都比较好,而且运输方便、安全可靠。

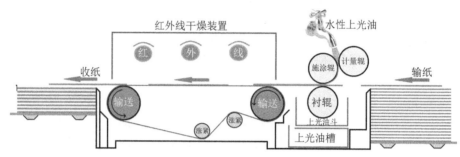

图 6-11 水性上光

水性上光工艺简单,价格低廉,附着力好、成本低、尺寸稳定、节能环保、上光效果较好,但水性上光耐磨、耐污、耐酸碱、耐水相对较差,因此水性上光通常被用于普通印刷品和大众包装盒的表面上光设计。

②UV上光工艺

UV上光工艺(见图6-12)是通过吸收辐射光能量后,涂料分子内部结构发生聚合反应而干燥成膜,其上光涂层的光泽度高,膜层的耐磨性、耐折性、耐热性能都比较好,且在上光过程中不存在溶剂挥发,100%地参加反应,所以对环境造成的污染比较小。

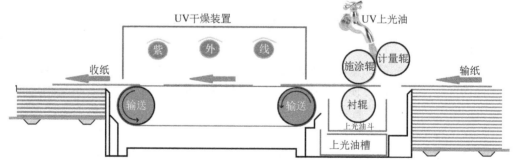

图 6-12 UV上光

UV光油光亮、耐磨、耐划蹭,是目前最理想的纸张整饰材料,UV上光是锦上添花的工艺。涂布UV油要求均匀平整,不宜过厚,只要能达到要求的效果越薄越好。UV上光涂布方式有很多,如三辊式、叼纸牙式、凸版、凹版、网纹辊柔性版及网版涂布方式，各有各的特点。根据纸张特点、活量多少、具体要求及性能价格比来选择UV涂布机型。

UV上光的种类较多，包括UV亮光、UV亚光、UV皱纹、UV磨砂、UV冰花、UV立体及UV七彩水晶等，各具不同的上光效果，给设计者提供了不同的表面整饰手段。如很多凸出的文字和图案的设计，除了烫印外都是采用UV上光设计手段来实现的。

UV上光光亮坚固，耐磨、耐腐蚀，光滑不易粘连，上光速度最快，可达500m/min。因此UV上光常被用于大批量印刷品的表面上光设计，更适合联机上光高速生产。但UV上光的印后加工适性并不是最好，如不利于粘接和烫金等，因此对于一些需要粘接的衬纸、插页、图表等印刷品最好不要设计成UV上光，同样，先UV再烫金对于烫金的寿命也是有影响的。

③压光工艺

压光工艺（见图6-13）是使用专用压光机压光，用电加热经过抛光处理的金属钢带表面极其平滑，在100-200kgf/cm^{2}的压力下，压印涂过上光油的印刷品表面，逐渐冷却后形成光亮的表面膜层。适用于各种上光后的印刷品，能使印刷品表面形成一层致密的亮光表层，更富有光泽性、美感和档次。

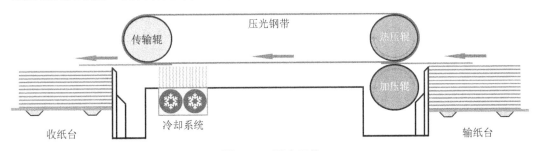

图6-13　压光工艺

压光上光后的印刷品平滑性是最高的，目视的镜面光泽效应也是最好的，但压光的附着力、粘接性、耐磨、耐酸碱都不理想，因此压光后进行再加工较困难，压光上光通常用于高档化妆品、糖果及包装盒的外部表面的上光设计。

二、上光工艺方法

当今印刷的目的不再仅仅是传递知识，印刷品还包含资讯的传播，其中有商业性、体育性、娱乐性、新闻性等。当今的消费者越来越注重印刷外表品质的感觉，欲在市场中引来众人的目光，只有靠印刷品的印后加工来实现。上光设计是改善印刷品表面性能的一种有效方法，上光能使印刷品增加美观，同时具有防潮、防热、耐晒的作用。上光设计需要考虑的因素很多，其中最主要的是上光涂料和上光形式的设计。

（一）上光涂料设定

上光的实质是通过上光涂料在印刷品表面的流平、压光，借以改变纸张表面呈现光泽的物理性质。由于上光涂料薄层具有透明性和平滑度，因而不仅在印刷品表面呈现涂料层的光泽，而且能使印刷品上原有图文的光泽透射出来，印刷品上光涂料的设计直接影响着上光的品质和效果。因此，上光涂料设计一定要符合科学、经济、实用三个基本原则（见图6-14）。

图6-14　上光涂料设计

1. 科学

科学是指要研究上光油是否合乎印刷品的上光和使用中的各项理化性能。例如，书刊、画册的封面或护封，要求上光油不仅透明度高，而且耐磨性、耐折性要好；食品包装上光油，要求首先必须无毒并且具有一定的防潮、防腐性能；各类包装纸盒上光油，要求化学稳定性高，不能因摆放（日光或灯光下）而变色、泛黄，或因叠放而发生粘搭等现象。

2. 经济

经济是指在选择上光油时，必须做到上光油与印刷品相称，避免出现用高档上光油加工中、低档印刷品。例如，高档次印刷品上光加工，可以选用成本较高，质量较好的压光、紫外光固化或以丙烯酸树脂为主剂的溶剂型上光油；相反，若印刷品是教科书等大宗产品，以选用成本适中，质量可以满足加工要求的一般水性上光油为宜。

3. 实用

实用是指上光油的选择要与上光设备相匹配。例如，溶剂型上光油只适用于普通上光机；紫外线固化型上光油，必须在装有紫外干燥装置的机器上使用；醇溶型或水溶型上光油，上光机必须满足上光油的干燥要求（一般要求干燥道长6m以上，温度65℃以上）。另外，还须考虑既要省工省料，又要适合机械化批量生产，尽量做到降低生产成本，少投入、多产出。上光油的选择，还必须注意安全、卫生和环保的要求。从安全方面考虑，应选用储存性能好，不易燃烧的上光油；从卫生和环保方面考虑，应选用无臭、无毒、无味的上光油。生产现场和机器通风条件好的，选择范围可适当宽一些，相反，不应选用以芳香类物质为溶剂的上光油，以防影响操作人员的身体健康和给环境造成污染。

当今印刷品表面上光涂料推陈出新，新材质、新工艺层出不穷，上光涂料设计以丰富多彩，完美的实物呈现在消费者的眼前，给上光设计带来了新思维、新感觉。

（二）上光形式设置

经过上光加工印刷品（见图6-15）与未上光的印刷品相比，更具有质感与价值感，提升了其附加价值，同时可体现出设计者独特的表达方式。上光设计按照上光面积、光油种类的不同，可以分为四种设计形式：①全面上光设计；②局部上光设计；③亚光（消光）上光设计；④特殊涂料（艺术）上光设计。

图6-15　上光印刷品

1. 全面上光

全面上光也称整体上光［见图6-16（a），图6-16（b）］，全面上光设计的目的和意义有三个：增强印刷品外观效果、改善印刷品的使用性能、增进印刷品的保护功能。

①增强印刷品外观效果

全面上光设计可以使印刷质感更加厚实丰满，色彩更加鲜艳明亮，提高印刷品的外观效果，起到美化的作用。任何一种商品，其外观和包装十分重要，因为它可以刺激消费。印刷品经过上光处理后，能使产品更具有吸引力，增强消费者的购买欲。

②改善印刷品使用性能

全面上光设计可以改善印刷品的使用性能。根据不同印刷品的特点，选择适宜的上光材料，可以明显改善印刷品的使用性能。例如，书刊是长效的信息载体，需要长期保存，经过上光处理后可以延长书刊的使用寿命。又如，扑克牌、儿童卡片等经过上光处理后，可以提高滑爽性和耐折性，改善使用性能。电池最怕潮湿，电池包装印刷品经过上光处理后，可以明显提高防潮性能。另外，许多装饰材料和包装物料，也需要通过上光处理来改善其使用性能和实用价值。

③增进印刷品保护功能

全面上光设计可以增进印刷品的保护功能。全面上光可以起到保护印刷品及保护商品的功能，提高印刷品的耐水性、耐化学性、耐摩擦性、耐热耐寒性等，产品整体具有防潮、防水、耐折、耐磨、防污等保护性能，进而减少产品在运输、储存过程中的损失。

因此，全面上光设计被广泛用于包装装潢、册、大幅装饰、招贴画等印刷品的表面加工。

特别提示：对于有些纸张表面紧度不够、平滑度较差（如低档白纸板等）的全面UV上光印刷品，为了避免UV上光后不光亮或有波纹，需要采取打水性底油的方式来提高纸张表面的平滑度和UV光油的光泽度。

2. 局部上光

局部 UV 上光，是印刷品表面整饰技术的一种。局部 UV 上光工艺是光油在紫外光照射下迅速发生反应，继而形成结膜固化，有略微凸起感，且手感很光滑，因其采用具有高亮度、透明度和耐磨性的 UV 光油，对印刷图文局部指定位置进行选择性上光而得名。在突出版面主题的同时，也提高了印品表面装潢效果。局部 UV 主要应用于书刊封面和包装产品的印后整饰方面，以使印品锦上添花。

如图 6-16（c）所示，在鸟的轮廓外面采用了消光处理（局部上亚光油），使鸟的轮廓外部亮度低于鸟体的亮度，形成局部高反差效果，突出鸟体高亮度造型效果，使鸟体的视觉效果更显光滑、艳丽、立体感强。同时，对鸟的眼睛采用了 UV 局部上光，凸显了鸟的眼部特征，使鸟的眼睛明亮而闪烁、亮丽而有神，取得了画龙点睛的独特艺术效果。本案例采用了局部消光、局部上光的局部上光形式，拉出了图文亮度的三个层次，使整个画面富有色彩立体感，为印品上光创意赋予了渲染的艺术效果。

（a）水性全面上光　　　　　（b）UV 全面上光　　　　　（c）消光、局部上光

图 6-16　上光形式

3. 特殊上光

特殊上光也称艺术上光，是利用特殊的工艺手段提高商品的附加值，即在印刷品表面平添光泽感和立体感，能促进和聚焦消费者的注意力，并直觉地认为这应该是精致而高档的商品，进一步激发其购买的欲望。

①逆向 UV 上光工艺

逆向上光（见图 6-17）是在印刷机上使用涂布型 UV 光油与底印 UV 光油的"互斥"原理，一次性实现凹凸质感和不同光泽的效果，即在无底油处涂布上光油实现亮光效果，有底油的地方涂布上光油后，使印刷品的表面形成高光亮和非高光亮的不同效果，即印刷品可以呈现两种光泽不同的反差效果。逆向 UV 上光减少了印刷品的表面处理环节和工序，经过印刷机一次完成，节省了覆膜的加工过程与生产时间，使印品的印制效果更好、更精美。

逆向 UV 属于印刷 UV 工艺，表面光亮，有油腻感，能用刀片刮掉。

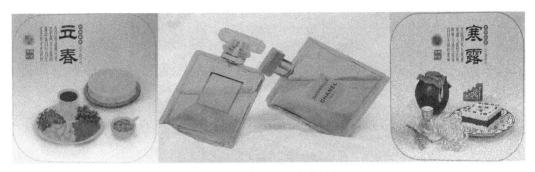

图 6-17　逆向 UV 上光工艺

② UV 磨砂上光工艺

UV 磨砂（见图 6-18）是在丝网、柔性版、凹版印刷机上使用 UV 磨砂油墨的方式进行涂布上光。在涂布后未固化前看不出磨砂效果，因为蜡和砂都是透明的，经过 UV 固化后，由于蜡和砂表面能将 UV 光油吸引到其周围，产生以蜡和砂为核的小包，形成表面凸凹不平的效果。当 UV 磨砂油墨涂布在金属或金银卡纸表面，固化后形成的凹凸不平效果就像金属经化学腐蚀或金属表面经喷砂处理效果一样，因此也称之为仿金属蚀刻油墨。UV 磨砂油墨涂布在纸张或薄膜表面看上去的效果像亚光膜。UV 印刷的磨砂效果比普通磨砂更细腻，因为本身是印刷机出来的，基于印刷机的精度，所以出来的磨砂效果稳定性非常好，生产速度更快，成本比传统磨砂更低。

图 6-18　UV 磨砂上光工艺

UV 磨砂属于印刷 UV 工艺，表面呈发白效果，磨砂手感，能用刀片刮掉。

③水晶七彩上光工艺

水晶七彩（6-19）是用丝网机把水晶七彩油墨涂布到印刷品表面的上光工艺。水晶七彩效果的油墨由 UV 水晶油墨和七彩粉颗粒按一定比例混合均匀搅拌而成。七彩颗粒有多种颜色、多种形状，规格尺寸为 0.01 ~ 1.0mm 不等，可根据需求来配制混合。通常水晶七彩要达到最佳效果印刷墨层至少要达到 0.1mm，因此一般选择丝网印刷方式，以达到最大的墨层厚度。

水晶七彩效果常用于各种印刷品图案的点缀设计，能使印刷品表面呈水晶般的凸起，且晶莹剔透，光滑细腻，同时从不同角度观察，又闪烁着绚丽色彩，使印刷作品显得生动活泼、富有立体感。

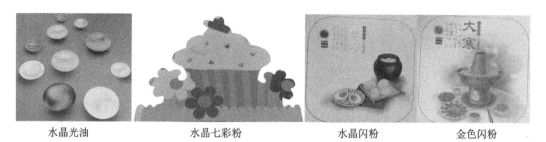

水晶光油　　　　　水晶七彩粉　　　　　水晶闪粉　　　　　金色闪粉

图 6-19　UV 水晶七彩上光工艺

④磨砂压纹工艺

磨砂压纹（6-20）是用压纹机对印品进行变形加工，是一种常见印刷工艺。压纹工艺是一种使用凹凸模具，在一定的压力作用下使印刷品发生塑性变形，从而对印刷品表面进行艺术加工的工艺。经压纹后的印刷品表面呈现出深浅不同的图案和纹理，具有明显的浮雕立体感，增强了印刷品的艺术感染力。磨砂压纹，顾名思义，就是通过压纹工艺做出磨砂纹路质感。

特征：磨砂压纹工艺是压纹机工艺，表面呈暗光效果，磨砂手感，用刀片刮不掉。

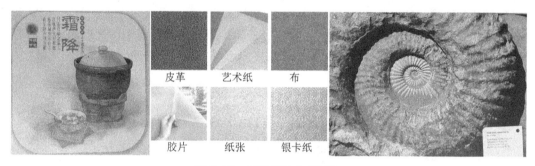

皮革　　　　　艺术纸　　　　　布

胶片　　　　　纸张　　　　　银卡纸

图 6-20　磨砂压纹上光工艺

三、上光工艺实战

印刷品上光的实质是通过上光涂料在印刷品表面的流平，借以改变纸张表面呈现光泽的物理性质。由于上光时涂上的涂料层具有高透明性和平滑度，因而不仅在印刷品表面上呈现了新物质光泽，而且使印刷品上原有图文光泽透射出来。

（一）掌握上光工艺流程

1. 水性上光

工艺流程：送纸（自动、手动）—涂布上光油—红外线干燥—收纸。

2. UV 上光

工艺流程：送纸（自动、手动）—涂布上光油—紫外线干燥—收纸。

3. 压光

工艺流程：涂布压光底胶—涂布压光涂料—热压—冷却—收纸。

（二）掌握上光设备应用

上光机按上光方式不同，可以分为脱机上光和联机上光（见图 6-21）。

图 6-21　上光机分类

上光按所用设备不同，其作业方式有三种：①专用单机上光；②印刷机组上光；③联机上光设备。

1. 专用机上光

如图 6-22 所示，脱机上光采用专用的上光机对印刷品进行上光，即印刷、上光分别在各自的专用设备上进行。这种上光方式比较灵活方便，上光设备投资小，但这种上光方式增加了印刷与上光工序之间的运输转移工作，生产效率低。

图 6-22　专用上光机

2. 印刷机组上光

如图 6-23 所示，印刷机组上光是印刷、上光在同一机器上进行，上光机组放在最后一组，这种方式速度快，生产效率高，加工成本低，减少了印刷品的搬运，克服了由喷粉所引起的各类质量故障，但印刷机组上光效果一般。印刷机组上光又可分为胶印上光、柔印上光、丝印上光，其中，胶印上光效率最高，成本最低，但由于上光太薄，效果不佳。

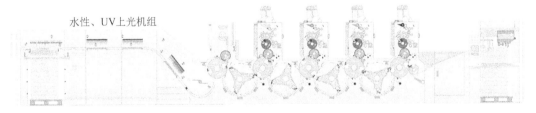

图 6-23　印刷机组上光

3. 印刷机联机上光

如图 6-24 所示，联机数字上光效率最高，效果也好，是今后的发展方向。但联机上光投资大，对上光技术、上光油、干燥装置以及上光设备的要求较高，难以全面普及。

全面整体上光是最常见的上光方式，由涂布辊将上光油在印刷品表面进行全幅面均匀涂布。而局部上光、消光上光、特效上光属于印刷上光，即通过上光版将上光油涂布在印刷品上。通常单机上光速度慢，印刷机组和联机上光速度快。UV 上光可以丝网印刷，也可以胶印，丝网印刷能够堆积更厚的 UV 层，而胶印是靠压力上光，所以油墨较薄。因此在印品 UV 上光设计时，还要从客户要求、设备成本、出货周期等多个角度来选择上光机型。

（三）上光工艺制作方法

上光机型有专用上光单机、胶印、柔印、凸印、凹印、网印、压光及激光转印膜压上光机等。单机上光机主要由印刷品传输机构、涂布机构、干燥机构以及机械传动、电器控制等系统组成。不同的上光设备虽然机械结构存在一定差异，但上光涂料和干燥方式大同小异。常用单机上光机的涂布形式有三辊直接涂布式、浸式逆转涂布式等。

1. 水性上光制作方法

如图 6-24 所示，水性上光油从出料孔或龙头均匀地流到计量辊和施涂辊之间 [见图 6-25（a）]，由于三辊涂布上光机上计量辊的定向、定速转动，且转动方向与施涂辊相反，使施涂辊表面上得到的涂料层均匀一致，施涂辊表面涂层的厚度取决于两辊之间的间隙。

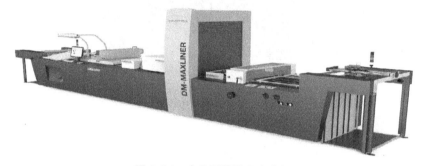

图 6-24　史丹利蒙数字上光机

自动或手动输送方式将待涂印刷品送入涂布机组（见图 6-25），其待涂表面同施涂辊轴面接触，在涂料黏度和辊组压力（施涂辊同衬辊）的作用下被均匀地涂敷一层水性光油。涂布过水性光油的印刷品进入红外线干燥装置 [见图 6-25（b）]，红外线的电磁波长恰好与涂料分子中原子跃迁的波长相匹配，产生激烈的分子共振，使涂料温度升高，起到加速干燥的作用。

2. UV 上光制作方法

UV 上光工艺是在印刷品表面涂上一层 UV 光油，通过紫外线（UV 光线）的辐射，使光油交联、结膜并固化的工艺过程。UV 光油是由感光树脂，稀释单体，光引发剂和助剂经聚合反应而成。具有干燥快（干燥仅需 0.5～3s）、耐腐蚀、耐溶剂性好，光泽度高，耐磨，环保等优点。

如图 6-25 所示，UV 上光油从出料孔或龙头流到计量辊和施涂辊之间 [见图 6-25（a）]，其他与水性上光油一致。但涂布过 UV 光油的印刷品进入紫外线光固化装置 [见图 6-25（c）]，印刷品在紫外线高压汞灯的照射下瞬间产生热固膜，快速、均匀牢固地附着在印刷品表面。

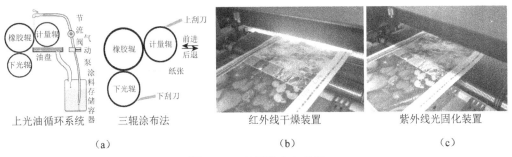

图 6-25　三辊涂布上光机

3. 压光制作方法

涂料压光机（见图 6-26）压光前，先要由配套的涂料上光机进行涂布上光，再由涂料压光机进行压光。涂料上光机与一般的上光涂布机相同，主要用于涂布底胶和压光涂料。

图 6-26　压光机

压光设备一般由印刷品输送机构、机械传动、不锈钢光带、加热和冷却系统以及电器控制系统等组成。一般为连续滚压式，压光过程中印刷品由输纸台输入，进入加热辊和加压辊的压光带，在热量和压力作用下，涂料层贴附于压光带被压光。压光后的涂料层逐渐冷却，形成一层光亮的表面膜层。压光带是由经过特殊抛光处理的不锈钢环状带，在传动机驱动下做定向、定速转动。

四、上光质量判定与规范

1. 上光质量要求

①外观要求是表面干净、平整、光滑、完好、无花斑、无褶皱、无化油和化水现象。

②根据纸张和油墨性质的不同、光油涂层成膜物的含量不低于 3.85g/m^2。

③A 级铜版纸印刷品上光后表面光泽度应比未经上光的增加 30% 以上，纸张白度降低率不得高于 20%。

④印刷品上光后表面光层附着牢固。

⑤印刷品上光后应经得起纸与纸的自然摩擦不掉光。

⑥在规格线内，不应有未上光部分，局部上光印刷品，上光范围应符合规定要求。

⑦印刷品表面上光层和纸张无粘坏现象。

⑧印刷品上光层经压痕后折叠应无断裂。

2. 上光检测要求

①外观按标准要求，用目测检验。

②光泽度检测是在印刷品上光前后的相同部位，呈 75°角，用纸和纸板镜面光泽度测定法测试。

③白度检测是在印刷品无图纹的空白部位，用纸和纸板白度测定法漫射／垂直法，进行上光前后的白度对比测试。

④耐折性检测是在上光后的印刷品，经对折后用 5kg 的压辊与折痕处滚一次无断裂。

⑤牢度检测是用国产普通黏胶带与印刷品呈大于 170°角缓慢粘拉。

⑥耐黏性是在印刷品上光后，取不少于 1000 张纸张，在温度 30℃、压力 200kg/m² 的条件下，经 24h 叠放，进行耐黏性测试。

思考题：

1. 简述覆膜工艺的用途。

2. 简述光膜、亚膜的特点与应用。

3. 写出图 6-27 中，预涂覆膜工艺中的部位名称。

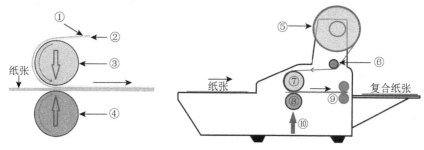

纸张

复合纸张

纸张

图 6-27　覆膜工艺流程

4. 简述覆膜质量与检测要求。

5. 简述水性上光工艺与特点。

6. 简述 UV 上光工艺与特点。

7. 写出图 6-28 中，水性上光工艺中的部位名称。

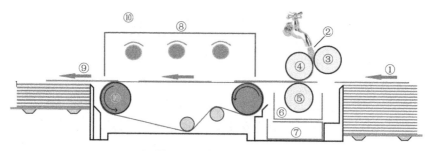

图 6-28　水性上光工艺

8. 简述上光质量与检测要求。

教学目标

烫印指在纸张、纸板、织品、涂布类等物体上，用烫压方法将烫印材料或烫版图案转移在被烫物上的加工。本项目通过烫印技术和与之相关的生产工艺设计和制作方法，来掌握烫印制作中的常见问题与质量弊病，并掌握烫印质量判定与规范要求。

能力目标

1. 掌握烫印制作工艺；
2. 掌握烫印版预定位设置；
3. 掌握电化铝箔进料步距设计。

知识目标

1. 掌握烫印制作方式；
2. 掌握烫印操作技术；
3. 掌握烫印质量判定与规范。

烫印是将需要烫印的图案或文字制成凸型版，并借助一定的温度与压力将金属箔或颜料箔烫印到印刷品或其他承印物上的方法。由于常用的金属箔多为电化铝，所以实际生产中烫印又被称为烫电化铝，这种称呼在熟悉印后加工的客户中广泛应用。由于铝箔具有优良的物理化学性能，可起到保护印刷品的作用，因此烫印工艺在现代包装印刷中被广泛应用。

烫印的实质就是转印，是把电化铝上面的图案通过热量和压力的作用转移到承印物上面的工艺过程。当印版随着所附电热底版升温到一定程度时，隔着电化铝膜与纸张进行压印，利用温度与压力的作用，使附在涤纶薄膜上的胶层、金属铝层和色层转印到纸张上。烫印技术应用十分广泛，除了印刷品烫印外，还有纺织品、日用品、装潢材料、塑料制品等表面烫印。烫印加工手段十分丰富，从金属外观的高光、丝光、亚光、珠光等效果的电化铝，到不同颜色的色箔、色片，都有其适用的领域和独特的整饰效果。

随着人民生活水平的提高，人们对书籍封面、商品包装等印刷品提出了更高的要求，既需要光谱色彩，又需要金属色彩。而烫印加工最大的特点是独特的金属光泽和强烈的视觉对比，是对印刷品表面进行金属光泽加工，属于印品整饰中的可变形加工。烫印能明显改善商品的外观造型，有助于显示其独特而精美的形象，因此经常用于书刊封套、化妆品、食品和烟酒等商品的包装上。烫印所创造的独特视觉效果是其他印刷方法都无法提供的，烫印产品的金属光泽具有强烈的视觉冲击力，能使其装饰的产品显得富丽华贵，是印后加工提升档次、展示效果、促销商品常采用的一种工艺设计。

现代烫印设计可以使印刷品表面具有多种颜色的金属质感，同时可以把不同的烫印效果融合在一起，使烫印不仅具有印品整饰功能，还具有防伪功能。例如，证件、证书、标签等采用全息图案烫印设计作为安全防伪手段。又如，在印刷品的同一画面的不同部分分别采用印金和烫印设计，能产生层次分明、衬托对比和相得益彰的艺术效果。

烫印加工可分为普通烫印、冷烫印、立体烫印、扫金、折光、结晶体闪光、珠光和全息烫印等多种烫印方式，不同的烫印方式，其工艺流程、烫印设备、烫印材料也是不同的。因此，印刷加工单位在承接烫印活源时，首先要考虑自身的烫印设备是否与客户要求的烫印方式相一致，然后方可进行下一步的烫印方式设计和制作（见图7-1）。

| 普通烫印 | 立体烫印＋全息烫印 | 冷烫印 | 扫金 | 折光 | 珠光光泽 |

图7-1　烫印方式设计

①普通烫印就是以热压转移的原理，将金属箔转移到承烫基材表面。

②冷烫印是相对于传统热烫技术而命名的名字，两种烫印工艺均能实现烫印工艺所实现的印刷效果。冷烫印不需要加热后的金属印版，而是指利用UV胶黏剂将烫印箔转移到承印材料上的方法。冷烫印工艺成本低，节省能源，生产效率高，是一种很有发展前途的新工艺。

③立体烫印又称凹凸烫印或浮雕烫印，是烫印技术和凹凸压印技术相结合的一种复合技术，是利用腐蚀或雕刻技术将烫印和压凹凸的图文制作成一个上下配合的阴模凹版和阳模凸版，实现减少了加工工序和套印不准产生的废品，提高了生产率和产品质量。立体烫是烫印工艺与压凹凸工艺的完美结合，是一次成型的工艺，广泛用于包装产品的主图案部分。

④扫金加工是通过特殊的工艺，用扫金机将特种金属粉末附着在产品包装的特定部位，营造出逼真的金属质感和闪烁的光泽，从而实现仿金效果，广泛应用于烟、酒、药品、化妆品和高档食品等包装，以及贺卡、请柬、年历等产品的印制上，以提高商品的附加值。

⑤折光加工是在烫有电化铝或在镀铝纸等镜面承印物上，通过密纹凹凸工艺，压

出不同方向排列的细微凹凸线条，由于这些线条对光有不同的反射，使得印刷品富有立体感。

⑥结晶体闪光加工是指印刷品表面或透明墨层中隐含结晶状的物质，当照射光变换照射角度时，能产生一种晶莹闪亮的特殊光泽。

⑦珠光光泽加工是指半透明微片状的珠光颜料所产生的珠光效果。

⑧全息烫印是把具有全部信息的图文、通过热压转移原理，烫印在基材表面，这种烫印分为连续图案烫印和独立商标全息标识定位烫印。全部信息图方是由转印层表面微小的坑纹（光栅）形成的，这是全息烫印箔与普通电化铝在结构上最大的不同。全息烫印箔很薄，其厚度刚好满足模压对厚度的基本要求，但其结构非常复杂，一般由载体薄膜、剥离层、转印层、镀铝层和黏胶层组成，而转印层又由 2～3 层组成。对于高档印刷品大多采用独立图案全息标识烫印，全息标识不仅具有非常好的防伪性能，还根据客户需要将特殊号码或文字做到全息标识中。这种方法使图案具有很强的立体感，且无法仿造，从而达到防伪效果，所以全息标识烫印具有直观性和技术难度高等特点，还具有相当高的套印精度。

本项目主要对使用最广的普通烫印和立体烫印工艺进行讲解。

任务一　烫印工艺技术

印后表面处理在书籍封面和产品包装制作中显得越来越重要，烫印常被用于精装书籍封面、贺卡、请柬、证件等产品的表面整饰加工，烫印也是包装印刷中一道非常重要的印后加工工艺，主要是烫印图案、文字、线条以突出产品的名称、商标、品牌，美化产品，从而提高包装产品的档次、增强商品市场竞争力。

一、烫印工艺认知

电化铝烫印工艺原理是利用热压转移的原理，将铝层转印到承印物表面的过程，就是把在合压作用下使颜色的电化铝与烫印版、承印物接触，由于电热板的升温使贴附在上面的烫印版也具有一定高温，电化铝受热使热熔性的染色树脂层和胶黏剂熔化，染色树脂层黏力减小，而热塑性树脂熔化后黏性增加，铝层与电化铝基膜剥离的同时转印到了承印物上，随着压力的卸除，胶黏剂迅速冷却固化，铝层牢固地附着在承印物上完成一烫印过程。

如图 7-2 所示，电化铝烫印工艺过程如下：

1. 输入产品

手工或机械将烫印纸张输入烫印位置。

2. 烫压

经升温后的烫印版下压，在合压作用下电化铝与烫印版、承印物接触，通过烫印版使电化铝受热，剥离层熔化，接着胶黏层也熔化，在压印时胶黏层与承印物黏合，着色层与涤纶片基层脱离，使镀铝层和着色层同时留在承印物上。

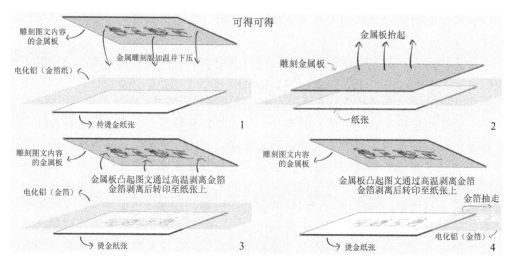

图 7-2 烫印工艺

3. 复位

一定时间后，烫印版抬起，随着压力的卸除，胶黏剂迅速冷却固化，铝层牢固地转印、附着在承印物上。

4. 输出产品

①走箔

抽走被烫印过的电化铝废料，新电化铝重新送入烫印工位待烫。

②输出烫印纸张

手工取出或机械输出烫好纸张，再次输入待烫印纸张，从而完成了整个烫印过程。

二、烫印工艺设计与应用

商品市场竞争的成功与否主要取决于商品的内在质量，其次就是商品的包装整饰，而印后表面整饰的优劣又决定了商品的包装质量，烫印处于表面整饰的重要一环，是提高产品档次的重要技术手段。烫印工艺的目的之一就是提高产品档次，因此在烫印工艺设计中，只有合理运用才能达到事半功倍的效果，反之，不但体现不出烫印产品的优势，甚至会造成败笔与浪费。烫印工艺设计主要从三个方面来考虑：①烫印用途；②烫印效果；③烫印特殊应用。

1. 烫印设计用途

设计师在烫印设计中，最初往往考虑什么产品最值得烫印，其次才会考虑烫印独特材料适性和工艺技术。

①由于烫印能明显地改善产品的外观造型，因此，包装印刷品（见图 7-3）是最有烫印价值的。例如，在印制的烟标、福贴、标签等物品的烫印工艺应用占到了 80%以上；在酒标、巧克力、化妆品等高档包装商品上烫印工艺的应用也占到了相当大的比例。这是因为烫印工艺设计可以起到画龙点睛、突出设计主题的作用，特别是在商标、注册名上的效果更为显著。

图 7-3　包装印刷品烫印

②由于烫印是利用温度、压力对物品进行烫印，因此烫印具有表面压紧、整平独特的适性。如图 7-4 所示，对于艺术纸、花纹纸、粗布、绒布、皮革等表面凹凸不平的装帧面料，印刷是难以胜任图文印制的，而烫印能通过温度、压力的作用很好地将图文转印到这些承印物上，体现了烫印工艺所具有的良好的材料适应性能。

皮革　　　　绒布　　　　细布　　　　天然丝　　塑料　木材　丝光棉

图 7-4　烫印工艺的材料适性

2. 烫印工艺效果设计

随着人们对印刷设计的外观要求越来越高，导致在设计中会加入很多外在因素，我们常见的专色、凸印、镂空等早已成为印刷设计中的组成部分，同样，烫印设计也需要进行精细加工来提高档次。烫印的主要功能就是表面整饰，可提高产品的附加值，虽然印金和冷烫印显得典雅、稳重、沉着，但热烫印技术所带来的金属光泽感、层次感，烫印图像明亮、平滑、边缘清晰是印刷不能比拟的。当今烫印工艺在设计中已结合了压凹凸等其他加工方式，使烫印工艺更能显示出产品强烈的装饰效果。当然热烫印工艺需要特殊的设备、加热装置、制作烫印版，因此，获得高质量烫印效果的同时也意味着要付出更高的成本代价。

①浮雕烫印效果工艺设计（见图 7-5）是利用现代雕刻技术制作上下配合的阴模和阳模，烫印和压凹凸工艺一次完成。立体烫印通过烫印版的变化表现出一种金属感和立体感更强视觉效果，通过浮雕图案的凹凸变化，使图文呈现出金属浮雕般的质感，使烫印图文跳出平面，带来更强的视觉冲击力。

立体烫印设计有着高光、亚光、真实金属等华丽的多种色彩，独特的浮雕效果饰面使包装产品更令人着迷，即使对于表面不平整的基材也能像纸或纸板等标准表面一样轻松地完成烫印修饰，浮雕烫印提高了生产效率，减少了工序和因套印不准而产生的废品。

图 7-5　浮雕烫印效果设计

②衍射烫印效果工艺设计（见图 7-6）是在烫有电化铝或在镀铝纸等镜面承印物上，热压出不同方向排列的细微凹凸线条，由于这些线条对光有不同的反射，营造出了闪亮舞动的迷人效果，为包装产品的表面创造出了奢华的钻石外观，使印刷品表面整饰富有闪烁立体感，最大限度赋予了产品的优质特性。

图 7-6　衍射烫印效果设计

③3D 烫印效果工艺设计（见图 7-7）就是一种新颖的全息烫印方式，主要体现在全息图文的创新突破，即在包装、标签和类似产品在 2D 表面上设计出自然的全息 3D 效果图案。如图 7-7 所示，3D 烫印效果设计最大的特点就是凸显了 LOGO 字体、色彩、层次，逼真的烫印手法运用放大了产品的立体属性、紧扣商品气质，给消费者留下了深刻的商品艺术印象。

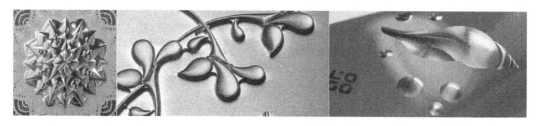

图 7-7　3D 烫印效果设计

④透明效果工艺设计（见图 7-8 左是亚光自然半透明，图 7-8 右是全息击凹烫印具有亮光珍珠全透明效应）就是烫印采用一种透明热烫印箔进行烫印的一种工艺。虽然它没有电化铝的辉煌效果，但却有迷人的色彩和视觉的透明深度，使烫印工艺设计以一种神秘的方式闪耀，让消费者轻易地就能捕捉到产品的本质特色。透明效果设计的图案被玻璃或透明塑料保护着，具有优雅的珠光效果，传递了全新的烫印表达形式。

3. 烫印特殊工艺应用设计

烫印特殊工艺应用设计是指特殊材料烫印和全息定位防伪烫印。

①特殊材料烫印指金银卡、镭射卡及玻璃卡上的烫印［见图 7-9（a）］，其应用较为普遍。

图 7-8　透明烫印效果设计

②全息定位防伪烫印是指全息镭射定位电化铝在烫印工艺上的特殊应用，具有相应的防伪图案［见图 7-9（b）］，可以大大提高产品的防伪能力。同时，全息镭射定位烫印还有较好的夸张视觉效果［见图 7-9（c）］，全息 3D 镜头的折光＋衍射的渲染效果，衬托了光线效应，提高了产品档次。全息镭射定位烫印与电化铝烫印温度、压力和速度及烫印机的型号都有关系。

（a）银卡烫金烫箔　　　　　（b）全息定位防伪烫印　　　　　（c）全息 3D 镜头

图 7-9　烫印设计特殊应用

4. 烫印工艺和印金分析

烫印是金色铝箔膜通过热转移压印到纸张上的，光泽度最高，摸起来光滑，有质感，看起来像镜面一样特别亮。缺点是成本高，生产速度慢，通常不会大面积运用。

印金是将金色或银色油墨印刷在纸张上面的，光泽度没有烫印高，摸起来和印刷品一样，没有特别质感。优点是成本低，可以和印刷同时完成，效率高。

从烫印设计角度，首先考虑客户对烫印功能和效果的要求；其次烫印成本的核算。烫印和印金的哪个成本高，这主要取决于烫印幅面的大小。如果幅面很大的话就印金划算，要是幅面较小，那么烫印划算。

三、烫印定位设计

烫印图文的位置是烫印工艺设计的重中之重，因为烫印图文套准位置的正确与否，直接影响到产品整体质量。通常烫印定位设计有三种方法：规矩定位法、胶片定位法、轮廓定位法。

1. 规矩定位法设计

规矩定位法就是在烫印时，对被烫印物品进行定位，使烫印图文能正确转印到所需位置。通常规矩定位由前规、左侧规和右侧规三个挡规组成，供调节被烫产品的尺寸大小和被烫位置。规矩定位法操作和调整十分简单，通常用于手动或半自动印品的烫印。当然，对于一些无须套烫或对烫印位置精准度要求不高的产品，也会采用这种结构简单、操作调整方便的规矩定位法，如全自动高速精装书壳烫印机［见图7-10（c）］。

（a）手工规矩定位　　　　　　（b）半自动规矩定位　　　　　　（c）全自动规矩定位

图7-10　规矩定位法设计

2. 胶片定位法设计

胶片定位法就是在装烫印版时，使用该图文的胶片［见图7-11（a）］上烫印图文对各块烫版位置进行安装定位［见图7-11（c）］，确保各块烫印位置的准确无误。另外，在烫印过程中使用胶片对烫印位置进行校对和修正，即使用胶片检查所烫图文的位置精度，以确保烫印图文的位置精准无误。胶片定位法常用于多联烫印和对烫印位置精准度要求高的产品中，大部分自动烫印机均采用胶片定位法。

胶片定位法在设计中，一定要在印刷版面中部边缘标出0位对准标线，这样既方便胶片对位装版［见图7-11（b）］，也有利于烫印规线的检查及后加工检验。

（a）胶片　　　　　　　　（b）0位对准标线　　　　　　　（c）安装烫金版

图7-11　胶片定位法设计

3. 轮廓定位法设计

轮廓定位法就是将需烫印的多个图案轮廓做到印版中，在印刷时用反差颜色印出所需烫印轮廓［见图7-12（a）］，图中印出白色轮廓，再对照所印轮廓进行对位烫印［见图7-12（b）］，图中的烫印重点就是白色LOGO的轮廓定位设计，它直接关系到图案套烫的精准度。注意：印刷轮廓的大小要掌握好，印刷轮廓过大（线条过粗），烫印无法覆盖；印刷轮廓过小（线条过细），烫印精准度无法保证，因此轮廓定位法的设计要点就是把握好印刷轮廓的大小，图7-12中白色轮廓在设计时比烫印实地略小，只需勾画出白色主体轮廓和主要LOGO即可，中间的图案线条设计时也要略细，以保证电化铝在烫印时能全部覆盖白色轮廓。

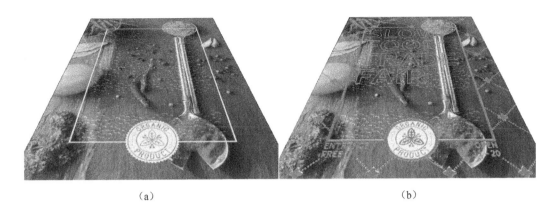

（a）　　　　　　　　　　　　　　（b）

图 7-12　轮廓定位法设计

轮廓定位法设计的最大好处就是借助电脑自动装版系统（所有烫印版精准对位安装），既可以在全自动烫印机上快速、高效地安装不同图文、不同数量的烫印版，也有利于机台人员及时检测烫印位置是否准确。

四、烫印工艺设计注意事项

一般烫印产品在烫印前都要经过印刷，有单色印刷和多色印刷，烫印后要进行覆膜、上光、压凹凸、模切、糊盒等加工，因此烫印工艺深受前工段印刷的影响，同时烫印工艺设计也要考虑到对后加工的影响。

1. 烫印工艺设计与印刷关系

烫印从工艺上可分为先印后烫与先烫后印。先印后烫是在已印刷的纸品上，按照设计要求，烫印电化铝图文，也是目前烫印设计广泛采用的工艺方法。先烫后印是在空白的承印物上先烫电化铝箔，然后在铝箔表面印刷图文，多用于大面积烫印的包装印刷品，先烫后印是烟标、化妆品、食品等高档产品外包装的创意设计。

①由于立体烫印是烫印与凹凸压印技术的结合，形成的产品效果是印刷品表面呈浮雕状的立体图案，因此不能在其表面再印刷，必须将烫印工艺设计成先印后烫，同时由于它的高精度和高质量要求，不太适合采用冷烫印技术，比较适合用热烫印技术。

②先烫后印的设计对电化铝的要求很高，一定要达到烫印位置、表面平滑光亮、压力平衡、均匀、不起泡、不糊版等，否则，在第二次印刷时烫印的电化铝就会脱落，并堆积在橡皮布上，严重影响产品质量和生产效率。同时还要注意烫印图案边缘不能有明显压痕，烫印电化铝在烫印表面要有良好的附着力以及无明显擦花和刮伤等现象。

③烫前印刷还要注意几点：深色薄印，使用着色力较强的油墨，在油墨中尽量少加防黏剂和撒黏剂，尽量不喷粉，还要防止油墨晶化对烫印的影响。

2. 烫印工艺设计与上光关系

在 UV 光油表面直接烫印时，需要考虑电化铝的剥离、黏结、固着程度的不同，其工艺本身对 UV 光油和电化铝的要求相当高。

①在 UV 光油涂布时，要注意控制油量的大小，尽量保证整批产品涂布的相对稳定，而且油层要薄。

②印刷油墨、上光油和电化铝烫印的印刷适性相匹配。电化铝要求做到耐高温、有很好的附着力、与光油有良好的烫印适性（光油中树脂类型、电化铝、金银墨之间适应性），如果烫印表面油墨颗粒较大或表面粗糙等，就会影响到烫印制作和烫印质量要求。

③如果烫印后再上 UV 光油，就应考虑到电化铝的可接受性，即电化铝的表面张力要大于 UV 光油的表面张力。通常选择表面张力在 4×10^{-2} N/m 以上的电化铝，以保证烫印有较好的黏合性和附着力。

3. 烫印工艺设计与承印物关系

①对于大面积实地烫印工艺设计，应考虑是否可以采用镂空处理或分开烫印，以降低烫印难度、保证烫印质量。

②要根据被烫物的不同品种，选择合适的烫印箔。烫印时必须掌握好温度、压力、速度三大烫印要素，并根据烫印材料、烫印面积的不同而有所区别。

③电化铝烫印箔应选用化学性能适合的纸张、油墨（特别是黑油墨）及复合胶水。烫印件必须保持干燥，以免造成烫印层氧化或损伤。

④有些金银卡纸的表面有一层塑料薄膜［见图 7-13（b）］，那么印刷适性欠佳，虽然通过改变工艺设计也可以印制出漂亮的图文，但烫印效果不好，不易烫上。而有些金银卡纸的表面没有塑料薄膜，即原纸上是镀铝层［见图 7-13（a）］，这种金银卡纸的印刷适性良好，烫印效果优良。因此烫印工艺设计还需要充分了解承印物材料的品种和适性。

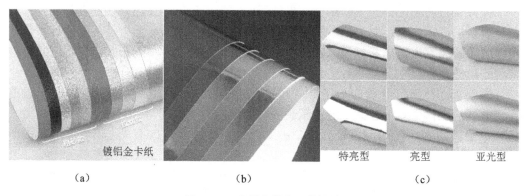

| 镀铝金卡纸 | | 特亮型 | 亮型 | 亚光型 |
| （a） | （b） | | （c） | |

图 7-13　金银卡烫印工艺设计

任务二　烫印材料设计

烫印材料设计包括烫印版材设计和烫印材料设计两部分，它是直接影响烫印效果好坏的最关键因素。

一、烫印版材设计要点

烫印版材的工艺设计与制作包括烫印版材设计、烫印版制作和烫印版工艺设计。

1. 烫印版材设计

烫印版的材质可分为锌版、紫铜版和黄铜版（见图7-14），其厚度依据纸张厚度、烫印的不同要求进行选择，通常烫印版厚度在1.5～7mm。锌版的价格低廉，但锌版太软，耐印力不超过8000印，锌版就会严重变形。紫铜版硬软适中，散热性、传热性比较好，耐印力较高，达8万印左右。黄铜版质地较硬，其烫印次数可达百万印左右。对于数万印以上的烫印产品，若用锌版就需要同时准备多块版，制版费未见得可以节省多少，同时装版也会消耗不少时间。因此在烫印版材设计时，需要考虑烫印数量和被烫物质地、厚度等情况。

锌版　　　　　　　　　　　　紫铜版　　　　　　　　黄铜版

图7-14　锌版、黄铜版、紫铜版

2. 烫印版制作方式

通常烫印版的制作方法有两种：化学腐蚀法、电雕法。

①化学腐蚀法

化学腐蚀法是最传统的烫印版制作方法，工艺简单、成本低、精度较低，主要适用于文字、粗线条和质量要求不高的图像。化学腐蚀法是在铜版的表面涂上一层聚乙烯醇，然后在铜版上放置需烫印图文的胶片，经过照相使烫印图案转移到铜版上。完成后在铜版表面非烫印部位手工刮去聚乙烯醇，并在铜版背面涂防腐蚀保护漆或粘贴透明胶带，最后把铜版放在腐蚀机的容器内进行氧化，氧化的主要药水是三氯化铁，辅料有甲醚和乙醚。通常化学腐蚀法制作的烫印版厚度为3mm，一般3mm紫铜版，氧化30min的深度为1mm左右，氧化45min的深度为2mm左右，腐蚀机转速和药水温度是控制氧化效果的重要因素。

化学腐蚀法烫印版［见图7-15（a）］在加工结束后，还要对烫印版做仔细检查，并对麻点等有瑕疵的地方用修版刀修复［见图7-15（c）］。照相腐蚀制版是一种传统的制作方法。

②电雕法

电雕法就是采用计算机数控雕刻制版方式制成烫印版［见图7-15（b）］，电雕机通过电脑直接采集PS、AI等格式文件，由计算机数控雕刻针在铜版上雕刻图文，可形成非常精细的图案。电雕刻制作的烫印版可以曲面过渡，依据图文的深浅来雕刻不同深度的版材，使烫印加工成的图文具有明显的立体层次，特别是高要求的立体烫印版材有十分优异的表现，达到一般腐蚀法制作的模具难以实现的立体浮雕效果。而且版材表面光滑、浮雕效果、精细程度高，并具有一种独特的触感。电雕法制作的烫印版厚度都为6mm，耐印力可达100万印以上，常用于质量高、印量大的立体烫印阴模凹版的设计与制作。

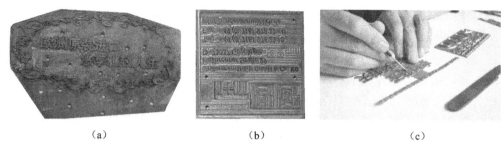

（a）　　　　　　　　　（b）　　　　　　　　　（c）

图 7-15　化学腐蚀版、电雕烫印版

3. 烫印版材工艺设计

金属烫印版有凹版和凸版两种，它是根据不同的烫印方式来决定的，通常普通烫采用金属凸版设计，而立体烫采用金属凹版设计，高质量的烫印版是烫印质量的可靠保证。

①普通烫印版材

普通烫印产品的正面烫印图案是凹下去的，而反面是平的，因此普通烫印版［见图 7-16（a）］其烫印有效部位要高于烫印版的基材，即在基材上对不烫印部分进行有效处理，使该部位的高度低于有效烫印部位 1 ～ 1.5mm，这样就保证了烫印中非烫印部位没有金箔残留。

②立体烫印版材

凹凸立体烫印产品的正面烫印图案是凸出的，而反面凹下去的，因此立体烫印版［见图 7-16（b）］需使用两块凹凸版配合来烫印，一块是金属凹版，与普通烫印凸版恰恰相反，另一块是配套树脂凸版。立体金属烫印版的制作可以依据设计要求对立体强度进行调整，制作出不同层次的立体感。

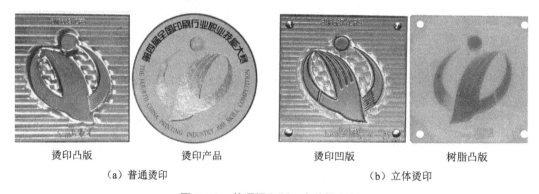

烫印凸版　　　　　　烫印产品　　　　　　　　烫印凹版　　　　　　树脂凸版

（a）普通烫印　　　　　　　　　　　　　　（b）立体烫印

图 7-16　普通烫印版、立体烫印版

要生产出高品质的产品，立体烫印的配套材料辅助树脂凸版的精细制作也是必不可少的，辅助树脂凸版和金属烫印凹版必须要有精密的配合，才能保证烫印出完美的产品。树脂凸版的制作同样需要依据计算机信息传递雕刻出专门模具，然后浇注完成。

金属烫印凹版和树脂凸版四角均有小孔，就是为了两块阴阳版在配合时，提供定位销钉的精准对位。

4.烫印版材检查要点

①操作人员接收烫印版后，首先要仔细确认烫印版品种、款式、数量。

②操作人员应对接收新烫印版与设计生产图稿或样品进行仔细核对。

③检查烫印版的文字、字母是否正确，有无多字、少字等。

④检查烫印版的表面是否被刮花或损坏。

⑤检查烫印版的字体或字母有无连体。

⑥检查烫印版的图案或文字是否清晰（见图文不能太虚）。

二、电化铝箔设置与应用

烫印工艺是利用热压转移的原理，将电化铝中的铝层转印到承印物表面以形成特殊的金属效果，因烫印使用的主要材料是电化铝箔，因此烫印也称电化铝烫印。电化铝箔通常由 4～5 层材料构成，基材通常为 PE 基膜层，其次是分离层、颜色层、金属层（镀铝）和黏胶层。印刷行业中通常将电化铝箔烫印在纸制品上，把这种工艺称为烫印。电化铝烫印已成为现代包装不可或缺的一种表面装饰方式，但包装纸盒除了要具有悦目、醒目、夺目的效果外，还要传达一定的商品信息，需要有利于造型的展示，更要具有保护商品的功能，因此电化铝箔延伸出许多种类，具有不同的功能。

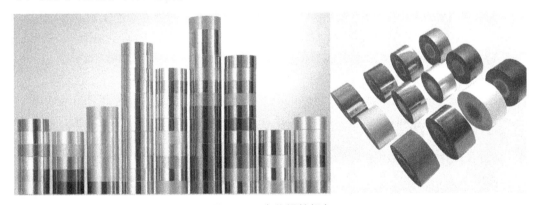

图 7-17　电化铝箔颜色

（一）认知电化铝箔

市场上电化铝箔种类繁多，既有低端的，也有高端的；既有国产电化铝，也有进口电化铝，电化铝档次复杂。本项目主要讨论与印刷品后加工相关的烫印电化铝箔类型。

电化铝有以下多种分类方法。

1.按颜色分类

电化铝箔的颜色多种多样，烫印并不是指烫上去的一定是金色，只不过金色是最常用的，其次是银色，还有红色、紫色、蓝色、绿色、黑色等（见图 7-17）。

2.按光泽分类

电化铝箔按光泽，可分为高光泽类、雾度消光类、压线折光类和全息散射光类 4 种。

3. 按纹理分类

电化铝箔按呈现纹理，可分为平滑镜面类、线条纹理类、网格纹理类和仿生（动物皮革、植物木纹等）纹理类4种。

4. 按烫印基材分类

电化铝箔以对纸张印刷品进行烫印装饰为主，能对许多基材进行表面烫印整饰。

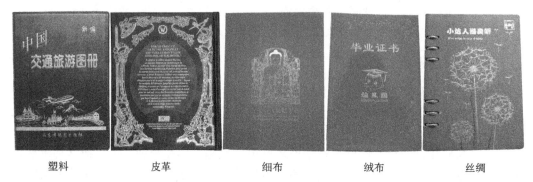

| 塑料 | 皮革 | 细布 | 绒布 | 丝绸 |

图 7-18　电化铝箔种类

①塑胶类烫印电化铝箔

塑胶类专用烫印电化铝箔主要针对塑料基材的烫印，涉及 PE 软管、PP 瓶盖、ABS 瓶身、玻璃涂装等包装产品的烫印，也包括塑料书刊封面（见图 7-18）、卡片、证件等的烫印，由于塑料耐高温性差，因此大部分塑料基材采用高频烫印。

②纸品类烫印电化铝箔

纸品类专用烫印电化铝箔主要提供不同纸张及覆膜上的各种烫印箔（金、银、红等）、镭射箔、五彩箔、七彩箔，广泛应用于书封、烟盒、酒盒、贺卡、挂历等纸制品。

③布料类烫印电化铝箔

布料类专用烫印电化铝箔主要针对布料、丝绸、麻布类等（见图 7-18），具有耐水洗等特殊要求。布料类专用烫印电化铝箔的烫印温度相对较高、压力相对较大、烫印时间相对也长，通常温度控制在 130℃～140℃。

电化铝箔的烫印适性主要包括烫印后产品表面的光洁度、亮度、清晰度，对图文和小文字的烫印适性，表面飞金和毛边问题等，不同品种的电化铝应匹配不同烫印基材，不能张冠李戴。要严格根据不同的承印材料、包装产品级别、电化铝价格和烫印适性进行综合考虑，再做出选择。

（二）电化铝箔设置要点

电化铝箔是一种在薄膜片基上经涂料和真空蒸镀复加一层金属箔而制成的烫印材料［见图 7-19（a）］。电化铝箔是在薄膜片上涂布脱离层、成像层、模压镭射图案，经真空镀铝再涂布胶层，最后通过成品复卷而制成的。

电化铝箔按照材料类型，可分为电化铝烫印、色箔烫印、色片烫印。通常电化铝箔由5层组成，色箔由4层组成（少一层镀铝层），色片由2层组成（颜色层和胶黏层）。

如精装书封壳烫印使用电化铝箔、色箔或色片进行烫印，这种烫印方法称为有料烫印。而仅靠烫印版热压承印物（没有任何烫料），压出凹凸图文，这种烫印方法称为无料烫印。

1. 电化铝箔规格

电化铝厚度：12um、16um、18um、20um 可供选择。

电化铝宽度：450mm、500mm、600mm、640mm 可供选择。

电化铝卷长：60m、120m、240m、360m 等。

对于批量比较大的需求，电化铝生产厂家能按照客户要求，在长度、宽度、厚度上量身定制。注意：不同厂家生产的同一用途的电化铝，型号不一定相同，并且同型号的电化铝其烫印温度也不一定相同。所以选购前先要了解生产厂的型号分类和产品性能、用途等参数。

2. 电化铝箔结构

通常电化铝箔由五层组成［见图 7-19（b）］：第一层是基膜层，第二层是隔离层，第三层是染色层，第四层是镀铝层，第五层是胶黏层。

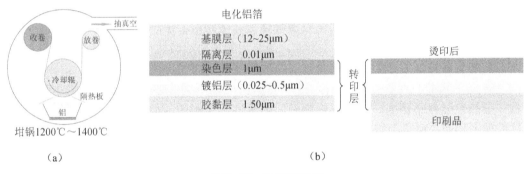

图 7-19　电化铝结构

①基膜层

基膜层也称片基层，它起支撑其他各层的作用，一般采用厚度为 $12 \sim 25\mu m$ 的双向拉伸的聚脂薄膜，主要作用是支撑依附在其上面的各涂层，便于加工时的连续烫印。它具有抗拉伸、耐瞬时高温等性能。

②隔离层

隔离层也称脱离层、剥离层，烫印时便于基膜与电化铝箔分离。一般由厚度为 $0.01\mu m$ 以上的有机硅树脂等涂布而成。主要作用是在烫印后使色料、铝、胶层能迅速脱离聚酯膜而被转移黏结在被烫印物体的表面上。脱离层应有很好的脱落性能，否则会使烫印的图文模糊不清、露底发花，影响烫印的产品质量。

③染色层

染色层也称颜色层，染色层的作用是提供多种颜色效果，同时保护铝层。主要成分是成膜性、耐热性、透明性、适宜的合成树脂和染料，其厚度为 $1\mu m$ 左右。常用的树脂有聚氨基甲酸酯硝化纤维素、三聚氰胺甲醛树脂、改性松香脂等。生产时将树脂和染料溶于有机溶剂配成色浆，然后进行涂布、烘干。主要作用有两个：一是显示颜色；二是保护烫印在物品表面的镀铝层图文不被氧化。电化铝箔的颜色有金黄、橘黄、灰、红、蓝、绿等多种。颜色层的颜色透过镀铝层后被赋予光泽，颜色有一定变化，如黄色经镀铝后为金色、灰色经镀铝后为银色等。对色层的涂布要求是细腻无任何小颗粒，以免出砂眼、涂布均匀一致。

④镀铝层

镀铝层的作用是产生反光效果，呈现金属光泽。镀铝层厚度在 0.025 ～ 0.5μm，采用真空镀铝的方法，其原理是将涂有色料的薄膜、置于真空连续镀铝机内的真空室内，在一定的真空度下，通过电阻加热，将铝丝熔化并连续蒸发到薄膜的色层上，便形成了镀铝层。镀铝层的主要作用是反射光线，改变颜色层颜色，使其呈现金属光泽亮度。

一般电化铝的亮度要高过粉箔，电化铬的亮度高过电化铝，厚度高的电化铝亮度好过厚度低的烫印纸。

⑤胶黏层

胶黏层的作用就是将镀铝层粘到纸张等承印物上。胶黏层厚度为 1.5μm 左右，是一种易熔的热塑性树脂（类似于热熔胶），根据被烫印的材料不同，可选用不同的树脂，将树脂溶于有机溶剂或配成水溶液，通过涂布机涂布在铝层上，经烘干即成胶水层，其主要作用是将烫印料黏结在被烫物体上。烫印时，出现烫不上等现象的主要原因就是胶水层不配套，烫印的对象不同，所选用的电化铝箔型号也应有所不同。

3. 电化铝箔设定注意事项

电化铝箔的型号、性能不同，烫印的适应性也不同。各种材料的结构、表面质量、导热性能各不相同，要求电化铝烫印的适性也不相同，如空白纸与有墨层纸张的性能就不相同，对烫印的要求就有差异。

①根据烫印基材选择电化铝箔

选择电化铝要注意与烫印基材相匹配。什么样的基材所要选择的电化铝品种及型号是不一样的。如图 7-20 所示，例如，如用在布料上的电化铝，不能烫印在塑料瓶上，因为不能匹配。又如，用在玻璃瓶上的电化铝而用在纸张上，这也是不行的。所以用户在选择电化铝时，除了考虑电化铝的色泽和价格外，烫印基材及其表面状态（无论在印刷墨层、上光表面还是覆膜表面上烫印）都必须向供应商讲明，要使用专门电化铝箔来匹配。因为电化铝型号的标注各不相同，有的用数字、有的用符号、有的用字母，这需要根据不同技术参数来选择。

| 布料 | 塑料 | 玻璃 | 纸张 |

图 7-20　电化铝选用

②根据烫印面积选择电化铝箔

由于烫印纸离型层的松紧不同，所以烫印面积的大小对选择烫印纸也很重要。根据实地烫印面积，电化铝可分为三种：①烫印细小笔画（小面积专用）；② 6mm×6mm 实地烫印（通用型）；③ 10mm×10mm 实地烫印（大面积专用）。

③电化铝箔制作注意事项

不同烫印产品表面附着力、导热性是不一样的，因此在烫印不同材质时，应选用合适型号产品，并选择合适温度、压力、烫印时间，进行匹配试烫后，才能正式烫印，以达到最佳理想烫印效果。

④电化铝储存注意事项

电化铝的储存主要是指环境温度、湿度对电化的影响。一般存放的环境温度控制在 5℃～ 20℃，湿度控制在 70% 左右，需立式摆放，不可暴晒等。

三、电化铝箔进料步距设计

电化铝是烫印工艺的耗材，直接关系到烫印成本控制，因此，烫印工艺设计中要尽量合理地使用电化铝印烫。从设计图案开始就要全面考虑电化铝的使用尺寸，首先，根据烫印面的宽度，留有适当的空隙来确定电化铝箔的卷筒裁切尺寸，即留有一定的裁切损耗，一般电化铝箔的宽度比烫印图文的宽 10 ～ 15mm 最为合适。其次，在电化铝箔带行进时，还需要设计好长度方向行进的走箔方式和进给数据。因为大批量烫印必须都是采用优质的电化铝箔，进口电化铝箔价格不菲，国产的也不便宜，如果设计不合理就会造成重复烫印或未烫印间距过长，造成浪费。在印品生产中，纸张、油墨和电化铝箔所占成本最大，特别是烫印复杂图文、面积大、批量大的印品，电化铝箔的成本不比油墨低，如果用进口电化铝箔（库尔兹 、皇冠、API、中井等），其成本可能会超过油墨成本，所以电化铝箔的走箔方式和进给数据，是烫印工艺设计中的重中之重。

烫印步距设计规则：电化铝箔上烫印过的图案没有重叠现象产生。

通常电化铝步距设计有两种方式：①走步设计；②跳步设计。"走步"和"跳步"是指电化铝箔被伺服马达带动与烫印品同步或异步行进方式的俗称。

1. 电化铝箔进料走步设计

走步是运行中的电化铝箔与烫印品同步行进，由伺服电机根据电化铝箔每次行走固定长度。走部设计比较简单，只要量出烫印图文的轮廓长度，再加上余量即可。通常对于烫印单个图案及烫印精装书封壳（只能单个烫印）均采用走步设计。

如图 7-21 左所示，烫印版 A 纵向长度为 90mm，烫印版 B 纵向长度为 80mm，两块烫印版的间距为 60mm，那么电化铝进箔方式只能采用走步设计。只有当两块烫印版的纵向间距 X > A（A 是两块烫印版中的纵向最长版），方可进行跳步设计。如图 7-21 右所示，理论上走步中电化铝箔收卷长度＝ A 版＋ X ＋ B 版＝ 230mm，但是还要加上前后两次烫印图文之间的距离，通常两次拉箔之间的最小间距应≥ 1.2mm，那么本次走步设计长度应≥ 231.2mm。

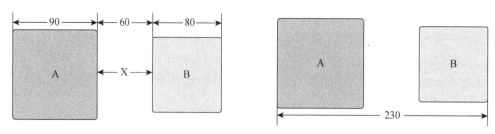

图 7-21　电化铝走步设计

虽然在电化铝箔带上，前后烫印图案的间距越小越经济，但必须考虑以下因素：

①电化铝箔的行进速度越快，前后烫印图案的间隙越大。

②电化铝箔的进给长度越短，前后烫印图案的间隙越大。

③电化铝箔卷筒直径越大，前后烫印图案的间隙越小。

另外，还要考虑放箔旋转架的摩擦力，电化铝箔本身的延展性，电化铝箔的松紧程度等因素，通常初始设计后，还要根据烫印制作后废料上的烫印痕迹来调整此间距到最小值。

2. 电化铝箔进料跳步设计

跳步是电化铝与烫印品同步走过若干个烫印单位长度后，被伺服电机突然加速卷拉，使电化铝箔不被重复烫印，接着开始下一轮的烫印周期。跳步的现实意义就是在两个烫印版的中间还能放上一块大的烫印版，起到节约电化铝的作用。

电化铝箔跳步设计有两种方法：计算法设计、计算机自动设计。

如图 7-22 所示，两块烫印版的间距（100mm）＞A 版（90mm），满足跳步设计要求。

（1）计算法设计

如图 7-22 所示，根据计算得出跳步长度为 275mm、步长为 95mm。当印刷品走一张纸到达规矩位，烫印版热压电化铝后，电化铝箔向前走 95mm，烫印版再次热压电化铝，这样完成了两次烫印。当走第二张纸时，电化铝箔向前走 275mm，开始下一个循环的烫印工作。计算法比效烦琐，计算时还要采集烫印版相关数据，再计算出电化铝箔的最小间距，最后把数据输入烫印机的电化铝箔设置中。

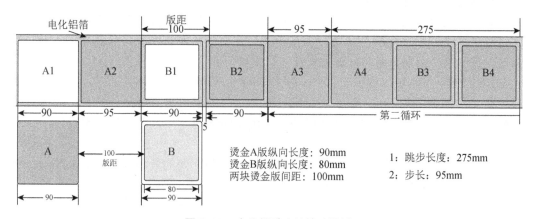

图 7-22　电化铝跳步计算法设计

（2）计算机自动设计

计算机自动设计借助电脑自动计算后，设计出电化铝箔的最佳跳步方案，省时省力。以 KAMA 全自动烫印机为例，操作都只需在操作屏上简单输入版长 L1 和版长＋版距 L2 的尺寸，电脑就能快速完成电化铝箔跳步设计。如图 7-23 所示，电脑计算出走步长度为 95mm，即每次走步 95mm，最后再验证收废机构上电化铝图案之间的实际间隙，再做细微调整即可。

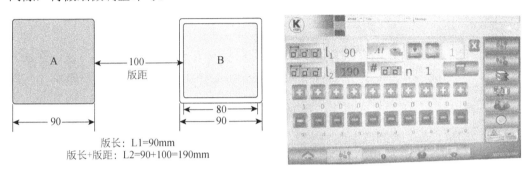

版长：L1=90mm
版长＋版距：L2=90+100=190mm

图 7-23　电化铝跳步计算机自动设计

（3）电化铝进箔设计方法

通常电化铝箔的设计方法有以下三种。

①一次烫印

承印物大部分面积上都有图文，并且全部需要烫印的，且烫印颜色相同时，可以采用一次烫印完成，电化铝箔能等到比较充分的利用，烫印效率也高。

②多条烫印

承印物上几块面积的图文需要烫印，若使用整张电化铝，会出现多处空白，易造成浪费，还有图文烫印的颜色不同，此时通常把电化铝箔裁切成条，几条电化铝箔同步烫印。

③多次烫印

承印物表面多块面积需要烫印，各个烫印图文位置不宜采用多条同步烫印，只能分条分块多次烫印，最后完成整张图文烫印。所以在电化铝烫印设计中，采用一次烫印、多条烫印还是多次烫印，需根据实际情况来设计，既要保证质量，又要降低生产成本，合理的烫印方法是降低成本的有效途径。

（4）电化铝步距设计案例分析

如图 7-24 所示，这是一张需多块面积烫印的纸盒印张，印张上共有 a、b、c、d、e、f 6 个图文面积需烫印，其中 a、b、c 图文面积需烫印，d、e、f 图文面积需烫银。由于烫印电化铝品种不同（金、银颜色不同），不可能进行一次烫印，需采用多条烫印方法。

①电化铝金箔走步设计

如图 7-24 所示，a、b、c 图文面积需要烫印，而且 a、b、c 图文面积在宽度方向相距较近，采用一次电化铝烫印最为经济，即 a、b、c 图文面积烫印放在 A1 电化铝金箔上一次烫印完成。

由于 a 图文和 b 图文不在同一步道中，b 图文和 c 图文虽然也不在同一步道中，但横向间隙为 0，因此步长设计时必须考虑 b 图文和 c 图文要有 1mm 以上间隙，图文才能不重叠。

电化铝裁切宽度＝a 图文外端到 c 图文外端的直线距离＋10 ～ 15mm ＝ 80 ＋ 10 ＝ 90mm。

从印前设计 PDF 文件中得知，烫印图文纵向图文最长为 28mm，输入版长 L1 ＝ 28mm。左右各留 1.5mm 间隙，那么步长 L2 ＝版长＋前后间隙＝ 28 ＋ 1.5 ＋ 1.5 ＝ 31mm。

如图 7-24（b）所示，按自动设计键，把版长和步长输入电脑后 [见图 7-25（a）]，即完成了走步数据的自动设置，从烫印后的电化铝金箔的废料来看 [见图 7-25（b）]，步长设计正确。如果版间隙两端放大到 2.5mm，即步长 L2 ＝ 33mm，那么 c 烫印图文和 B 烫印图文的圆发生交集，电化铝上就会出现重叠现象 [见图 7-25（c）]。同理，如果版间隙两端缩小到 1mm 以下，那么 c 烫印图文和 B 烫印图文的六角发生交集或靠得很近，同样会影响到烫印质量。

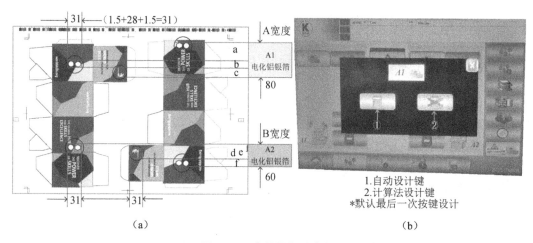

（a）　　　　　　　　　　　　　　　　　　（b）

图 7-24　电化铝设计案例

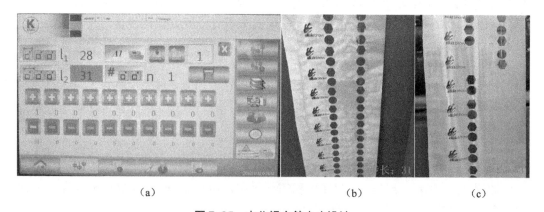

（a）　　　　　　　　　　（b）　　　　　　（c）

图 7-25　电化铝金箔走步设计

②电化铝银箔跳步设计

如图7-24（a）所示，而且d、e、f图文面积在宽度方向相距较近，采用一次电化铝烫印最为经济，即d、e、f图文面积烫银放在A2电化铝银箔上一次烫印完成。

根据图7-26（c）所示，d、e图文面积在同一步道中，而f图文面积与e、d图文面积不在同一步道中，因此只需计算出d、e图文面积的跳步数值即可。由于d版到e版的距离为112mm，因此中间还可以放三块d版，第三块d版前端到最后一块e版的距离为163mm左右，所以步长为31mm进3步，跳步为163mm。

如图7-24（b）所示，按跳步计算法设计键，把数据输入电脑后［见图7-26（a）］，即完成了跳步数据的自动设置，从烫印后的电化铝银箔的废料来看［见图7-26（b）］，步长设计正确。当跳步数值小于162mm时，d、e图文面积会出现重叠现象，当跳步数值在170mm左右时，e、f图文面积又会出现横向接触，所以跳步设计后，还需要根据电化铝废料进行微调。

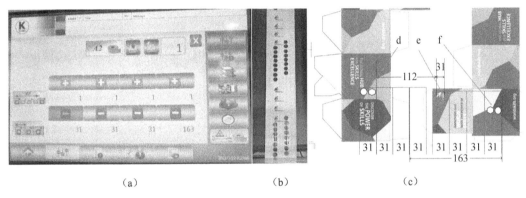

（a）　　　　　　　　　（b）　　　　　　　　　（c）

图7-26　电化铝银箔跳步设计

特别提示：如果电化铝箔窄幅，不宜采用跳步设计，料卷瞬时快速拉动容易把电化铝箔拉断，有时也会纵向拉伸电化铝及影响走箔精度和烫印质量，应改用走步设计法。

合理使用电化铝箔，对充分利用材料、减少浪费和降低成本都有重要意义。所以在烫印面各工艺设计时就考虑到合理使用，物尽其用，既要美观，又要节约。电化铝烫印前，一般要精确计算用料，根据产品烫印面积的需要，留有适当的空隙。

四、掌握烫印版预定位软件应用

传统烫印版的安装是按照菲林上的烫印位置来进行初始定位，再经过产品的反复烫印来不断校正烫印位置，直到烫印位置控制在规定的误差范围内，其缺点是烫印版定位精度低、耗时长、需反复校正定位。数字化烫印版预定位系统用数字化来界定烫印版的位置，比传统烫印版的安装减少90%的换版、调版、套印时间，同时在不停机状态下能离线定位和安装下一个烫印作业版。初次安装后其烫印精度控制±0.2mm以内，从而提高烫印套准的精度，大大缩短了换版消耗的调整时间。烫印版预定位系统的正确操作及过程控制，直接影响到烫印的产品质量，因此掌握正确的操作方法至关重要。

（一）认知烫印版预定位软件

烫印版定位系统［见图7-27（a）］设计时，只需打开PDF格式的印刷电子文件（U盘、移动硬盘、局域网无线路由器等都可导入）读入CPX76系统中，显示器通过透明母版（1∶1比例的PDF文件图案）上指示的位置，通过手动移动烫印版坐标位置，直到显示屏上烫印版图层（由摄像头捕捉的烫印版图案影像）与显示屏上印张烫印位置图层（PDF电子文件上的烫印位置），在横轴、纵轴上完全层叠吻合，然后在烫印版上拧紧定位版锁螺丝［见图7-27（b）］即可完成烫印版的精确定位。

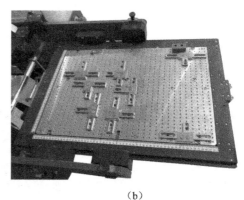

（a）　　　　　　　　　　　　　　　　　（b）

图7-27　烫印版预定位系统

（二）烫印版预定位软件应用

1. PDF文件分辨率设置

CPX76烫印版定位系统设计时，只要双击桌面上 Foil Scanner Heating Plate PC58 软件，用屏幕底部按钮"载入PDF"打开需要操作的PDF格式印刷品电子文件（见图7-28）。

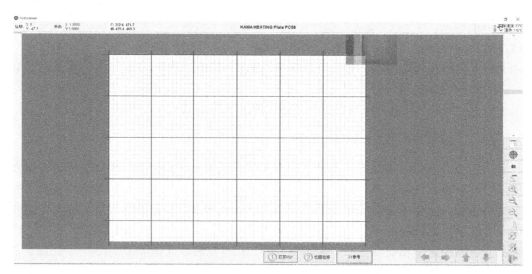

图7-28　软件初始界面

母版图像定义了烫印版的目标位置，因为烫印版定位系统在图层对位时，需要放大 PDF 电子文件显示图像。在此软件中，20mm×20mm 以下的烫印小图案需要放大 8 倍进行对位，当放大显示图像时经常会看到锯齿效果（每种软件转换的算法不一样，分辨率也不一样），如果锯齿太严重会直接影响到烫印版的定位精度，那就需要提高 PDF 的 DPI 值。一般情况下，DPI ≥ 300 即可，而对于 10mm×10mm 以下的烫印图案需要更大倍数来对位，那么 DPI ≥ 350。

2. 设计轮廓定位标记

母版的对位图层需要制作相应的轮廓烫印标识来作为定位标记，这个烫印标识是印后加工单位为烫印定制的轮廓标识（客户产品上是没有的）。轮廓定位标志设计有两个作用：①烫印版定位系统上母版影像需要；②烫印成品质量检验标识（是成品烫印制作位置正确与否的参照物，偏差一目了然）。

印张上的标识应比实际尺寸缩小一些，一般小 0.3mm 左右，这样非常有利于定位操作，在规定误差范围之内不至于操作难度过大。如图 7-29 所示，烫印版上有一个直径为 12mm 的实心圆，印刷品烫印文件标识应做成直径为 11.7mm 的圆，那么烫印后实心圆就能完全覆盖标识（上、下、左、右都有 0.15mm 的余量），烫印后不会露出标识。另外，一般标识颜色应选黑色或反白，这样色差较大便于快速识别校正操作。

图 7-29　轮廓定位标志设计

3. 位图设置

打开 PDF 文件后会显示出两个图文界面（见图 7-30），左面是原始图（印刷品的正面图文），上面有路径、图像尺寸、DPI、格式等信息，右面则是镜像图，应该选右面的镜像图作为实际的母像操作图文，因为烫印版也是镜像图，相当于印章一样是个反相图。由于操作系统软件是以下方的咬口位置为基准的，如果图像咬口位置在上方，则需按咬口位置旋转来纠正镜像位置，在右上角有旋转图像的菜单，根据需要选项即可。

（三）烫印版预定位参数设置

参数设置是软件操作的关键部分，直接影响到烫印位置的精度。参数的设置共分三项，菜单在显示屏下方，即：①打开 PDF；②位图位移；③XY 参考（见图 7-31）。如果印刷格式文件不是 PDF 文件，则需要转换成 PDF 格式文件。

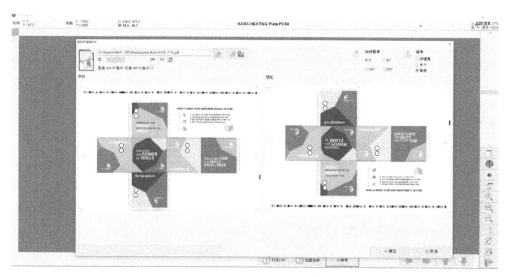

图 7-30　打开操作文件镜像图

1. XY 轴参数设置

每次重新启动软件后都必须进行原点复位，因为断电后系统不能保存记录摄像头位置，即无法存储计数卡中的值或参数，必须进行系统的初始化。原点复位的作用是使软件测量系统有一个识别基准坐标，能与实际安装的底板精准对位。

操作复位步骤：根据显示屏指示，把摄像头推到右上角（见图 7-32），稍用力把摄像头固定在此位置上，此时显示屏会显示当前位置（显示屏取镜框也在右上角顶点位置），用鼠标单击 XY 参考按钮（见图 7-31），使 XY 参考按钮的外面方框由红变绿，此时确定了摄像头初始 X、Y 原点的位置。摄像头是以右上角端点为初始位置，以后移动摄像头位置，显示屏就会显示取镜框当前坐标。

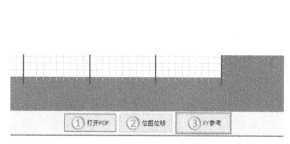

图 7-31　系统参数设置界面图

图 7-32　原点初始化设置

2. 位图位移

打开位图的位移菜单，里面有两个系数需要设置：①系数设置；②位移设置。

①系数设置

系数（指图文变形量）是图与图对比，即设计图（PDF 文件）与印张上实际图像对比。

由于承印物在印刷过程中受纸张丝缕、湿度变化及外力的影响，其尺寸可能会发生变化。因此在操作时要通过测量参考点之间的 X、Y 距离来计算出实际的变形量。

如图 7-33 所示，在"屏幕显示的距离"的操作中，把"PDF 图像内的 X 距离"测量值填入左图文字框内，把"PDF 图像内的 Y 距离"测量值填入左图文字框内。单击文字框右面图标就能开启测量模式，将测量的结果填入对应文字框内即可。

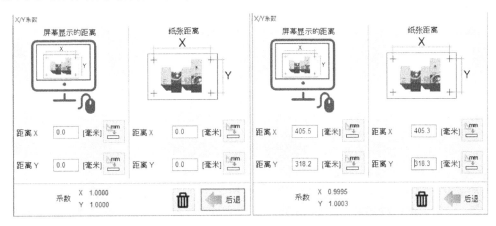

图 7-33 X/Y 系数采集设置

在"纸张距离"的操作中，把"印刷品内的 X 距离"测量值填入左图文字框内，把"印刷品内的 Y 距离"测量值填入左图文字框内。

从 X 轴和 Y 轴的数据采集和比来判断，印品尺寸和图像尺寸的误差控制在精度范围内，可以忽略不计。如果出现 0.1mm 以上误差，那么就要选多个点进行测量，并取个平均值来校正。

②位移设置

位移（指图文在纸张上偏移量）是纸与纸的对比，即设计纸张（PDF 文件）与实际印张之间的对比是由于不同印刷品的咬口和侧规定位存在差异，需要进行标准化纠偏。

如图 7-34 所示，"位移 X"指 X 偏移量，即印张长边（侧规）的偏移量，通常此项对于烫印版的意义不大，因为在烫印过程中可以通过调整侧规来校正，除侧规超范围过大。

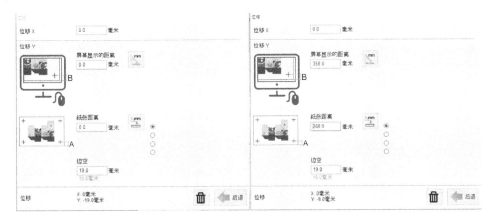

图 7-34 位移采集设置

"位移Y"指Y偏移量,即印张短边(咬口大小)的偏移量,把"屏幕显示的距离"填入文字框内,把"纸张距离"(印刷品的实际距离)填入文字框内。"边空"文字框显示出叼口空白宽度。从位移的数据368.9-358＝10.9mm,这实际上就是印刷品叼口尺寸。

软件会自动将边空19(设计尺寸)-10.9(叼口尺寸)＝8.1mm进行定位,也就是按照实际印刷图文位置进行重新校正定位,以确保烫印版安装时的准确性。

特别提示:为了获得标准数值,位移数据采集应尽量选最远距离作为测试点。

3.温度设置

如果设置过程的当前温度(见图7-35)与烫印版生产时温度(115℃左右)有很大差异,则操作时需要设置相关参数,软件系统会相应地自动计算相关的热胀冷缩值,经温度修正后的指示位置,确保了位置准确,使过去在高温模版上耗时耗力的试烫和位置调整成为历史。

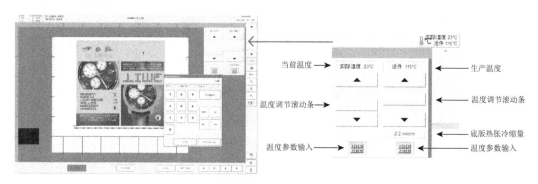

图7-35 温度设置

金属加热底板(铝板和铜板)受热胀冷缩的影响较大,在小批量、短品种烫印产品的快速装版中,考虑金属底板热膨胀系数,能提高烫印版定位精度。

(四)烫印版对位安装

CPX76烫印版定位系统能快速而精确地安装烫印版和压凸底模,实现脱机方式的冷态安装。在电热过程中,系统会专门计算底模所需的热量,可以完成烫印、全息标烫印和冷压凹凸等工艺所需的所有辅助定位任务。以往对于底板上安装几十块甚至上百块烫印版,需要花费大量安装和校正时间,而CPX76烫印版定位系统能轻松、快速、精准地完成定位工作,提高了效率和精度。

安装烫印版时,根据显示屏上PDF文件,移动摄像头到某个所需安装烫印版目标位置,此时摄像头把捕捉到的烫印定位轮廓线,以透明影像投射到PDF印刷图片上,把烫印版安放在此位置的底板上,移动金属烫印版位置开始定位(见图7-36左),直到显示屏上金属烫印版与PDF母板上烫印定位轮廓线高度吻合为止(见图7-36右),最后用定位板固定烫印版即可。

特别提示:烫印版预定位系统安装烫印版过程控制中,对操作系数的设置非常重要,每一个变量都会直接影响到烫印的精度。另外,在安装烫印版的过程中,为保证烫印版安装精准度，摄像头尽量将烫印定位轮廓线放大到满屏操作，有利于精准度提高。

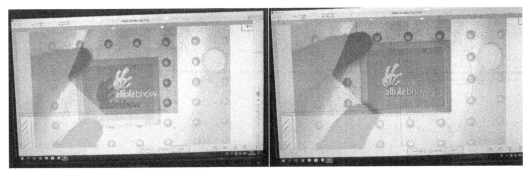

图 7-36　烫印版对位安装

影响烫印版预定位系统的三大要素是：系数、位移及界面温度。其中系数和位移数据的采集最重要，它直接影响到了烫印的质量和精度。通过实验数据的采集和分析，不难发现在烫印版预定位系统过程控制中，系数和位移的数据采集必须选最远距离的两个点进行测量，因为一个小数值除以另一个小数值，其系数变化不大，而两个较大的数值，才能产生较大的变化系数，对烫印版进行精确的定位和修正。速度、精度和效率是印后生产技术的关键性能指标，烫印版预定位系统数字化工作流程使烫印生产能快速进入正常的工作状态，提高了烫印工艺的自动化、智能化、联动化水平，保证了烫印加工质量的稳定性、可靠性和生产效率，为印后烫印质量的标准化提供了保证。

任务三　烫印技术实战

烫印指在纸张、纸板、织品、涂布类等物体上，用烫压方法将烫印材料或烫版图案转移在被烫物上的加工工艺。烫印加工方法有多种，而电化铝箔平面烫则是一种常规的烫印加工技术。

一、烫印技术与设备应用

能将电化铝箔材料经过热压转印到印刷品上去的机械设备称为烫印机。烫印设备可以按烫印用途、烫印方式和自动化程度进行分类。

1. 按烫印用途分类

烫印机根据烫印用途可以分为书刊类和包装类烫印设备。

①书刊烫印机

如图 7-37 所示，书刊类烫印主要用于书封壳和各种有一定厚度产品的整平、烫印及压凹凸。书刊烫印机结构简单、性能稳定，设有三组箔纸传送装置，最大速度60 个 /min，烫印最大压力 35T，适用烫印厚度为 1 ～ 5mm 的书封壳、纸板等材料。

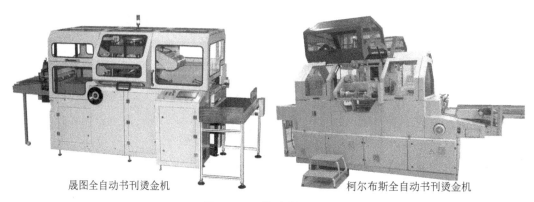

晟图全自动书刊烫金机　　　　柯尔布斯全自动书刊烫金机

图 7-37　书刊类烫印机

②包装烫印机

如图 7-38 所示，包装类烫印主要对广告、纸盒、商标等包装产品的烫印及凹凸。包装烫印机无论速度、压力、用纸幅面、烫印面积、套准精度都比书刊烫印机要高得多，适用于烫印 2mm 以下的各类印刷纸张。

长荣包装烫金机　　　　博斯特包装烫金机

图 7-38　包装类烫印机

2. 按烫印方式分类

烫印机根据适应纸张的情况，可分为卷筒纸烫印和平版纸烫印；按整机形式的不同，可分为立式和卧式；按功能，可分为纸品烫印机、厚纸型烫印机及烫印模切两用机。

按烫印方式，烫印机可分为平压平、圆压平和圆压圆三种方式。

①平压平的烫印方式为平面对平面［见图 7-39（a）］，平压平是目前装机数量最多的机型，平压平的烫印面积可以从信用卡大小到 1050mm 宽。采用平压平烫印机进行大面积烫印或表面光滑无孔的基材时，因烫印箔与基材之间的空气无法排出，阻止了烫印箔与基材很好地黏合，会发生无法烫印或出现气泡现象。平压平操作灵活方便，适合短版产品的生产。

②圆压平的烫印方式为平面烫印版和圆形的压印滚筒［见图 7-39（b）］。平面烫印版容易制作，而圆型的压印滚筒又使其烫印压力成为线性接触，因此既可以用于烫印无孔材料，如聚酯材料或上过光油的平滑表面，也可以从事大面积烫印等平压平烫印很难完成的烫印加工。圆压平烫印机速度较慢，而且无法加工立体烫印。

国内圆压平烫印机大部分是根据海得堡凸版印刷机为平台，进行设计、改装和制作，因此国内圆压平烫印机采用平面烫印版和圆形压印滚筒方式，平面的烫印版容易制作，而圆形的压印滚筒又使其烫印成为线性承压。

③圆压圆的烫印方式为烫印辊对承压辊［见图7-39（c）］，烫印方式也是线接触的旋转运动，圆压圆烫印机能够很好地解决烫印速率、基材、烫印面积之间的矛盾，可以提供最佳的烫印效果，而且速度可达到60m/min，圆压圆型烫印机代表着高速烫印机的发展方向。圆压圆由于其烫印版和底模凸版都是弧面的，加工难度大、制作成本高，同时圆形加热滚筒的传热效果也不是很理想，因此使用并不广泛，适合大批量、质量高的长版活件烫印。

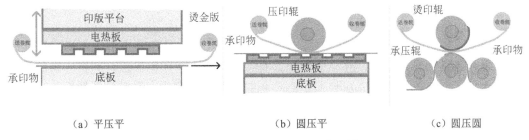

（a）平压平　　　　　　　　（b）圆压平　　　　　　　　（c）圆压圆

图7-39　平压平、圆压平、圆压圆

如图7-40所示，由于平压平、圆压平、圆压圆的烫印方式不同，其烫印版的制作和形状不是不同的，平压平和圆压平烫印版是平面烫印版，而圆压圆烫印版是圆弧型烫印版，三种烫印方式各有千秋，其工艺互为补充，能满足不同设计的需求。

平压平烫印版　　　　　　　圆压平烫印版　　　　　　　圆压圆烫印版

图7-40　不同形式烫印版

3.按自动化程度

烫印机设备种类繁多（见图7-41），有手动烫印机、半自动烫印机、全自动烫印机、数码烫印机等，但烫印原理、烫印机结构基本相同，都是由机架构件、烫印装置、电化铝传送装置和电气控制装置等组成。

①机身机架。包括外型机身及输纸台、收纸台等。

②烫印装置。包括电热板、烫印版、压印版和底板。电热板固定在印版平台上，烫印版通常是铜版或锌版，底板为厚度约7mm的铝板，用来固定烫印版。

③电化铝传送装置。由放卷轴、送卷辊和助送滚筒、电化铝收卷辊和进给机构组成。电化铝被装在放卷轴上，烫印后的电化铝在两根送卷辊之间通过，电化铝的进给由计算机控制的伺服系统执行，烫印后的电化铝废料卷在收卷辊上。

手动烫金机　　半自动烫金机　　全自动烫金机　　　　数字烫金机

图 7-41　烫印设备

二、烫印制作实战

电化铝烫印是选用热压转移的原理，将铝层转印到承印物表面，即在一定的温度和压力作用下，热熔性的有机树脂脱离层和黏合剂受热熔化，有机硅树脂熔化后，其黏结力减小，铝层便于基膜剥离，热敏黏合剂将铝层粘接在烫印材料上，带有色料的铝层就呈现在烫印材料的表面。电化铝烫印的方法有压烫法和滚烫法两种，无论采用哪种方法，其操作工艺流程一般都包括以下几项内容。

烫印工艺流程：烫印前的准备工作—装版—垫版—烫印工艺参数确定—试烫—签样—正式烫印。

1. 烫印前准备

烫印前准备工作主要包括对电化铝箔的检查和选用，烫印版准备以及烫印机检查工作。

①电化铝箔检查和选用

电化铝产品为卷轴型，在生产前需根据产品横向面规格，留有适当的余边进行裁切。除了正确选用相匹配的电化铝外，还应注意电化铝原材料的质量特性，因为电化铝箔好坏直接影响产品的档次。

检查方法：看型号是否正确；将复卷的电化铝打开，观察薄膜表面是否有划痕、砂眼、皱褶及手感是否平整；目测电化铝的亮度是否符合要求，质量好的电化铝反射光线应较强，晶莹闪亮。

②烫印版准备

烫印电化铝的版材一般有铜版、锌版和镀铜锌版三种。使用以铜版为好，因为铜版耐热性强，有一定弹性，比其他版材耐用，烫印效果好。烫印使用的烫印版一般均是外加工，使用前应先检查版面是否有毛刺不平、棱角不整齐、图文不清晰等弊病，要将不合格的地方修整后再上版烫印。

2. 装版

装版，将制好的铜版安装在底板上，然后将底板固定在电热板上，再将规矩、压力调整合适的过程。铜版应固定于底板的合适位置上，既要保证受热效果好，又要方便操作生产，底板通过电热板受热，并将热量传给印版进行烫印。

烫印版的固定方法有两种：①粘贴法；②版锁法（见图 7-42）。

粘贴法常用在半自动烫印机和小型烫印机上，采用 3M 烫印专用耐高温黏合纸，将烫印版粘接在加热平版上。版锁法常用在全自动烫印机上，版锁法有两种：①采用铁制蜂窝加热底板；②采用铝制螺孔加热底板。铁制蜂窝加热底板是用特殊的版锁来定位，而且有的烫印版厚度四周还需要加工成 60°斜坡，供版锁定位用。铝制螺孔加热底板的定位比较方便，烫印版通过版锁螺钉将烫印版固定在加热底板上。通常借助图文版阳图菲林或自动装版系统来安装烫印铜版，以保证烫印的位置正确。

粘贴法　　　　　　蜂窝铁版版锁法　　　　　　螺孔铝版版锁法

图 7-42　烫印版固定方法

3. 垫版

根据烫印效果，对局部不平并造成烫印效果不好处进行垫版处理，使各处压力均匀。平压平烫印机应先将压印平板校平，再在平板背面粘贴一张 100 g/m² 以上的纸张，并用复写纸碰压得出印样，根据印样轻重调整平板压力，直至印样清晰、压力均匀。圆压平的垫版操作在压印滚筒上进行，但需掌握衬垫厚度和衬垫的软硬性，以适应不同印刷品的烫印需要。

4. 烫印工艺参数设置

①烫印温度

烫印温度是依据被烫物质地与烫印形式决定的。对于纸张烫印的印版温度可以视不同的纸张材料、不同的电化铝类型、不同的烫印压力、不同的烫印时间而设定，通常烫印时印版温度控制在 100℃～130℃。温度过高，烫印时会出现花白或变成蓝色，金属光亮度降低，并且会出现糊版、图文不清晰等弊病。温度过低，会出现烫印不上、断笔画，附着力不强，容易擦掉、无光泽、发花等弊病。当烫印面积较大时，温度要略高些，反之要低些。

②烫印压力

烫印压力的大小应根据被烫物性质、厚度及烫印形式决定，比一般印刷压力大。其压力之大以不糊版、烫迹清晰光亮为准，其压力之小以牢固不脱落、不发花为宜。如果在同一块版上，烫印两种面积大小悬殊的图文时，要掌握好使单位面积压力的相等，烫印面积越大，烫印压力应越大，反之则小。

烫印压力的调整要根据版面情况灵活掌握。大面积烫印部位需要较大的压力，而细小文字和线条部位需要的压力相对要小一些。当同一个版面上既有大面积烫印部位又有细小文字要烫印时，可以通过垫版来进行局部补压，以兼顾两者。如果不考虑版面因素，整版都以同一个压力来烫印，势必造成大面积烫印效果良好而细小文字糊版，或细小文字烫印清晰而大面积烫印部位电化铝附着不牢。

③烫印时间

在实际操作中，通常把烫印时间当作一个常量，不轻易改变它。固定了烫印时间后，去调整烫印温度与压力会使变量减少、操作简化，容易控制质量。一般来说，只有在条件特殊时才考虑改变烫印时间。此外，如果不用任何烫印材料，只在烫印凹凸印痕时，温度可适当降低 10% ~ 20%，时间要增加 1 ~ 2s。

上述三个工艺参数（温度、压力、时间）确定的一般顺序是：以被烫物的特性和电化铝的适性为基础，以印版面积和烫印时间来确定温度和压力，再确定最佳压力，使版面压力适中、平整、各处均匀，最后确定最佳温度。从烫印效果来看，以较平的压力、较低的温度和略慢的车速烫印是理想的。因为较平的压力可使电化铝每个点都与被烫物黏结牢固，在能够充分黏结的基础上适当采取较低的温度有利于保持电化铝所固有的金属般的光泽，较低的车速则是为了适应略低的温度。

5. 试烫

在前期工作准备好后，可以进行试烫数张，如规矩不对，可适当调整前规或侧规。如果是因为未达到质量要求，可再次调整烫印温度或进行垫版操作，以达到烫印质量规定要求。

6. 正式烫印生产

烫印产品达到质量要求后，经签样后才能进行正式生产，在正式生产过程中要按生产要求进行自检，并按规定进行抽查检验。要做到烫印外观美、牢度好、手感佳，还要有一定的操作技能和丰富的经验积累。

三、烫印质量判定与规范

烫箔质量要求及检验方法可参照中华人民共和国行业标准 CY/T 7.8—1991 的规定，对烫箔质量要求如下。

1. 烫印版材、温度及时间

①烫印的版材用铜版或锌版，厚度不低于 1mm。

②烫印压力、时间、温度与烫印材料、封皮材料的质地应适当，字迹和图案烫牢，不糊。

2. 烫印

①有烫料的封皮：文字和图案不花白、不变色、不脱落，字迹、图案和线条清楚干净，不面平整牢固，淡色部位光洁度好、无脏点。

②无烫料的封皮：不变色，字迹、线条和图案清楚干净。

3. 套烫两次以上的封皮版面无漏烫，层次清楚，图案清晰、干净，光洁度好，套烫误差小于 1mm。

4. 烫印封皮版面及书背的文字和图案的版框位置准确，尺寸符合设计要求。封皮烫印误差小于 5mm，歪斜小于 2mm，书背字位置的上下误差小于 2mm，歪斜不超过 10%。

思考题：

1. 简述电化铝烫印工艺过程。
2. 简述烫印工艺定位设计方法。
3. 简述烫印版的材料检查要点。
4. 简述电化铝结构与作用。
5. 简述电化铝进料步距设置方法。
6. 简述烫印工艺参数设置的要点。
7. 写出图 7-43 中，电化铝和烫印工艺中的部位名称。

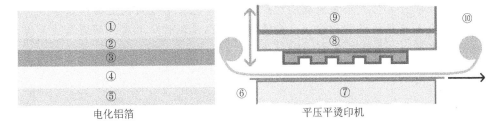

电化铝箔   平压平烫印机

图 7-43 电化铝烫印工艺

8. 简述烫箔质量要求。

模块八
模切工艺设计与制作

教学目标

模切是用模切刀根据产品设计要求的图样组合成模切版，在压力作用下，将印刷品或其他板状坯料轧切成所需形状和切痕的成型工艺。本项目通过模切压痕技术和与之相关的生产工艺设计和制作方法，来掌握模切压痕制作中的常见问题与质量弊病，并掌握模切质量判定与规范要求。

能力目标

1. 掌握模切版分类与应用；
2. 掌握模切打样技术；
3. 掌握模切生产工艺设计。

知识目标

1. 掌握模切制作工艺；
2. 掌握模切操作技术；
3. 掌握模切质量判定与规范。

许多印刷品的边缘常采用弧线、圆角、曲线及形状复杂的造型，这些形状一般切纸机是无法切出的，需要轧切、折叠才能成型和弯折，所以必须进行模切和压痕加工才能实现。

模切是印刷品后期加工的一种裁切工艺，模切工艺是把印刷品或者其他纸制品按照事先设计要求的图形制成模切刀版，在压力作用下，将印刷或其他坯料轧切成所需形状的裁切工艺，从而使印刷品的形状不再局限于直边直角，如商标、瓶贴、标签等。其加工效果是印刷品表面既有裂变（模切），又有变形（压痕）。

压痕是利用压线刀或压线模，通过压力作用在板料上轧出痕迹，或利用滚线轮在板料上滚出线痕，以便板料能按预定位置进行弯折成型或留下供弯折的槽痕。用这种方法压出的痕迹大多为直线型，故又称压线。压痕还包括利用阴阳模在压力下将板料压出凹凸或其他条纹形状，使产品显得更加精美并富有立体感。

模切压痕作用是将方正的平面承印物，按立体容器的成型要求进行分切、压线，便于立体成型。模切与压痕是容器类印刷品，特别是纸盒最常用的印后加工工艺。通常模切压痕工艺是把模切刀和压线钢线组合在同一个模板框内，在模切机上同时进行模切和压痕的加工工艺，简称为模压或模切。包装产品有各种立体的、曲线的异型造型，各种各样造型纸包装产品的折弯处、结合处等部位都需要模切压痕工艺来实现。

模压加工操作简便、成本低、投资少、质量好、见效快，在提高产品包装附加值方面起重要作用。包装产品通过模切压痕工艺可制成精纸盒或纸箱产品；书封面经过压痕处理，能使书背平整美观；塑料皮革产品经过模切压痕可以做成各种容器或用具。

目前，采用模切压痕工艺的产品主要是各类纸容器。纸容器主要是指纸盒、纸箱、纸杯等，这些容器均由纸板经折叠、接合而成，但人们在习惯上往往从容器的尺寸、纸板的厚薄、被包装物的性质、容器结构的复杂程度等方面来加以区分。模切机是利用钢刀、五金模具、钢线排成模框（或有钢板雕刻成模版），在模切机上把整张印刷后的印张，通过模切版施加一定的压力，将印品或纸板轧切成一定形状的单个图形产品的加工工序。模切机是印后包装加工成型的重要设备，它是把模切钢刀和压痕钢线嵌排在同一块版面上，使模切与压痕作业一次完成。印刷品只有经过模切压痕加工，才能从平面的印张变成结构新颖、折叠挺括，可以包装商品的容器。

模切、压痕工艺，在生产过程中既可以一次完成，也可以分开完成，即模切的形式有离线加工和在线加工之分。离线加工就是印刷机和模切压痕机之间没有连接，也没有相互限制。在线加工方法是将模切机与印刷机连接起来，形成一台多功能、组合式机器，一般这种组合机采用卷筒纸及圆压圆方式，集印刷、模切和压痕工艺于一身，适用大批量活源，可以减少操作者的数量，并获得较高的速度，从而提高了生产效率。

任务一 模切压痕工艺认知

模切压痕前，先要根据模切产品特点和相应要求，选择合适的模切生产工艺。

一、模切压痕工艺

模切压痕工艺就是用模切刀和压线刀排成模切压痕版，简称模压版。将模压版装到模切机上，在压力作用下，将纸板坯料轧切成型，并压出折叠线或其他模纹。

图 8-1 所示为模切压痕版结构及工作原理示意图。图 8-1（a）为脱开状态；图 8-1（b）为模切压合状态，即底版台上升到最高点的工作状态。

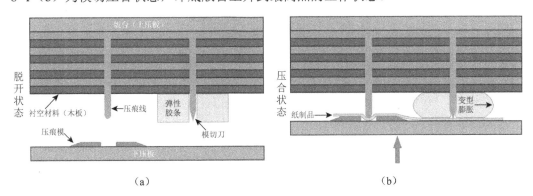

（a）　　　　　　　　　　　　（b）

图 8-1 模切压痕工作示意图

钢刀进行轧切是一个物理过程；而钢线或钢模则对坯料起到压力变形的作用；弹

性胶条用于使成品或废品易于从模切刀刃上分离出来；垫版的作用类似砧板。

通常模切刀板由五部分组成：①衬空材料；②模切刀；③压痕线；④弹性胶条；⑤压痕模。

1. 衬空材料

衬空材料是模切版框的基材，由木夹版组成，用来安装固定钢刀与压痕钢线，通常衬空材料的厚度为18mm。

2. 模切钢刀

模切钢刀是用来轧断纸制品，从而完成模切工作，大多数模切刀的高度为23.8mm，厚度为0.71mm，其种类较多，可依据不同产品进行选择。

3. 压痕刀线

压痕刀线用来压出痕线效果，压痕刀线的高度和厚度，应根据纸制品的厚度进行选择。

4. 弹性胶条

弹性胶条，也称橡皮，在模切时用来压紧纸制品，模切后用来弹开纸制品，以使成品和废品与模切刀能顺利分离。通常弹性胶条的标准高度为8mm，硬度及形状较多，应根据不同产品及不同位置进行选择。

5. 压痕膜

压痕底膜是用来与钢线配合，使坯料变形。压痕膜的厚度、高度和宽度应根据纸张厚度进行选择。

上版台（上压板）是用来安装模切刀版的。下压板是一个动平台，用来模切施压的，同时下压板上安装有压痕底膜。模切的纸制品材料范围很广，如黄板纸、牛皮纸、卡纸、白板纸及在这些材料上裱贴铜版纸的承印材料。

二、模切版分类与应用

模切压痕版（模压版）按照版基衬空材料的不同，可以分为木制模切版、树脂模切版、钢制模切版（见图8-2）。

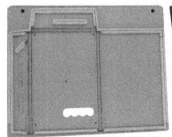  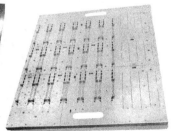

本制模切版　　　　　　　树脂三明治模切版　　　　　　钢制三明治模切版

图8-2　模切压痕版分类

1. 木制模切版

木制模切版有两种衬空材料：一种是密度板；另一种是多层胶合板。

①密度板

密度板是将木材、树枝等物体放在水中浸泡后经热磨、铺装、热压而成，是以木质纤维或其他植物纤维为原料，胶黏剂制成的人造板材。密度版价格便宜、易于加工、不易燃烧、长久放置不会虫蛀，但密度板的耐潮性、耐高低温性差，易变形，不利于刀版的保存。而且钢刀钢线安装后容易发生松动，且不易再固定。密度版硬度、耐模切机冲压性都低于其他底板材料，所以只适用于刀线较为简单、要求不高的短版活，且不能长久保存、使用不广。

②多层胶合板

多层胶合板是用涂胶后的单板按木纹方向纵横交错配成的板坯，在加热或不加热的条件下压制而成。常用的奇数层单板有三合板、五合板、七合板等，多层胶合板价格稍贵、性能更优越、有较高的硬度、可耐受模切冲压力。同时，多层胶合板木板质地均匀，切割时缝隙宽度统一、松紧一致，刀线安装后松紧均匀、柔韧性较好、可缓冲模切冲压力，整版没有应力、模切时压力均匀、对刀的伤害小，可延长刀的寿命。

木制模切版通常指多层胶合板，这种人造合成板是目前使用最多的一种常用制版基材，价格低廉，长时间受模切压力的作用容易产生变形，影响产品精度及外观质量，使用寿命较短，可换刀 1～2 次（通常不换刀）。

2. 纤维塑胶模切版

纤维塑胶版常用的材料是纤维胶板、PVC 硬塑料板等，它具有良好的化学稳定性、耐腐蚀性、硬度大、强度大、强度高，表面光洁平整，不吸水，不变形等特点。

纤维塑胶板易于计算机控制切割，精度较高，而且使用寿命长，可用于长版活。纤维塑胶版价格相对较高（是木制模切刀版的 2～3 倍），可换刀 5～7 次。

3. 钢制三明治模切版

钢制三明治模切版上下两层为 3mm 厚的钢板，中间采用合成塑料填充的结构，与之配套使用的底模也使用钢质材料。钢制三明治模切版精度高、寿命长、不易变形，但价格最高（是木制模切刀版的 4～5 倍），可换刀 25 次左右。

4. 模切压痕版应用

木制模切版采用 CAD 绘图再将数据传输到激光切割机，然后在板材上切割开槽；再将数据中的钢刀部分传输到自动弯刀机，然后进行自动弯刀，人工修正后再装模切刀和压痕钢线。模切压痕版制作好坏直接影响到模切压痕产品的质量，因此需采用激光切割机对衬空板材进行切割，才能确保裁切压痕产品的精度。一般激光切割机的切割后的版材四周已烧焦成黑色，而锯版作业的刀版四周还是版材的本色，而且有木屑存在。

由于木制合成刀模版在空气中易吸收水分而变形，因此三明治钢底模版非常适用于大批量，长线产品的生产及高质量、高要求的精细产品及续订单的模切产品的加工，采用三明治模切压痕版，其特点是尺寸稳定、质量好、不受环境温度等因素影响。

三明治刀模版的基材由三部分组成，俗称三明治刀模版。其种类有两种：一种是两边的外层是钢板，中间是化学合成纤维板［见图 8-3（a）］；另一种是两边是化学合成纤维板，中间是钢板［见图 8-3（b）］。还有一种是五明治刀模版，由三块钢版和两块增强纤维塑料组合而成 [见图 8-3（c）]，因具有高精度套准、高稳定尺寸和高使用寿命而著称，能进行 40 多次换刀操作。

（a）   （b）   （c）

图 8-3　三明治刀模板

通常刀模版的四角均装有护角，其主要作用是保护刀模版，避免刀模版在运输途中或装卸操作中发生磕碰或破损。同时，不同颜色的护角也便于分类、储存和取用。

任务二　模切打样实战

样盒制作是印企在批量生产前需完成的一项首要工作，无论是客户设计稿或印企代设计稿，都必须进行实体样盒的打样制作。实际上打样制作是一个反复校正生产技术数据的过程，直到完全满足客户的质量要求后，并经客户在样品盒上签字确认后，方可正式投入批量生产，因此样盒制作是一个重要的产品质量把关工序，批量生产的每个产品都要达到样盒的质量标准。实体样盒能反映出包装盒的印刷质量、实际尺寸、使用牢度及特定功能等诸要素，有了样品盒做参照物，模切压痕和糊盒加工就可制定生产工艺流程和达标质量要求，也为批量生产起到了检验把关作用。

对于单个包装样盒的制作通常采用数字印刷方式，再用数字切割机或激光切割机来替代手工切割样板盒，这就是通常所说的模切打样机。模切打样机在包装行业中扮演着重要角色，模切打样机与模切机是一种承上启下的关系，广泛应用于包装盒设计与印企技质部门。

一、模切刀版轮廓图设计

模切压痕使用模切刀具和压痕刀具，所以模切压痕的排版轮廓图设计也称排刀设计。模切版轮廓图设计软件有许多，但操作界面和操作方式基本相仿。

如图 8-4 所示是一个数字印刷后的自锁底包装样盒，根据客户对包装盒的形状和尺寸要求，对模切压痕的排版刀线进行轮廓图设计，即设计出自锁底包装样盒的展开结构图，本案例用 EDO-Artios CAD 和 Esko-Artios CAD 两种方法对模切版轮廓图进行设计。

1. EDO-Artios CAD 绘图软件应用

用 EDO-Artios CAD 对自锁底包装盒进行模切刀版轮廓图设计，这种方法根据样盒尺寸直接入手绘图。

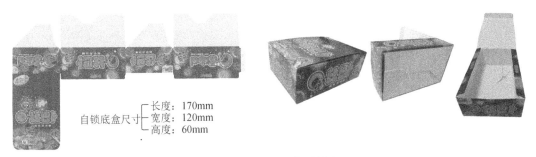

图 8-4　数字印刷包装样盒

如图 8-5（a）所示，打开 EDO-Artios CAD 软件，根据自锁底样盒尺寸要求，画出模切刀和压痕线的轮廓图，模切刀线（裁切线）用蓝色线画，压痕钢线（折叠线）用黑色线画［见图 8-5（b）］，以区分线条的不同功能，也可以用其他颜色来画，只要两种线不是同一种颜色即可。

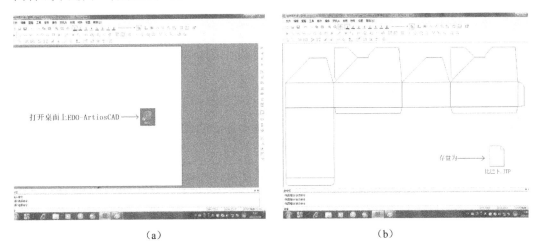

（a）　　　　　　　　　　　　　　　　（b）

图 8-5　EDO-Artios CAD 模切版轮廓图设计

最后完成后存盘时，系统默认扩展名 JTP 文件（比巴卜.JTP）进行存储，实际上 JTP 格式是 Windows Journal Template 的缩写，是一个页面布局文件，可用于后端数字切割机的打样制作，当然，存储为 DXF、ARD 等格式文件也可以。

2. Esko-Artios CAD 绘图软件打样设计

用 Esko-Artios CAD 对自锁底包装盒进行模切版轮廓图设计，这种方法采用模板设计方法，调出相似模板、填入相应尺寸，稍加修改即可完成，具有简便、快速设计特点。

如图 8-6 左所示，打开 Esko-Artios CAD 软件，单击"Run a Stardand"或按快捷键"Ctrl ＋ 2"根据自锁底样盒形状，找到相似包装盒模板，单击"OK"后（见图 8-6 中），就进入模切版轮廓图数据编辑状态，单击"Folding cartons-Metric-Single design parameters"进入自锁底盒结构参数设置（见图 8-6 右），"Board"是选择纸板的规格型号。然后只要根据软件对话框，按顺序步骤填入相对应的数据就可完成自锁底包装盒模切版轮廓图设计。

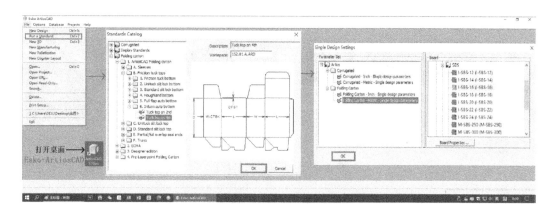

图 8-6　Esko-Artios CAD 软件操作界面

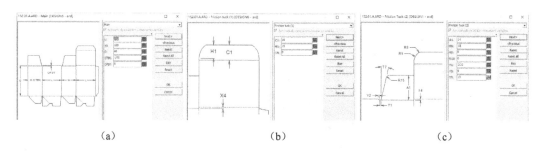

　　（a）　　　　　　　　　　　（b）　　　　　　　　　　　（c）

图 8-7　Esko-Artios CAD 模切版轮廓图参数设置

　　如图 8-7（a）所示，先根据提示框输入自锁底盒主要尺寸数据，如长度 L ＝ 130mm、宽度 W ＝ 120mm、D 高度＝ 60mm。其他一些辅助尺寸系统会给出相应参考值，也可根据需要做修改，如 C1 ＝ 19mm、A1 ＝ 14mm、R9 ＝ 19mm 等［见图 8-7（b）、图 8-7（c）］，最后模切版轮廓图全部完成后（见图 8-8），系统存盘默认后缀名为 ARD 的格式文件（比巴卜.ARD），也可另存为其他格式文件（DXF、EPS、PDF、PDF 等）。

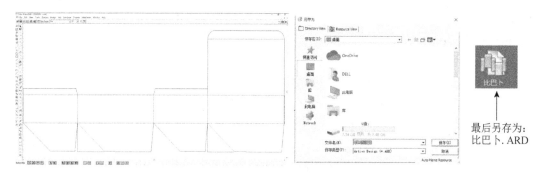

最后另存为：
比巴卜.ARD

图 8-8　Esko-Artios CAD 模切版轮廓图设计

　　ERD-Artios CAD 设计的模切版轮廓图的摇盖在宽度方向上，而 Esko-Artios CAD 设计的模切版轮廓图的摇盖在长度方向上，这是两种不同摇盖方向的同品种自锁底盒。当然这两种摇盖方向只要进行移位和数据修改，就能进行快速切换。

3. 盒体打样作用

包装盒模切压痕轮廓线的各部位规格确定后，必须采用打样试盒成型的方法，对样盒的尺寸规格进行核算、核对，以确定其符合性、合理性和有效性，这是因为电脑设计中的样盒展开图与样盒立体结构存在一定的差异，主要是受到纸张克重、纸张厚薄及丝缕方向等多重因素影响，所以对盒样进行校对、纠偏和修正处理是不可缺少的工序。

如图 8-9（a）所示，切割后的自锁底盒的襟翼上出现了白边，这有两种情况：一种是印刷面积不足（需调整局部印刷面积的覆盖范围）；另一种可能是裁切轮廓线过大而越界。经手工糊盒后，发现是局部模切线细节设计不当，经重新校正模切线后符合标准［见图 8-9（b）］，不难看出实体打样有时还需经过多次反复修正，才能得到所需要的盒型尺寸。

（a） （b）

图 8-9 纸盒打样校正

4. 模切刀版轮廓图工艺设计要求

（1）模切刀版轮廓图工艺设计任务

①确定版面的大小，应与所选用设备的规格和工作能力相匹配。

②确定模切版的种类。

③选择模切版所用材料及规格。

（2）模切版轮廓图工艺设计要求

①模切版上的刀线定位应与印张上的模切图案相符。

②模切压痕刀版工作部分应居于模切版框的中心位置。

③线条、图形的定位要以保证产品的精度为准。

④版面刀线要对直，纵横刀线互成直角并与模切版侧边平行。

⑤断刀、断线要对齐。

模切版轮廓图是整版产品的展开图，是模切刀版制作的关键环节之一。如果印刷采用的是整页拼版系统，就可以在印刷制版工序直接输出拼大版后的模切版刀痕线轮廓图文件［见图 8-10（a）］，并在 Artios CAD 软件中进行单个模切刀版线轮廓图文件的打样输出，通过数字切割机的切割和压痕，再经过校对、修正可以有效保证印刷版和模切版的统一。

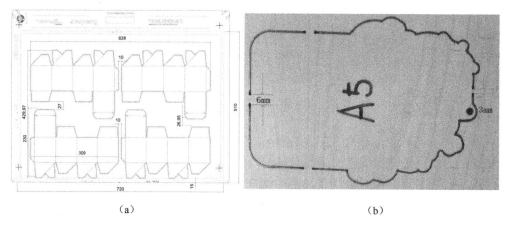

（a）　　　　　　　　　　　　　　　（b）

图 8-10　模切刀版轮廓图

（3）模切刀版轮廓图过桥工艺设计要求

为了保证在制版过程中模切版不散版，要在大面积封闭图形部分保留 2 处以上位置不要完全切断，这些位置通常叫作"过桥"。对于小块模切版，过桥宽度可设计成 3 ～ 6mm，对于大块模切版，可留出 8 ～ 9mm 的过桥宽度［见图 8-10（b）］。如果产品模切图的刀线不满全长（刀线加压痕线的总长）的 95%，最好加平衡刀线，否则，轻则增加校版时间，重则缩短模切设备的使用寿命。如果模切设备在没有平衡刀线的状态下长期工作，就会造成模切设备上下平台压力不平衡，前后肘杆轴磨损不均，出现前口轻、后口重现象，这对模切设备是极为不利的。

（4）常用模切刀线制版符号（表 8-1）

表 8-1　常用模切刀线制版符号

名称		绘图线型	功能	模切刀型	应用范围
单实线		———————	轮廓线、裁切线	模切刀、尖齿刀	1.纸盒(箱)立体轮廓可视线 2.纸盒(箱)坏料切断线
双实线		＝＝＝＝＝＝	开槽线	开槽刀	区域开槽切断
单虚线		－ － － － － －	内折压痕线	压痕钢线	1.大区域内折压痕 2.小区域内对折压痕 3.作业压痕线
点虚线		·············	打孔线	针齿刀	方便开启结构
双虚线		＝＝＝＝＝＝	对折压痕线	压痕钢线	大区域对折压痕
点画线	1点	－ · － · －	外折压痕线	压痕钢线	1.大区域外折压痕 2.小区域内对折压痕
	2点	－ ·· － ··	外折切痕线	模切压痕组合刀	大区域外折间歇切断压痕
	3点	－ ··· － ···	内折切痕线	模切压痕组合刀	1.大区域内对折间歇切断压痕 2.预成型类纸盒(箱)作业压痕线
波纹线		∿∿∿∿∿	软边裁切线	波纹刀	1.盒盖插入襟片边缘波纹切断 2.盒盖装饰波纹切断 3.瓦楞纸板纵切剖面
			瓦楞纸板剖面线		
波浪线		⌐⌐⌐⌐⌐	撕裂打孔线	拉链刀	方便开启结构

二、模切压痕打样实战

完美无瑕的实体样盒制作是十分必要的，它能展现实体盒样的结构、折叠间距、压痕线、模切线，也能反映印刷和后道加工品质，以便更好地调整模切压痕的定位和大小，为包装盒的最终形态提供高质量、高精度的完美制作。

数字印刷后的纸盒在模切打样分割时，不可能用剪刀去剪切，而是依靠平板式数字切割机来完成模切，数字打样切割机的类型有很多，通常使用最多的是刀式切割机和激光切割机。当模切打样的切割精度要求很高或高硬度纸张，激光切割机则是理想的打样制作设备。无论是 EDO 刀式切割机还是 MOHR 激光切割机，都是按 CAD 生成的刀模版预设路径文件来进行切割的。本任务以 EDO 纸张切割机来讲解模切打样制作。

（一）EDO 数字打样切割机按键功能

EDO 数字打样切割机［见图 8-11（a）］采用以太网传输数据，可连接任意 CAD 软件，操作简便，广泛应用于服装、制鞋、箱包等行业，能对不同纸张、纸板、PVC 板、纤维中底板、橡胶板等进行切割、开槽、划线等操作。

EDO 切割机采用双刀头［见图 8-11（b）］，SP1、SP2 两套多用途刀座，通过调换不同切割刀型和压痕刀型，可以进行全切、半切、开槽、划线等，转角表现优异，不连料。

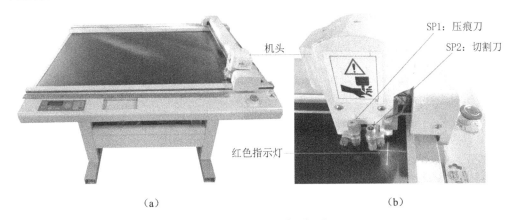

（a）　　　　　　　　　　　　　　　　（b）

图 8-11　EDO 数字打样切割机

（二）EDO 数字打样切割机参数设置

如图 8-12 所示，将电源开关置于"ON"，红色指示灯亮起。按一下启动键后稍等，按复位键以使切割机初始化，初始化时切割机机头先回到平台右上方后，再沿 Y 轴方向行走并回到初始原点（右下方），从而完成切割机的开机定位准备，可以进行设置和操作。

1.基本参数设置

在待机状态下，按设置键，设置菜单下共有四个选项：①参数；②文件；③测试；④高级（见图 8-13）。

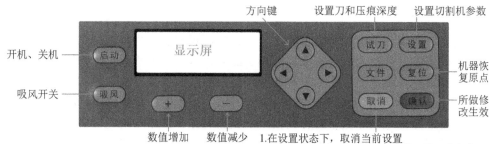

图 8-12　EDO 数字打样切割机按键功能

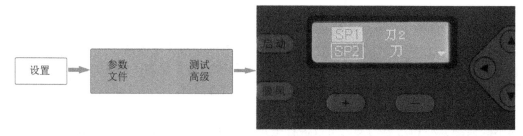

图 8-13　参数设置界面

①参数：参数是对切割机工具号、速度、偏移、延时、角度、算法、校正参数进行设置。

②文件：文件是设置切割机文件工作模式。

③测试：测试是对切割刀和压痕刀的动作进行测试。

④高级：高级是对切割机高级功能进行设置。

2. 制作参数设置

按参数键，参数菜单下共有七个子选项：工具号、速度、偏移、延时、角度、算法、校正系数，这七个子项目可以通过方向键来选择。

① 工具号设置

"工具号"设置就是对切割刀和压痕刀的属性设置。按工具号键，进入刀座属性设置。系统显示中可以对 8 个刀座（SP1～SP8）进行设置，每个刀座后面有 5 个属性（刀 2，刀，刀#，笔，空）可设置。EDO 数字打样切割机是双刀座，所以设置两个刀头的属性，即切割刀和压痕刀即可。"刀 2"代表此刀座使用压痕刀压痕；"刀"代表此刀座使用刀切割；"刀#"代表此刀座在切割样板片时的角点位置进行抬刀操作，对于较厚纸板的切割效果有一定提升，但会影响整体工作时间；"笔"代表此刀座使用笔画；"空"代表此刀座不进行工作，但机头仍会沿线条运动。

如图 8-14 所示，本次"工具号"设置中，把 SP1 刀座的属性设置为压痕刀（刀2），SP2 刀座的属性设置为刀切割（刀）。

②速度设置

"速度"设置是对切割机的工作速度进行设置。按速度键，进入速度设置项。系统显示中可以对 6 项速度功能（空速、空加速、笔速、笔加速、刀速、刀加速）进行设置。"空速"是设置机头运动时从一点移动到另一点的速度；"空加速"是设置机头运动时从一点移动到另一点的加速度；"笔速"是压痕刀或笔工作时从一点工作至另一点之间速度；"笔加速"是压痕刀或笔工作时从一点工作至另一点之间加速度；"刀速"是切割刀工作时从一点工作切割至另一点之间的速度；"刀加速"是切割刀工作时从一点工作切割至另一点之间的加速度。

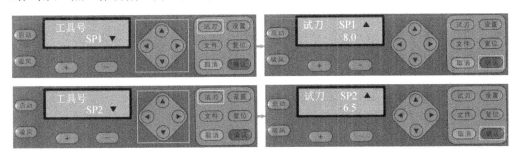

图 8-14　测试切割刀、压痕刀参数设置

③偏移

"偏移"设置关系到机器在进行切割和压痕时，切割刀和压痕刀是否会重合。

④延时

"延时"设置既可以解决切割机在进行切割时，遇到的开始点与结束点或两点线段的接点处不能完全割断的问题；也可以解决压痕时遇到的压痕开始处有虚线的问题。

⑤角度

"角度"设置能改善切割机在弧线及斜线作业时的速度和效果，提高切割压痕线质量。

⑥算法

"算法"同"角度"设置一起作用于线条的速度和效果上。

⑦校正系数

校正系数用于样盒尺寸大小的微调，当打样盒出现轻微大小误差时，可进行校正。一般不使用此功能，因为现在的软件都自带校正功能。

3. 测试

按测试键，测试菜单下共有两个子选项：①测试压痕刀；②测试切割刀。

①测试压痕刀（SP1）

如图 8-14 左上图所示，在待机状态下，按一次试刀键，显示屏上显示"工具号 -SP1"，按下方向键两次，进入"试刀 -SP1　8.0"（见图 8-14 右上图），再按确认键，机头会在平台上用压痕刀压出一个 20mm×20mm 的正方形。根据痕线的深度，可以重新调整压痕线 8.0 参数，直到符合要求为止。

②测试切割刀（SP2）

如图 8-14 左下图所示，在待机状态下，按一次试刀键，显示屏上显示"工具号 -SP2"（如果界面未显示"工具号 -SP2"，则需要按方向键将工具号重新选择在"工具号 -SP2"上），按下方向键两次，进入"试刀 -SP2　6.5"（见图 8-14 右下图），再按确认键，机头会在平台上用切割刀切割出一个 20mm×20mm 的正方形。如果切割深度不适合，可以重新调整切割刀设置的 6.5 数值参数，直到符合要求为止。

方向键是切割机参数设置界面上的方向控制键，在进行数字调节时（如设置刀深、速度等），左右键代表左移或右移一个光标，上下键代表数字的增加或减少。在切割机开关待机状态下，直接按方向键将进入"临时原点"设置页面。

4. 文件

切割机文件工作模式设置。默认当前切割机样盒工作文件是通过网口传输过来的最新"当前工作文件"，如果选"下载目标文件"通过方向键可以选择其他"单文件"进行切割操作。注意：关机后所有工作文件全部清零。

5. 高级

高级设置项有 6 项选择：刀补偿、扭距、通信、自动送纸、自动设置、恢复出厂设置。

其中，"刀补偿"主要是用于切割时转角的效果。"通信"中的 IP 地址：192.168.0.250。高级设置一般无须调整，"恢复出厂设置"已进行了优化设置，按恢复出厂设置键能快速有效地对 EDO 数字打样切割机进行参数初始化设置。

打样切割机参数设置全部完成后，就可以进行打样操作。

（三）样盒制作

打开 EDO-Artios CAD 软件，读入"比巴卜.JTP"文件（JTP，DXF，ARD 等格式文件都可以读入）软件中，进行打印输出。

1. 压痕线制作

如图 8-15a 所示，把软件菜单选项中的 1 设置为黑色，即把软件中的第一把刀座与切割机上 SP1 压痕刀线相对应，这样 EDO 数字打样切割机上的压痕刀就会识别"比巴卜.JTP"文件中的黑色线段，并对黑色线段进行压痕操作。

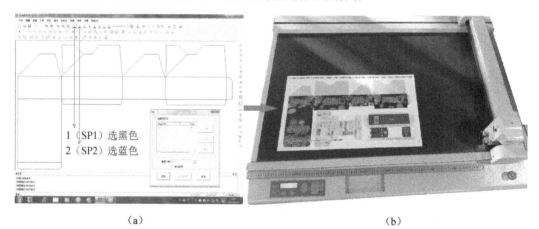

（a） （b）

图 8-15 打样盒制作

2. 切割线制作

同样，把软件菜单选项中的 2 设置为蓝色，即把软件中的第二把刀座与切割机上 SP2 切割刀线相对应，这样 EDO 数字打样切割机上的切割刀就会识别"比巴卜.JTP"文件中的蓝色线段，并对蓝色线段进行刀切割操作。其他格式文件读入后，切割线也需设置成蓝色，压痕线设置成黑色，以匹配切割机的操作。

3. 制作

在 EDO 数字打样切割机面板的相应位置，放入一张数字印刷后的自锁底盒样张，按下控制面板上绿色吸风按钮以固定平台上样张，双击 EDO-Artios CAD 软件中的"打印"，根据提示框选择相应需要，按打印按钮后，切割机就自动对样盒进行切割和压痕制作。

特别提示：电脑中的 IP 地址需设置为 192.168.0.1，以获得 EDO 数字打样切割机 COM1 端口的局域网络直连，不能设置自动获得 IP 地址（数据通信无法连接）。

在实际生产中还需将定稿的纸盒样稿，经过拼大版来完成最终制版工作，后续工作就是出片，正常印刷出青、品红、黄、黑四张色片。传统做法是出一张黑白的刀模版片，可用于模切刀版制作和补压垫板纸补压用，现在通常使用拼版的 PDF 电子文档直接用来制作模切刀版，并用该 PDF 文档直接数字印刷出刀版补压纸。

任务三　模切生产工艺设计与制作

模切压痕刀版的工艺设计与制作，俗称排刀，就是指将模切钢刀、钢线、衬空材料等按照生产工艺操作要求，拼组成模切压痕刀版的工艺过程。良好的开端是成功的一半，如果模切版的制作质量有缺陷或瑕疵，轻则加大后面步骤的操作难度，延长校版时间；重则返工，重新制作模切版，既耽误时间，又造成经济上的损失。

在制作模切刀版前，首先要考虑模切对象的情况，如纸张厚度、精度要求、模切数量等。再确定采用何种成型方式，何种模切刀、压痕线和模切胶条等材料。模切压痕的适用面较广，不干胶、卡纸、瓦楞纸板、塑胶片等材料都能胜任，由于包装材料的种类繁多，很难将所有的材料和用刀方法一一列举，本任务仅对使用最广的平压平模切刀版进行设计制作。

模切压痕刀版工艺：切割底版—钢刀钢线轧切成型—组合拼版—开连接点—粘贴模切弹性胶条—试切垫版—制作压痕底摸—试模切、签样。

一、切割底板

由于传统的手工和机械割板中，打孔、锯缝加工复杂而烦琐，主要依靠操作人员的经验及手法，再加上速度慢、精度低、操作复杂、劳动强度高等原因，现在大部分底板切割都采用激光切割技术。激光切割模切底版是由电脑操控的激光切割机上进行的，它是以激光作为能源，经过激光发生的高温对模切底板材料进行切割，即切割出嵌刀线的狭缝。激光束可采用连续和脉冲切割两种方法，为保证模切版的精度要求，通常采用脉冲切割。

首先，根据来样把需要模切压痕物品的规格、形状等参数用电脑绘制 CAD 图形，也可以调用模切版轮廓图文件（如比巴卜打样绘图文件）或用自动扫描仪录入来样菲林，利用计算机绘制模切压痕衬空底板切割程序，控制单个图形设计，并自动加过桥位，配合模切压痕机确定版面，为模切压痕版编号，控制配套阴阳清废板底模制作，输出激光切割图形等，然后激光切割机操控激光头移动，并在底板上自动切割出任意复杂的、不同宽度的切缝，同时保持模切版的整体性（见图 8-16）。激光切割根据其物理化学现象可分为：汽化切割、熔化切割、热氧化切割、控制断裂切割。本底板切割主要是汽化切割，借助压缩空气吹走木屑灰烬；金属底板切割主要是熔化切割，借助同方向氧气助燃吹气，使燃烧产生更高温度将金属熔化，又将熔融的碎屑钢渣吹走。

图 8-16　激光切割机

激光切割机是一种可控性良好的无接触加工，能一次精密快速自动切割出成型底板及烫金模版，还能切割出一些手工无法做出的复杂图形，具有图形准确、稳定持久的高品质，而且线条光滑平直、精度高、误差小、速度快、重复精度高，无污染、无刀具磨损、寿命长等优点，但是激光切割价格稍贵、成本较高，一般找专业厂家定做。除非板材是纤维塑胶等合成材料，才会用高压水喷射切割技术开嵌刀槽，对于木板、钢板等普通板材，一般都采用激光切割的方法。

二、钢刀钢线设置与应用

纸盒的完美形状来自正确的模切压痕，模切是把被模切材料上不需要的部分切除掉，主要由模切版上的钢刀切割来完成。压痕对纸盒起定型作用，主要由模切版上的压痕钢线来完成的。由于模切刀版上的模切钢刀和压痕钢线是同时进行的，所以人们通常将模切和压痕简称模切。

（一）模切钢刀设置与应用

模切钢刀和钢线设置是根据纸盒设计要求，将模压用的钢刀、钢线铡切加工成最大的成型线段，并将其加工成所要求的几何形状。模切钢刀和钢线设计与应用是否优良，直接决定了模切机调压的时间及模切的质量、速度、次数，并决定了糊盒的质量与速度。

1. 模切钢刀型号与种类

模切钢刀是一种呈双面斜角形的刀口，常用模切钢刀标准高度为 23.8mm，有时也采用其他高度，如 23.6mm。

模切钢刀厚度有多种，如 0.45mm、0.53mm、0.71mm、1.0mm、1.05mm、1.42mm、2.13mm、2.84mm 等，常用的厚度为 0.71mm。

模切钢刀根据材质不同可分为三种：硬性钢刀、软性钢刀、中性钢刀。软性钢刀，并不是指刀刃软，而是模切刀的刀身选用较低的硬度 48HS（肖氏硬度），软体刀线全体能够弯出较小的圆弧和半径；硬体刀指的是模切刀全体淬硬至 55HS，刀身全体有较高的强度。通常刀锋都是经过特殊涂层处理，刀锋的硬度能达到 75HS。

模切钢刀根据外型不同，可分为平刀、方齿刀、钢孔刀。

2. 硬性材质钢刀设置与应用

硬性材质钢刀（见图8-17）耐模切力高、弹性系数中（弯曲度小），一般用于弯曲形状不是很复杂的图形，适合加工批量大、纸张厚、模切形状简单的产品。如厚卡纸、瓦楞纸箱，食品盒、药品盒、烟盒等长品种订单的生产。

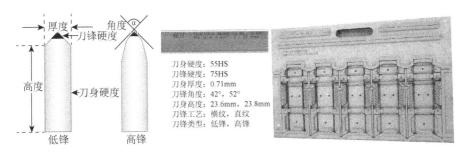

刀身硬度：55HS
刀锋硬度：75HS
刀身厚度：0.71mm
刀锋角度：42°，52°
刀身高度：23.6mm，23.8mm
刀锋工艺：横纹，直纹
刀锋类型：低锋，高锋

图8-17 硬性材质钢刀

3. 软性材质钢刀设置与应用

软性材质钢刀（见图8-18）耐模切力低，弹性系数大（弯曲度大），适合加工批量小、纸张薄、形状复杂的产品，如拼图、动画图、图案等产品模切。当然采用超级涂层特别处理过的刀刃，既能达到百万次以上的模切使用寿命，也能加工大批量产品，而且切边顺滑、降低纸尘，更适合模切再生纸和高要求产品，如药盒、食品盒、不许粘纸尘的包装盒。

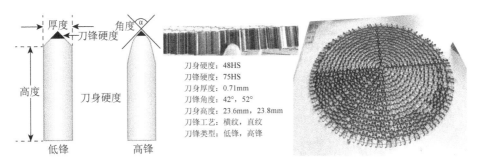

刀身硬度：48HS
刀锋硬度：75HS
刀身厚度：0.71mm
刀锋角度：42°，52°
刀身高度：23.6mm，23.8mm
刀锋工艺：横纹，直纹
刀锋类型：低锋，高锋

图8-18 软性材质钢刀

4. 中性材质钢刀设置与应用

中性材质钢刀（见图8-19）介于硬性钢刀和软性钢刀之间，加工范围相对较宽。如卡纸、覆膜卡纸、商标纸、自粘贴纸、精装盒、PVC盒、细瓦楞等产品的模切。

刀身硬度：52HS
刀锋硬度：75HS
刀身厚度：0.71mm
刀锋角度：42°，52°
刀身高度：23.6mm，23.8mm
刀锋工艺：横纹，直纹
刀锋类型：低锋，高锋

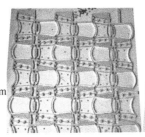
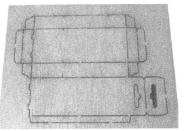

图8-19 中性材质钢刀

5. 方齿刀、钢孔刀设置与应用

模切钢刀按刀的形状可分为三种：①平刀；②方齿刀；③钢孔刀。模切钢刀和压痕钢线均是平刀，虽然模切钢刀可以弯折成不同形状，但初始钢刀均是直线平刀。

①方齿刀

方齿刀（见图 8-20）也称点线刀、涂胶齿孔刀，其作用有两个：①制作撕裂线；②刺穿纸张表面。方齿刀刺穿纸张上胶部位表面后，能使胶水渗入纸张内层纤维，从而使纸张间的粘接更加牢固，例如纸盒表面进行过上光、覆膜或其他涂层处理，如果不刺穿盒盖处理表层，很难保证盒盖的黏接牢度。

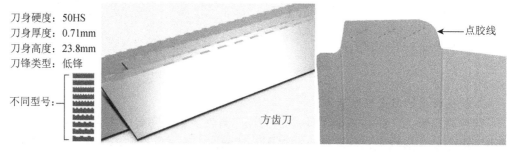

刀身硬度：50HS
刀身厚度：0.71mm
刀身高度：23.8mm
刀锋类型：低锋
不同型号：
方齿刀
点胶线

图 8-20　方齿刀

当刀身高度设计为 23.8mm 时，纸张全部刺穿，糊盒时会造成溢胶粘连；当刀身高度设计为 23.5mm 或 23.6mm 时，纸张未全部刺穿，半穿是防止表面涂胶透过纸张。

②钢孔刀

如图 8-21（a）所示，弹簧孔刀用于模切圆孔，孔内装有弹簧（类似弹性胶条），轧切下的废料直接从圆孔弹出，防止粘刀，外形有圆柱和六角两种。如图 8-21（b）所示，清废孔刀专用于清废，轧切下的废料从刀体侧面排出，外形有圆柱和六角两种。如图 8-21（c）所示，内侧孔刀的作用与弹簧孔刀相同，但轧切下的废料从刀体尾部排出。

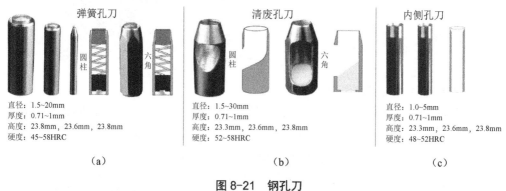

弹簧孔刀　　　　　　　　清废孔刀　　　　　　　　内侧孔刀
圆柱　　六角　　　　　圆柱　　六角

直径：1.5~20mm
厚度：0.71~1mm
高度：23.8mm，23.6mm，23.8mm
硬度：45~58HRC

（a）

直径：1.5~30mm
厚度：0.71~1mm
高度：23.3mm，23.6mm，23.8mm
硬度：52~58HRC

（b）

直径：1.0~5mm
厚度：0.71~1mm
高度：23.3mm，23.6mm，23.8mm
硬度：48~52HRC

（c）

图 8-21　钢孔刀

6. 模切钢刀刀锋设置与应用

模切钢刀根据刀刃形状不同，可分为：低锋刀、高锋刀、单边低锋刀、单边高锋刀。

按照磨削方向可分为：横纹刀、直纹刀（见图 8-22）。

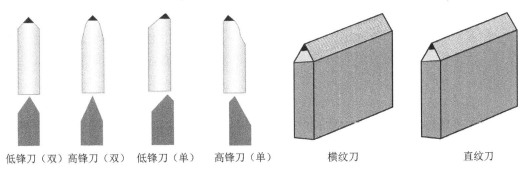

低锋刀（双）　高锋刀（双）　低锋刀（单）　　高锋刀（单）　　　横纹刀　　　　　　　直纹刀

图 8-22　刀锋设计与应用

①刀刃设置与应用

双低锋刀刃承压力强，耐用性持久，适用于模切速度快、数量大的纸张，如普通卡纸、瓦楞纸等。

双高锋刀是为模切厚材料而设计的，其修长的刀锋可以极大地减少模切阻力，减小模切压力，同时给厚材料提供一个良好的切边，如厚卡纸、过胶纸板、皮革、复合材料等。

单低锋刀用于闭合形材料的模切或要求切边是直边场合，如塑料、橡胶、复合材料等。

单边高锋刀用于模切厚材料，如吸塑、电子产品、金银卡纸等。

双锋刀用于模切厚度大于 0.5mm 的纸板时这种刀有两个斜口，能够有效减少两凸面起到的负压作用，而且刃口反常尖利，容易切进纸板。

一般低锋刀是应用最广泛的一种模切刀，虽然刀锋很小，看似不够锋利，其实，在模切 450 g/m² 以下的卡纸或一些厚度小于 0.5mm 的材料时，低锋是最理想的形式，其稳定厚度的刀刃支撑为压力的传送起到了重要作用。常用低锋刀的角度为 52°，是非常稳定的基础角度。刃角越小，其模切阻力越小，自然更加锋利、易于切穿。但是，刃角越小，保证其锋利和刃口正确的拉削工艺越难。磨制刃口的 42° 刀片制造工艺相对简单，其刀片性能比拉削方式制作的刀片要逊色不少。以拉削方式制造的 42° 刀片具有在模切卡纸时寿命长、可降低纸粉的显著特性。

②刀纹设计与应用

模切刀根据纹路不同，可分为横纹刀和直纹刀（见图 8-22 右）。挑选优异的模切刀时应留意刀锋的横纹处理或直纹处理。

横纹处理的刀刃对于模切纸张效果较佳、较耐用，稳定性及精度更高，受弯后不易开裂。例如，普通卡纸的模切加工通常采用横纹低刀锋软刀。

直纹处理的刀刃表面看似很锋利，便于模切时切在钢板面上，时间稍长很容易钝口，同时，受弯后易开裂，所以除了模切胶片产品选直纹刀较为顺畅外，模切纸质产品通常都选用横纹处理的模切刀。

（二）模切钢线设置与应用

压痕钢线设计与应用是指压痕钢线的类型匹配及压痕钢线高度、厚度的设计与应用。

1. 压痕钢线分类与应用

如图 8-23 所示，压痕钢线根据其形状可分为五种：单头线、双头线、尖头线、圆头线、平头线。通常使用最多的是单头线、双头线这两种普通型压痕钢线；尖头线、圆头线、平头线这三种是特殊压痕钢线。

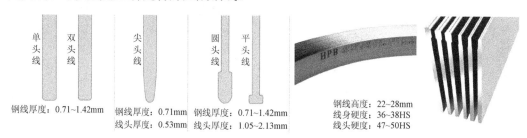

图 8-23　压痕钢线种类

2. 压痕钢线高度设置与应用

常用压痕钢线高度在 22～23.8mm，通常是根据纸厚来选定压痕钢线高度，常用的高度为 23mm。钢线高度应略小于模切钢刀高度，压痕钢线高度的选择原则：钢线高度＝模切钢刀高度－（纸张厚度＋0.05～0.1），若为瓦楞纸厚度，则纸张厚度是瓦楞压实后的厚度。确定压痕钢线高度，要考虑到纸张质量，如果纸张韧性好，比较抗拉，可采用高一点的压痕钢线，反之，则应降低压痕钢线的高度。

压痕钢线高度设计直接影响到压痕线的质量。模切刀版下压时，只要有钢线存在，纸张就会发生形变、就会产生瞬间拉力。如果钢线过高，压入纸张过深，由于剩余纸张连接部分较少，瞬间拉力很有可能将背面剩余部分撕断，因此会出现碎片状毛边或者爆裂。纸张的材质不同，产生碎毛边的多少和概率也不相同。

压痕钢线的高度还应根据压痕槽的厚度做出相应变化。如在模切一些卡纸制成的小盒时，由于很多位置的压痕线之间的距离很近，如果按正常情况配置压痕线的高度，在批量生产时会造成爆线。因此，应设法降低压痕线高度，降低的高度通常为 0.1～0.2mm，具体值应根据纸张厚度确定，一般定量在 350 g/m² 以上的纸张需降低 0.2mm，定量在 350 g/m² 以下的纸张以降低 0.1mm 为宜。

3. 压痕钢线厚度设置与应用

压痕钢线厚度有五种：0.53mm（1.5pt）、0.71mm（2pt）、1.05mm（3pt）、1.42mm（4pt）、2.13mm（6pt）。选择压痕钢线时，钢线厚度＞纸张厚度，常用钢线厚度为 0.71mm（2pt）。

$$钢线厚度＝1.5pt 用于纸张厚度小于 0.10mm$$
$$＝2.0pt 用于纸张厚度小于 0.58mm$$
$$＝3.0pt 用于纸张厚度小于 0.85mm$$
$$＝4.0pt 用于纸张厚度小于 1.20mm$$
$$＝6.0pt 用于纸张厚度大于 1.21mm$$

例如，厚度为 0.3～0.6mm 的常用卡纸，对应的钢线厚度为 0.71mm。

特别提示：有时模切硬小盒时，由于一些位置的压痕线距离很近，如果按正常情况配置压痕线的高度，模压时会对纸张产生较大拉力，造成"爆线"。这时应设计将纸张受到的拉力降到最小。较好的方法是降低压痕线高度，降低的高度一般为0.1～0.2mm。通常应根据纸张厚度确定压痕线的降低高度，定量在350g/m² 以上的纸张需降低0.2mm，350g/m² 以下的纸张以降低0.1mm 为宜。

（三）连接点设计与制作

开连接点是模切机生产前一项必不可少的工序。连接点就是在模切刀刃口部开出一定宽度的小口，在模切过程中，使废边在模切后仍有局部连在一起的地方，保持整个印张不会散开，以便于下一步走纸顺畅。

开连接点应使用的专用设备是刀线打口机，即用砂轮磨削开边连接点，而不应用锤子和錾子去开连接点，否则会损坏刀线和搭角，并在连接部分容易产生毛刺。连点宽度有0.3mm、0.4mm、0.5mm、0.6mm、0.8mm、1.0mm 等大小不同的规格，常用的规格为0.4mm。连接点通常开在成型产品看不到的隐蔽处，并且要避开胶线位置，如果不得已连点在成型后能够看见，则连点应越小越好，否则排废时连点处不易分离，导致纸张撕烂及附近墨层爆线。

如图8-24 所示，气动连接点打口机专用于模切卡纸或者瓦楞纸的刀模，打各种宽度、深度的连接点，取代了传统的锤敲打点方式，开出的连接点均匀、不伤刀、没毛刺、深度适中、不偏差和方便快捷，延长刀模使用寿命，四角V 形定位，不会出现连接点偏大或偏小，可根据产品要求更换适合厚度的砂轮片，从而达到完美的效果。

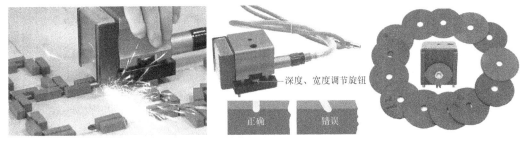

——深度、宽度调节旋钮

正确　　错误

图8-24　连接点设计

连接点设计原则：

（1）在模切刀过桥位置是悬空的，不应在这个位置开连接点。

（2）连接点应开在包装盒隐蔽的地方，或成型后隐藏的地方。如糊口、耳朵、盒底部分。

（3）在不影响走纸的情况下，连接点越小、越少越好。

（4）连接点的大小根据纸张厚度来定：200～250g/m² 的纸张可选用0.3mm 厚的砂轮片；250g～350g/m² 的纸张可选用0.4mm 厚的砂轮片；350g～450g/m² 的纸张可选用0.5mm 厚的砂轮片；瓦楞纸可选用0.8mm 厚的砂轮片。

如果模切连接点设计过少，也会造成超细边模切时出现散版，因此，在连接点设计时要对连接点数量进行合理设计与添加，才能避免出现散版问题。

连接点制作时，开口要与刀身垂直，不应产生倾斜刀口（见图8-24）。

三、模切版制作

模切压痕版制作是将钢刀、钢线、衬空材料按制版要求拼装组合成模压版的过程。模切刀版制作方法有三种：手工排版、机械排版、激光排版，现在通常使用精度最高的激光排版。

1. 模切版制作工艺流程

模切版激光制作工艺流程：设计—电脑控制—激光切割—塞刀—固定。

模切钢刀和钢线是按设计的要求，由自动剪切机、弯刀机根据模切钢刀、压痕钢线的规格、形状等参数（CAD 图形切割数据文件），自动完成模切钢刀和压痕钢线的铡切、弯曲等制作。然后人工或自动装刀机将模切钢刀和钢线塞入激光切割好的衬空底板的割缝中，再用高弹橡胶制成的专用刀模锤或木锤（以保证不伤刃口），把模切钢刀和压痕钢线敲实、压紧、固定到位（见图 8-25）。

图 8-25　模切压痕版制作

排好的模切刀版的纵向和横向要互呈 90°角，各边线要互相平行，整个版面要平整，模切钢刀的接口要排在合适位置，挡口间隙要适当，不能受压力作用而发生重叠或间隙过大等现象。所以，装配好模切钢线和压痕钢线后，要对模切刀模版进行符合性检查，例如，看是否出现刀线和压痕线装反，钢刀和压痕线的夹紧力是否适当等，最后还要在模切钢刀两边贴上合适反弹胶条。条件允许的话，最好拿一张相应的印刷品，用刀模锤来敲一张试样，这样便于直观地发现问题，避免模切版装到模切机上才发现问题，造成不必要的时间浪费。最后经检查无误后，模切刀版方可存版待用。

2. 模切钢刀、钢线制作注意事项

模切钢刀钢线在成型加工时，整个图形轮廓的刀口拼接的数目要尽量少，要选择适当的接口位置，既不影响纸盒造型美观，又便于加工。

为使模切版的钢刀钢线具有较好的模切适性，模切刀版设计和制作时应注意以下事项。

①开槽开孔的模切刀线应尽量采用整线，线条转弯处应带圆角，防止出现相互垂直的钢刀拼接（见图 8-26 左）。

②两条线的接头处，应防止出现尖角现象（见图 8-26 右）。

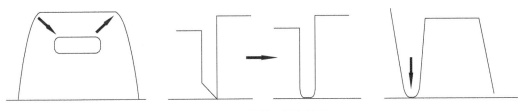

图 8-26 整线、圆角设计

③避免多个相邻狭窄废边的连接，应增大其连接部分，使其连成一块，便于清废［见图 8-27（a）］。

④防止出现连续的多个尖角，对无功能性要求的尖角，可改成半圆角［见图 8-27（b）］。防止尖角线截止于另一个直线的中间段落，这样会使固刀困难，钢刀易松动，并降低模切适应性，应改为圆弧或加大其相遇角［见图 8-27（c）］。

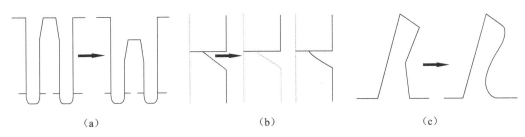

（a）　　　　　　　　（b）　　　　　　　　（c）

图 8-27 多个窄废边、半圆角、圆弧设计

⑤模切刀线轻微地越过压痕线，压痕线改为半穿点线会使折叠更容易［见图 8-28（a）］。

⑥勾底的盒子底部折痕出排刀角度最好呈圆弧形，否则沿痕折起来都极易裂口，当然圆弧不宜过大，否则成型后底部出现小漏洞［见图 8-28（b）］。

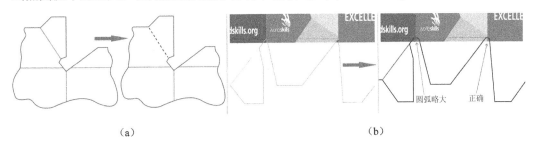

（a）　　　　　　　　　　　　　　（b）

图 8-28 压痕线设计

四、模切胶条设置与应用

如图 8-29 所示，模切刀版组合安装完成后，还要粘贴弹性模切胶条。模切胶条主要有两个作用：①模切时牢牢压住纸张，不让纸张移拉、错位，防止产生纸毛、减少爆纸；②模切后能迅速弹压纸张，使纸张与刀具完全分离，防止模切刀粘住纸张，保证走纸顺畅。

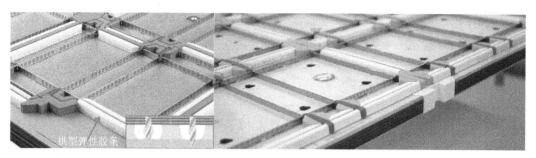

图8-29　模切压痕印版组合

1. 模切弹性胶条类型

模切弹性胶条的选用好坏，直接影响模切的速度与质量。模切胶条必须有足够的硬度才可以压紧纸张，让模切刀顺利地将纸张切开，不至于产生过多的纸毛。模切弹性胶条按硬度可分为：标准胶条、硬胶条、特硬胶条，其参数如表8-2所示。

表8-2　模切胶条类型及参数

胶条类型	硬度（HS）	宽度（mm）	高度（mm）	粘贴位置
标准胶条 （透气反弹海绵）	35～45	7	7～9	贴在正常模切位置
硬胶条 （致密型）	55	7	7～9	贴在模切刀两侧有连接点的位置或在高速模切机上贴在正常模切位置
特硬胶条 （固体型）	60	8	7	通常贴在狭小部分的位置或方齿刀、拉链刀等特殊刀具两侧，也可以贴在高速模切机的连点位置
拱型胶条	55、70	7	7	贴在连接点、糊口或模切刀和钢线较近等位置

拱型胶条按照其圆弧度的不同，可分为25°、30°、35°、55°、60°拱型胶条，由于模切技术的不断提高，现在已一改过去一种海绵胶条从头贴到尾的方法，一般将55°的模切胶条贴在窄缝处；60°拱形胶条贴在离压痕钢线较近的模切刀处，以减小模切合压时此处的压痕钢线对纸张产生的拉力。

模切胶条应具有持久的弹性和快速回弹的性能，能够保证卡纸或瓦楞纸板的快速退料，提高模切速度，避免纸张被拉断起毛。模切弹性胶条是根据所要模切的纸板材料的硬度以及钢刀在盒型中所处的位置关系来决定反弹胶条的类型（见表8-2）。硬度越大，弹性越小，回弹时间越短，便于钢刀迅速与纸板分离。因此，对于不同的模切速度、模切材料要选用不同硬度、尺寸及形状的胶条，同时对于粘贴在不同位置的弹性胶条，也应选用不同硬度胶条。

2. 模切胶条设置与应用

模切胶条在模切时会被压缩变形，并向刀身反方向膨胀（见图8-30），向两边拉纸，在模切刀还未来得及切断纸张时，纸张已被模切胶条拉断，产生起毛、纸尘。模切胶条粘贴定位时，如果距离钢刀太近，弹性胶条在受压时会产生侧向分刀，容易破坏纸张的连点将纸张在模切时拉毛，影响模切效果；如果距离太远，则起不到防止纸张粘刀的作用。弹性胶条的疏密程度应根据排刀情况而定，整个版面胶条高度应尽量保持一致。为防止模切弹性胶条压缩后变形，如果两刀间隙太小，可采用致密弹性胶条来减小侧向膨胀系数，提高模切质量。

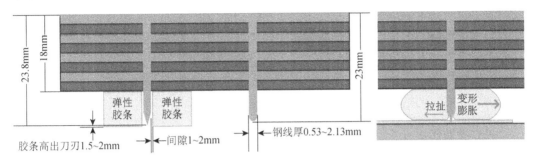

图 8-30 弹性胶条设计

模切弹性胶条设置需遵循以下原则。

①模切刀之间的距离如果小于 8mm，应选择特硬（HS60）模切胶条。

②模切刀之间的距离为 8 ～ 10mm，应选择硬性（HS55）模切胶条。

③模切刀之间的距离如果大于 10mm，应选择标准（HS35 ～ 45）模切胶条。

④模切刀与钢线的距离如果小于 10mm，应选择拱型模切胶条（HS60）；如果大于 10mm，应选择标准（HS356）模切胶条。

⑤模切刀连接打口位置，应选择拱型模切胶条（HS70），用于保护连接点不被拉断。

⑥模切胶条应略高于模切钢刀刃口，根据模切胶条的硬度不同，高度也有所不同。通常标准胶条高出钢刀 1.5 ～ 2mm；硬胶条高出钢刀 1.2mm 左右；特硬胶条高出钢刀 0.5mm 为佳。

⑦模切胶条的粘贴位置应在模切钢刀两侧，通常模切胶条距离钢刀以 1 ～ 2mm 为宜（见图 8-30），即模切胶条应安装在距离模切刀最少 1mm 以上位置，不能紧贴刀身安装，否则，反弹胶条在受压后由于不能向刀身方向膨胀，只能向另一方向膨胀，这样就造成向两边拉纸，模切刀还未来得及切开纸张，就已被反弹胶条拉断，这样就会产生起毛及纸尘。另外，硬度较大的反弹胶条压缩变形后会对模切刀产生较大的侧压力，导致钢刀变形或移位。

模切刀版上的弹性胶条的数量、硬度和高度，应在各个位置上均衡分布，这样模压时受力才会均匀。精细化作业的同时，平衡刀的两侧也应布置反弹胶条。

3. 模切胶条类型与应用

模切胶条的类型较多，常用的类型有拱型胶条、刀缝胶条、C 型胶条、G 型胶条、D 型胶条等（见图 8-31），在实际操作时，应根据模切适性来配置不同类型、不同宽度和不同高度的模切胶条。

①拱型胶条

通常拱型胶条（HS70）的硬度为 70，主要放在胶条对纸板用力比较集中的地方，使模切更洁净。例如，涂胶部位和盒盖部位，能使起毛边的概率降到最低，为糊盒上胶减轻负担。

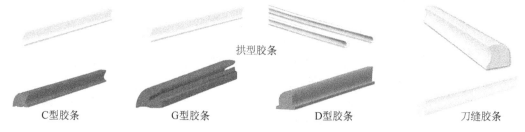

拱型胶条

C型胶条　　　　　G型胶条　　　　　D型胶条　　　　　刀缝胶条

图 8-31　模切胶条类型与应用

②C 型胶条

C 型胶条（HS60）的硬度为 60，独特的拱形设计可以减少卡纸现象；通过增加对纸张的强度来减少刀模板的连接点，从而提高模切速度。

③G 型胶条

G 型胶条（HS70）的硬度为 70，独特的拱形设计能改善压痕创面现象，适用于微型瓦楞纸。

④D 型胶条

D 型胶条（HS50）的硬度为 50，独特的圆弧形前端设计，有利于减少纸板卡住现象，使高速走纸更为顺畅。通常放置在距离钢刀 1mm 的位置，适用于连点的区域。

⑤刀缝胶条（见图 8-31 右下）

刀缝胶条（HS70）的硬度为 70，具有拱型胶条的特征，常用于钢刀非常接近的位置，可以将纸屑弹出，同时避免钢刀断裂。

五、压痕底模设置与应用

压痕线是由压痕钢线与压痕底模配合压出折叠痕线。压痕底模根据材料的不同，可分为粘贴压痕模、纤维压痕模和钢质压痕模，使用最广的是粘贴压痕模。

粘贴压痕模是一种快捷方便的制作方法，不需要购买设备或专门去定做底模，通过简单的操作即可在底模钢板上制作出整齐标准的压痕底模，并且耐用性强，价格便宜，适合短、中、长版不同的需要。纤维压痕底模这种加工方法底模材料选用纤维板，材料坚硬并且耐用，一般使用在极长板的模切中，制作工艺比较复杂，需要在专用电脑底模加工机上制作，整体制作成本高和适应性较差。钢底模这种制作方法是直接在底模钢板上用电加工成痕槽，优点是有极好的尺寸稳定性和机械强度，缺点是工艺复杂，需要昂贵的专有设备，适合单一产品模切且极长版的活源。本任务主要讲解粘贴压痕底模的设计、应用与制作。

1. 压痕底模类型与应用

粘贴压痕模有手粘底模和自粘底模两种。通常使用最为普遍的是自粘底模，其特点是使用方便、快捷，可满足各种产品的压痕要求，且压痕效果稳定。

①压痕模根据压线方向，可分为两种类型：①正压线；②反压线。正压线的效果是达到模切产品的凹槽形状，反压线的效果是达到模切产品的凸槽形状。

如图 8-32 所示，正压线底模条上的定位塑料是卡在压痕钢线上，当模切动平台向上升起到最高时，底胶片受压后就粘贴在动平台上；当模切动平台向下降到低点时，底模条就脱离压痕钢线。揭去定位胶条，正压线底模条安装完成。

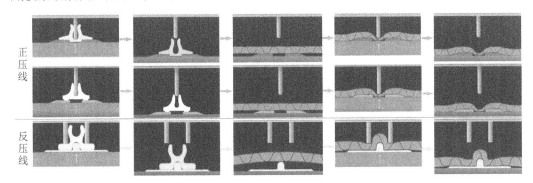

图 8-32　正压线、反压线工作原理图

如图 8-32 所示，反压线底模条上的定位塑料是卡在两个压痕钢线中间，当模切动平台向上升起到最高时，底胶片就粘贴在动平台上；当模切动平台向下降到低点时，底模条就脱离压痕钢线。揭去定位胶条，反压线底模条安装完成。

②压痕底模按使用位置不同，可分为：标准型、狭窄型、单边狭窄型、连坑型等（见图 8-33）。

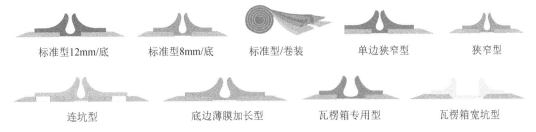

图 8-33　压痕底模类型

标准型用于工作中压痕线两侧距离较宽的位置，该型号为普通型；超窄型用于压痕线与模切刀距离较近的位置；单边狭窄型用于压痕线与压痕线距离较近的位置；连坑型用于配合两条或两条以上距离在 4mm 以下的压痕线；瓦楞箱专用型槽宽相比卡纸要大一点。

2. 压痕底模设置与应用

压痕底模的设计是根据纸张厚度来进行。选择压痕底模时，底模的厚度应大于纸厚，而小于或等于槽宽，此外，槽深应略大于或等于纸张厚度。纸张越厚，压痕线就越宽。如果压痕钢线厚度一定，则压痕线宽取决于底模的槽宽。

①正压线底模设置

正压痕线在纸盒成型过程中主要起折线定位，便于折叠，折痕笔直、美观，确定纸盒外型尺寸等作用。正压痕线设置步骤如图 8-34 所示。

a. 用油标卡尺或千分卡测量纸张厚度

b. 压痕线厚度＝纸张厚度

c. 卡纸压痕线宽度＝（纸张厚度 ×1.5）＋钢线厚度

d. 瓦楞纸压痕线宽度＝（纸张厚度 ×2）＋钢线厚度

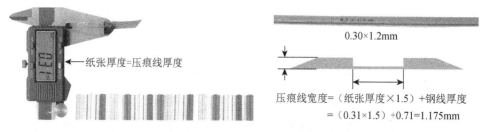

图 8-34　正压线底模条设置

压痕线底模上都标有型号（厚度 × 宽度），如图 8-34 所示，压痕线厚度为0.3mm，压痕线宽度为 1.2mm。槽深已根据纸张厚度进行了自动匹配（槽深≥纸张厚度），无须再计算。

设置举例：模切 0.40mm 厚纸张，模切刀高度为 23.80mm，压痕钢线厚度为0.71mm，则：压痕钢线高度＝ 23.80 － 0.40 － 0.10（0.05 ～ 0.10）＝ 23.30mm，压痕线宽度＝ 0.40×1.5 ＋ 0.71=1.31mm。如果是磨砂产品，压痕钢线的高度需要在以上基础上略减，即压痕要浅一些，因为压痕太深会造成折角爆线等问题。减少的量由纸张厚度确定，通常为 0.10 ～ 0.20mm。同时，当压痕钢线之间的距离过小时，也需粘贴胶条以起到反拉力的作用，把纸张压紧，减轻压力。所以在设计与制作压痕线时，还要综合考虑相关因素对压痕线的影响。

②反压线底模设置

反压线一般用于两侧都有压痕需求或需要凸槽效果的纸张，是应用刀模板上两条相邻压痕线之间的坑槽作为压痕模槽，反压痕模的凸台作为压痕线，形成特殊反向压痕线。由于反压线是夹在两条钢线之间，所以很多时候选用反压线都是看钢线与钢线的中间距离是多少，从而确定合适的反压线。实际上，对于彩面印刷品的压痕，如果将纸板翻身走纸，采用相反方向压痕方式，就可以避免压痕钢线与彩印表面的接触，即可避免造成伤痕。

反压痕线设置步骤如图 8-35 所示：

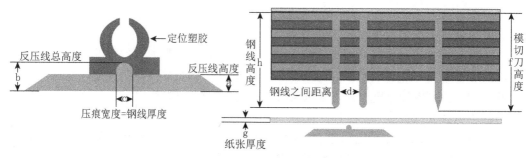

图 8-35　反压线底模条设置

卡纸反压线：钢线之间距离（d）＝（纸张厚度×1.5）＋钢线厚度

瓦楞纸反压线：钢线之间距离（d）＝（纸张厚度×2.0）＋钢线厚度

钢线高度（h）＝钢刀高度－（纸张厚度＋反压线厚度）

③压痕辅助胶条设置

如图8-36所示，压痕辅助胶条是一种反弹海绵胶条，粘贴在压痕钢线两侧，起到支撑纸板产生的向上压力，以实现最佳的压痕效果，特别是针对槽纹的曲线。压痕辅助胶条规格尺寸有多种，适用于模切坚固的材料，如瓦楞纸等。

图8-36　压痕辅助底模条设置

3. 压痕底模的制作

模切压痕工艺中的压痕底模是盒形质量的重要保证，除手工粘贴压痕底模之外，还有底模开槽机开出的底模、纤维压痕底模及压条痕模等。但常用的压痕底模是粘贴压痕底模（PVC塑料）和纤维压痕底模，前者较适合短版活件，后者适用长版活件。

①粘贴压痕底模制作

粘贴压痕底模既无须机制底模的专用设备，也没有纤维底模的昂贵价格，更没有盒形角度弯曲不平的质量问题，压痕深度比较稳定，适合不同纸张种类，而且价格便宜、耐用性强，满足不同需要及使用。即使从来没有做过压痕条模的人员，也能在短时间内熟练使用。

压痕底模制作首先是根据压痕底模设计和计算结果，选择压痕线规格（厚度×宽度）；再用钢板尺量出不同压痕钢线长度，用开剪机或手剪同样长度的压痕线，再将压痕线的弹性开口卡套在压痕线上；揭开保护硅胶纸贴，点动模切机使动平台上升到最高点，重压一次使压痕底模下面的强力底胶片与钢底板牢固粘接，一般停留1min左右；点动模切机使平台下降到最低点，拉出底钢板，揭去压痕线上面的定位塑料胶条，再用橡皮锤敲击压痕线，使其牢固粘接不移位，然后用压痕线专用胶水或优质502强力胶水将压痕线两边加固，防止脱胶移动；最后用锋利的手术刀把过纸方向的压痕线两头削斜，以使过纸顺畅。

粘贴压痕底模的制作工艺流程（见图8-37）：量取—裁切—定位—剥离—装版—清理—加固。

图8-37　粘贴压痕底模制作

②纤维压痕底模制作

纤维压痕底模是在专用电脑底模加工机上制作，用特殊销钉定位在模切刀版上，后面步骤和粘贴压痕底模制作一样。

纤维压痕底模的制作工艺流程（见图8-38）：定位—剥离—装版—清理—加固。

图8-38　纤维压痕底模制作

纤维压痕底模与粘贴压痕底模相比，具有压痕次数多（10万次以上）、可制作弧形压痕线、制版时间短、效率高等优点。但其价格较贵和存在压碎风险。

特别提示：卡纸压痕底模和瓦楞压痕底模是不能混用的。如果卡纸选择瓦楞纸的压痕条模，就会导致盒形的扩角度不平、弯曲、抗压强度不够，压痕线条不够实，使产品出现严重质量问题；同时，因两者的纸张厚度不同，瓦楞纸压痕条模的宽度比卡纸压痕条模的要宽得多，而卡纸压痕条模是窄的，如瓦楞纸盒选用卡纸压痕条模，则产品的压痕线就会爆裂，严重时会导致报废；对于不同的纸板，如AB浪、EB浪、B浪、E浪、F浪、G浪等，则需选择不同的压痕条模。

六、补压垫板纸设置与制作

补压垫板纸是专门为局部补压提供刀线位置的图案，它是粘贴在上版台钢板上，即模切刀版背面位置。补压垫板纸上印有模切压痕线条轮廓图，操作可以根据补压垫板纸上图案，方便地找到需补压的刀线和痕线位置进行快速补压。补压垫板纸制作有两种方法：①数字打样补压垫板纸；②复印补压垫板纸。

1. 数字打样补压垫板纸

如图8-39所示，数字打样补压垫板纸就是前面所说的PDF文档数字印刷出补压垫板纸。

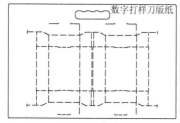

图8-39　补压垫板纸制作

2. 复印补压垫板纸制作

如图8-39所示，取一张0.1mm厚度的纸张（如128g/m²铜版纸、80g/m²双胶纸）放在动平台底板上，纵向紧靠底板左边内框，左右居中放置，用纸胶带粘牢；然后在铜版纸上面再放置一张复写纸，最后上面再放一张纸，再用胶带粘牢（见图8-39）；在施压条件下，点动模切机运行一个周期，使最下面纸张受压后，复印上模切刀版线轮廓图案；拉出底版台揭去复写纸，并根据底钢版上刻线在底版纸两端画出刀版延长线（见图8-40a），取出最下面这张带有刀版线图案的铜版纸待用。

3.补压垫板纸定位

把数字印刷补压垫板纸或复印补压垫板纸放在上版台钢板上［见图8-40（b）］，此位置是模切刀版背面位置；补压垫板纸两端画出刀版延长线与上版台上的刻线对齐，进行前后纵向定位（咬口位置定位）；用尺量一下模切刀版上某一刀线到版框外边的距离［见图8-41（c）］，再使补压垫板纸上该刀线到版框外边距离一致［见图8-40（d）］，进行左右横向定位（侧规位置定位）；最后用胶带把复印补压垫板纸粘接牢固，补压垫板纸定位完成。

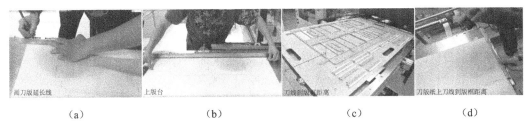

| （a） | （b） | （c） | （d） |

图8-40　补压垫板纸定位

七、补压纸设计与制作

补压纸和补压钢带是专门用于模切刀版局部补压，即用于对模切刀的高度补偿，平衡模切刀版压力，使纸张受力均匀，以达到高质量的裁切效果。补压纸和补压钢带既可贴在衬纸上，也可贴于刀模板上压力不足的模切刀的背面，从而使模切压力均匀，达到良好的模切效果。补压纸和补压钢带具有厚度精确，便于调节压力，黏性好，方便操作等优点。

1.补压纸、补压钢带种类

常用补压材料种类：①自黏性补压纸；②水溶性补压纸；③补压铁片。

①水溶性补压纸

水溶性补压纸通常用于纸张表面涂布，是一层水溶性树脂胶［见图8-42（a）］，也称再湿胶，它是一种无毒、无刺激性气味，对人体无任何不良影响的环保型胶水。再湿胶通常用于纸张表面的涂布，经纸张干燥吸收后迅速成膜，涂胶部位再次遇水湿润后就起粘接作用，常用于邮票、信封口、纸袋、纸盒、书籍包装等所需纸制品黏合。水溶性补压纸有长条形和卷带形两种，在使用时需要湿润表面，因此常采用浸水海绵作为沾水介质，才能进行补压操作。

②自黏性补压纸

自黏性补压纸是一种卷带形模切补压带［见图8-41（b）］，是目前效果较好的补压纸，主要用于对模切刀高度的补偿，使纸张受力均匀。既可贴在衬纸上，也可贴于刀模板上压力不足的模切刀的背面，从而使模切压力均匀，达到良好的模切效果。自黏性补压纸材质较硬、黏性适中、方便操作，使用寿命长。

③补压钢片

补压钢片是一种卷带形模切补压钢带［见图8-41（c）］，其精准度高，稳定性好，补压效果较前两种要好，还能减少钢刀的磨损，使用寿命最长，能达到优良的模切效果。

（a）水溶性补压纸　　　　　　（b）自黏性补压纸　　　　　　（c）补压钢片

图8-41　补压纸、补压钢带种类

2.补压纸规格

补压纸规格比较多，通常以厚度、宽度、长度来标注其规格尺寸。

①水溶性补压纸厚度：0.04mm、0.09mm。

自黏性补压纸厚度：0.03mm、0.05mm、0.08mm。

补压钢片厚度：0.03mm、0.04mm、0.05mm、0.1mm。

②水溶性补压纸宽度：5mm。

自黏性补压纸宽度：3mm、6mm。

补压钢片宽度：6mm。

③水溶性补压纸每卷长度：200m。

自黏性补压纸每卷长度：20m、30m、40m。

补压钢片每卷长度：10 m。

通常以颜色来区分补压纸的不同厚度，蓝色厚度为0.03mm、红色厚度为0.05mm、黄色厚度为0.08。补压纸越厚，卷长越短；补压纸越薄，卷长越长。

3.补压纸使用注意事项

①补压纸或补压钢片的中心线需与模切线保持一致，即补压纸要粘贴在模切线的中心位置［见图8-42（a）］，不能偏上、偏下及倾斜。

②补压纸或补压钢片的长度要短于未完全模切的区域［见图8-42（b）］。

③两条补压纸或补压钢片不能重叠粘贴［见图8-42（c）］。

④补压纸或补压钢片不能贴于压痕钢线上［见图8-42（d）］。

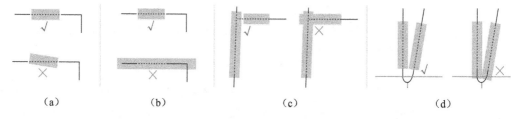

（a）　　　　　　（b）　　　　　　（c）　　　　　　（d）

图8-42　补压纸使用注意事项

八、模切版面设置与制作注意事项

模切产品在印前工艺设计时，就应考虑到不同因素对后加工的影响，如排版方法、版心尺寸、印刷标识等诸要素，它直接影响到模切产品的质量与效率。

1. 版面纸张丝缕设定

纸张尺寸的变形对印刷及印后各个工序都影响重大，甚至造成大量废品。为了防止纸张变形，印企都会采用恒温、恒湿措施，以保持生产场地温湿度控制在一定范围内（温度为25℃，湿度为70%左右）。即使如此，像覆膜、上光、压光等工艺仍然会对纸张造成变形、卷曲等弊病，这些难以控制的问题给模切带来了相当困难，这就要求在工艺设计上采取措施，以最大限度减少模切困难。

①在模切图案拼版时，两个以上的图案最好排在同一个方向上［见图8-43（a）］，以防止纸张变形后的图案与模切位置不符。在纸张条件允许的情况下，尽量避免图8-43（b）的排列方式。

②纸张因丝缕方向不同导致偏差不同，横丝缕方向伸缩是直丝缕方向的2～8倍，所以变形更大，不适合放色位［见图8-43（c）］，以免压痕线时卡位不准。若模切产品图案小、拼版数量多，而且需上光、压光或覆膜，则印张上图案尺寸就较难控制，此时模切刀版也可以在覆膜或压光后根据纸张的变形尺寸再制作。当然数字打样时，对产品进行覆膜、上光、压光也可以校正，但还是要考虑有时胶印放水过大造成的影响。总之，在后道工序加工中，覆膜、上光或压光在模切纸张的连版数量应尽量减少。

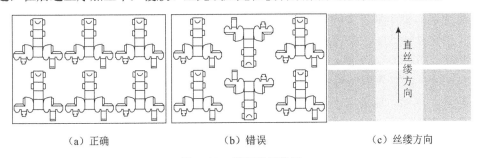

（a）正确　　　　　　（b）错误　　　　　　（c）丝缕方向

图8-43　模切排版设计

③纸张在对裱时，上下两张纸的丝缕方向应相互垂直（见图8-44），即对裱纸张的纹路要交叉，以减少纸张的弯曲变形，反面的纸张厚度应小于正面纸张厚度（如用300g厚度的纸张印刷，用250g厚度的纸张对裱在一起），以免成型后折叠容易爆裂、爆色。同时反面纸张的尺寸应小于正面纸张尺寸，以避免对裱造成规矩边不准。

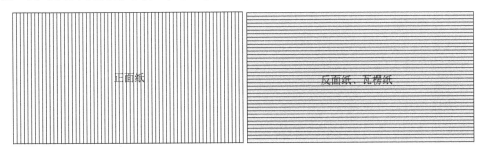

正面纸　　　　　　　　反面纸、瓦楞纸

图8-44　裱糊纸张丝缕方向

④裱瓦楞纸时，面纸的丝缕方向也要与瓦楞方向垂直，以减少纸张的弯曲变形。

2. 版面排列设置

①在制作模切版面时，要考虑印刷品咬口、侧规的位置尺寸，印前排版设计时应尽量考虑到排版方法是否影响到后道工序的正常生产，为适应自动模切机高速运转需要，四边的空白纸位不能太小。如图8-45（a）所示，自动模切机前规咬口方向纸边到成品线的位置一般要求12mm，不能小于10mm。

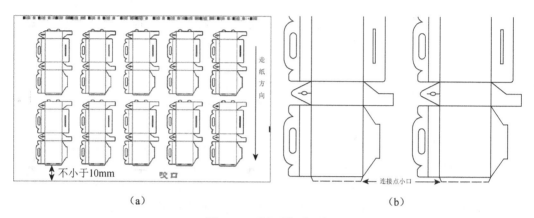

图8-45　版面排列设计

②如图8-45（a）所示，排版时，成品长度方向应平行于纸张的走纸方向，尽量使走纸时成品不掉不散，有利于收纸，并保证机器正常运转。如果订单数量较大，还应考虑采用定做特规纸，来满足版面排列和生产工艺要求。

另外，在模切加工时，还需在咬口边的模切刀刃上多开几个连接点小口［见图8-45（b）］，以方便模切后的成品从机器中被顺利拉出，并保持整个印张在走纸过程中不散开。当然，连接点小口在模切后的盒片上边缘不光滑，自然会影响到产品的美观，所以在排版设计时，应尽量将纸盒边缘会被黏住或处在不显眼部位的那一边放在咬口边。

3. 模切拼版设置主要形式

在模切工作中不可能总是做大中型包装盒，像烟盒、药盒、喜糖等小型包装盒也很常见，那么在拼版时就要注意把盒型图案放在合适的纸张开度范围内，尽量在合开的前提下，把拼版工作做到最紧凑，以最大化节约纸张。对于大批量的包装盒活源，采用合开方式拼版，并定做特规纸张，其经济效益也是十分可观的。

模切拼版设置有三种形式：①一刀切拼版；②双刀切拼版；③搭桥切拼版。

①一刀切拼版

如图8-46（a）所示，对于两拼以上的产品，如果两拼之间的图案可以做到无缝连接，模切应尽量采用一刀切拼版方式，不要在中间留下空隙。一刀切拼版就是将盒芯紧排在一起，产品公共边缘使用同一条切线，模切时一刀将相邻的两个盒芯切断。一刀切拼版设计时，应保持咬口成一条完整的直线，以减少清除的废边，盒芯间不夹废边或废边尽量小。采用一刀切拼版方式可以节省纸张，以及制作刀模的费用，非常有利于模切后清废。

②双刀切拼版

如图 8-46（b）所示，如果两拼之间的图案无法做到无缝连接，或者受到两个产品形状的限制，无法做到一刀切拼版，就采用双刀切拼版方式。双刀切拼版就是相邻盒芯成品之间留有废边，模切时各自用单独的刀线切开，为便于加工和清废，模切加工后的废边应能连在一起。双刀切拼版时，盒芯之间应有足够的间隙以粘贴模切胶条，并保持刀口光洁，两个产品之间至少要留出 4mm 宽的排刀位置，并且每个产品至少要有 2mm 的图案出血。

③搭桥切拼版

如图 8-46（c）所示，如果两盒芯是相连的，且公共的刀线距离很短，模切加工中容易断裂，这会给操作带来一定困难，这类拼版可采用搭桥切拼版方式，即在合理的位置上，以产品的公用废边作为搭桥，这样对清废和模切操作都十分有利。

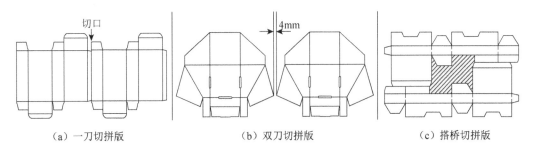

（a）一刀切拼版　　　　　　（b）双刀切拼版　　　　　　（c）搭桥切拼版

图 8-46　模切拼版设计

案例分析： 小盒净尺寸是 250mm×98mm，采用五拼设计。

如图 8-47（a）所示，采用双刀切拼版方式，排版尺寸 514mm×250mm。双刀位置间距 4mm、单个产品 2mm 出血图案。

如图 8-47（b）所示，采用一刀切拼版方式，排版尺寸 490mm×250mm。

从上面两个案例不难发现，一刀切五联拼版比分刀切五联拼版节约了 24mm 宽度纸张，每一印张能节约 24mm 宽度纸张，对于大批量货源生产，谁会漠视纸张成本？

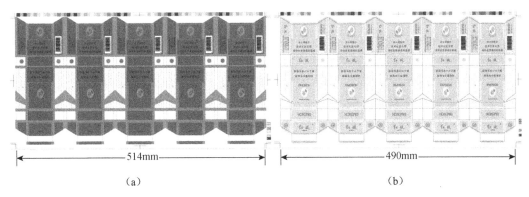

（a）　　　　　　　　　　　　　　　　　　（b）

图 8-47　模切版面多拼设计方法

4. 自动套准标记设计与应用

印后加工对于印刷咬口、侧规的尺寸误差，人工是很难把握和控制的，这就很难提高烫金、模切、压凹凸等工序的尺寸精度，甚至带来了相当高的废品率，这主要是对印张无法进行精确定位造成的。

①自动套准系统原理

自动模切机对模切刀线的套准，是通过不断地调整咬口和侧规来进行被动的校正，以达到印张模切刀线与模切刀版完全吻合的目的。由于纸张在白料裁切中还存在一定误差，再加上印刷套准误差、纸张丝缕方向等因素的影响，模切、烫金下的产品或多或少存在一定的套准误差，模切的质量精度是很难得到保证的，有时甚至会出现较多废品。

自动套准标记是全自动模切机的质量控制系统，它是通过摄像头［见图8-48（a）］来采集每个印张上的套准标记的坐标数值［见图8-48（b）］，并把每次数值与电脑中设置的数据进行对比，屏幕上给出坐标位置的误差值，通过编码器的步进马达对印张的坐标位置进行智能纠偏，使每一张模切产品都能符合模切套准的要求，从而保证了模切刀线的准确性，有效地保证了印后加工产品的质量和精度，提高了生产效益。自动套印系统对每个印张进行 X 和 Y 方向纠偏套值达 ±2mm，套印精度高于±0.1mm。

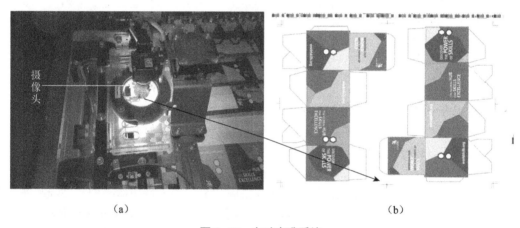

摄像头

（a）　　　　　　　　　　　　（b）

图 8-48　自动套准系统

②自动套准标记的设计

如图 8-49（a）所示，自动套准标记应放置在咬口位置，实际上就是选用了原来十字线中心加圆，要全部用黑色，黑线粗细应控制在 0.05 ～ 0.10mm 范围内，超出此范围会直接影响到探头检测精度。

如图 8-49（b）所示，十字线中心圆的半径 R 应控制在 1.55 ～ 1.6mm 范围内。十字线 X 轴方向长度＞6.5mm；十字线 Y 轴下方向长度＞6.5mm，十字线 Y 轴上方向长度应控制在 3.5mm±0.5。

③自动套准标记的设计注意事项

a. 自动套准标记的圆心应处于印张的中心线位置［见图 8-49（c）］。

b. 圆心到咬口边的间距控制在 12 ～ 15mm 范围内，通常间距设计成 14mm。

c. 由于咬口处十字线设置为单色黑线，因此印刷套准检测时，以拖梢处十字线为准。

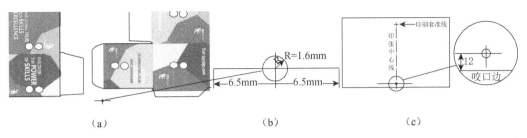

（a）　　　　　　　　（b）　　　　　　　（c）

图 8-49　自动跟踪标识的设计

任务四　模切制作技术

模切工艺是用模切刀根据产品设计要求的图样组合成模切刀版，在压力作用下，将印刷品轧切成所需形状的一种工艺。压痕工艺是根据平面印刷品转化为立体形成品的要求，在其载体纸或纸板上的折弯处、接合部，用压痕钢线和压线底模施加一定的压力使其材质压缩而压出线痕，以便印刷品能按预定位置进行弯折成型的一种工艺。

在多数情况下，模切压痕工艺往往把模切刀和压痕钢线组合在同一个模切刀版内，在模切机上同时进行模切和压痕加工，故，可简单称之为模切。

一、模切机工艺流程

1. 自动模切机工作原理

如图 8-50 所示，全自动模切压痕机工作时，印刷品先由输纸机构送入定位机构，经前规和侧规定位后进入模压机构，此时传送链牙排叼住印张前口，向前走纸到模压平台位置作停顿；动平台（模切底台）开始向上运动，将纸张压向上版台（模切刀版），在压力作用下完成对印张的轧切；然后传送链牙排叼住印张，向前走纸到清废机构再作停顿，上清废板和下清废针相向运动清除废料；最后传送链牙排叼住印张送纸到收纸机构后，传送链牙排释放印张到收纸平台上，从而完成此印张的模切压痕工作，进入下一轮模切循环。

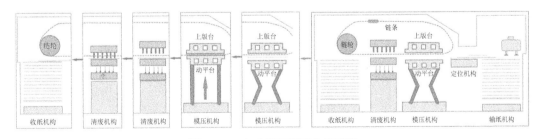

图 8-50　自动模切机工作原理图

2. 模切机生产工艺流程

领取和检验模切刀版—粘贴模切胶条—上版—设置机器压力—调规矩—贴底模条—试压模切—调准压力—正式模切—清废。

3. 自动模切机主要机构

如图 8-51 所示，自动模切机由输纸机构、定位机构、模压机构、清废机构、收纸机构组成。中间还可以拓展成多功能设备，如单工位模切烫金两用机及双工位模切烫金两用机。

①输纸机构：主要由飞达（输纸器）和输纸台组成。其功能是采用连续输纸方式将纸张一张一张从纸堆不断分离，平稳输送出去。

②定位机构：包括前规和侧规，其作用是确保印张在输纸板上定位准确，即咬牙咬住纸张咬口位置准确。前规处通常配备 4 组光电检测点眼，以检测纸张定位是否到达和歪斜。侧规是保证纸张沿轴向定位的基准，一般机器都配有左右两个。

③模压机构：它是模切机的主要机构，通过牙排的间歇运动，上下活动的动平台（底模版台）与上版台（模切刀版）短暂接触，实现纸张的模切压痕工作。

④清废机构：由上清废板、中清废板和下清废板组成，其作用就是清除废边、废料。

⑤收纸机构：收纸机构是将模切后的纸张收集、整理成堆并记录产量。

取样台用于正常生产中，取出一个样张来查验模切质量是否符合要求。

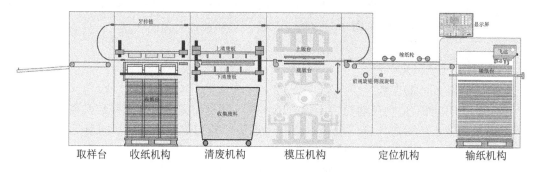

图 8-51　自动模切机构示意图

4. 不同模切设备的应用

模切压痕技术是模版压切和模型压痕两种加工技术的综合统称，其原理是在定型的模具之内，通过施加压力的大小，使印刷载体纸张受力部位产生断裂分离或压缩变形。无论何种类型的模切机，其主要机构均由模切版台和压切机构两个部分组成，被加工板料就是处于这二者之间，在压力作用下完成模切加工。

根据模切版台和压切机构两部分主要工作部件的形状不同，模切机可分为平压平、圆压平和圆压圆三种基本类型，与烫金机的分类完全一样，而且现在烫金机与模切机都已做到完全兼容生产。因此本任务不对圆压平、圆压圆再赘述，仅对平压平模切机进行讲解。

平压平模切机根据版台和压板的方向位置不同，又可分为立式模切机和卧式模切机。

如图 8-52（a）所示为立式平压平半自动模切机，俗称老虎嘴。工作时，前部版台固定不动，靠身压板停留在最后位置（像张开的大嘴），此时需手工喂入模切印张（手要及时抽回），压板向前运动向版台施压后完成模切后退回初始位置，手工拿出模切后产品，再次喂入模切印张。立式平压平模切机价格便宜、结构简单、维修方便、操作便捷，但存在劳动强度大、生产效率低等缺点，仅一些小型企业还在使用。立式模切机先天不足就是存在严重安全隐患，所以一些发达国家早就禁止使用该种机器，随着安全生产理念的进步和法律法规的不断健全，我国立式平压平半自动模切机被逐渐淘汰是大势所趋。

如图 8-52（b）所示为卧式平压平模切机，由自动输纸机构、定位机构、模压机构、清废机构、收纸机构和自动控制机构组成。卧式平压平模切机具有操作方便、安全可靠、速度快、压力大、精度高等优点，是目前应用最为广泛的主流机型。

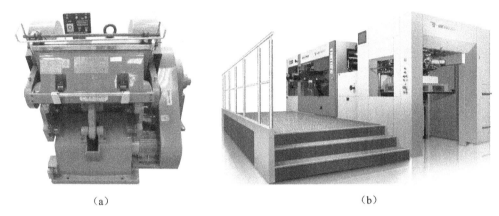

（a）　　　　　　　　　　　　　　　　（b）

图 8-52　立式模切机、长荣 MK 系列卧式模切机

二、模切工艺实战

根据模切机的工艺流程，模切机生产制作可包括九个部分：①模切前准备工作；②安装模切刀版；③制作补压垫板纸；④底模制作；⑤调整定位规矩；⑥调整压力；⑦安装清废板；⑧试样；⑨正式生产。

1. 模切前准备工作

模切前，首先要检查模切刀版与样品是否相符 [见图 8-53（a）]；检查模切钢刀的锋利度及完整性（是否有缺口），钢刀、钢线位置是否正确和对齐，开孔开槽的刀线是否采用整刀，线条转弯位置是不是圆角或者直角；两头钢刀接口是不是紧密连成一块，以便清除废料；钢刀接口两头是否有尖角等问题。如果刀模有问题，应及时修正或者替换新的刀模版。

2. 安装模切刀版

从模切机械中拉出上版框到规定位置 [见图 8-53（b）]，插入翻转定位销进入版框凹槽 [见图 8-53（c）①]，并翻转版框 180°；将模切刀版放入模切版框中，安装时模切版上凹槽对准版框上凸块 [见图 8-53（c）②]；转动纵向弹簧压板条上两个紧固螺钉，纵向压紧模切刀版，顺时针转动松开，逆时针转动紧固 [见图 8-53（c）③]；转动左右四个梅花螺母 [见图 8-53（c）④]，横向压紧模切刀版，顺时针转动松开，逆时针转动紧固，拧紧四个锁定螺钉，完成模切刀版的安装。

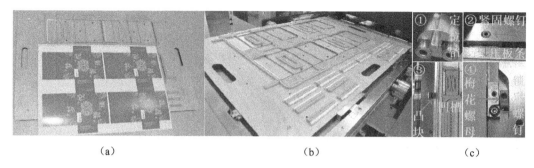

图 8-53　检查刀版及样张、安装模切刀版

3. 制作补压垫板纸

如图 8-54（a）所示，取一张 0.1mm 厚的纸张（如 128g/m² 铜版纸、80g/m² 双胶纸）放在底版台上，纵向紧靠底板内框，左右居中放置，用纸胶带粘牢；上面放置一张复写纸，复写纸的空白部分要留在后拖梢位置，最上面再放一张 0.1mm 厚的纸张，再用胶带粘牢。

如图 8-54（b）所示，将底版台推进模压机构，关上防护罩，按下锁板开关，施加压力后，点动机器运转一个周期停机；按下开版开关，打开防护罩，拉出底版台查看补压垫板纸上有无模切刀版轮廓线印迹，如果没有或太浅，则继续加压制作，直到能辨别轮廓线印迹为止。依据底板台上的纵向对位线，在补压垫板纸上也画出相应延长线；取出补压垫板纸待用。

如图 8-54（c）所示，拉出上版台，把补压垫板纸放置在版台上，将补压板纸上画好的刀版延长线与版台上的标线对齐，纵向定位完成；用尺量取模切刀版横向上某一刀痕线到版框外缘距离，然后对位补压垫板纸上这一刀痕线位置，横向定位完成。最后用粘胶纸将补压垫板纸固定在上版台上。

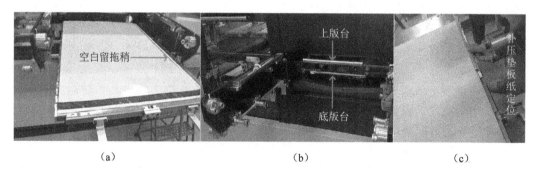

图 8-54　制作补压垫板纸

4. 底模制作

底模制作时，先将预先裁切好的底模条，对位安装在每根压痕钢线上，然后揭去表面硅胶纸［见图 8-55（a）］；轻轻翻转版框 180°放上塑料板，将上版台推进模压机构，关上防护罩，按锁版开关；在施压条件下，点动机器运转一个周期，使底模条粘贴在底版台上，按开版开关，拉出底钢板；先用橡皮锤敲打所有底模条，再揭去定型条［见图 8-55（b）］，修整底模条后，再用橡皮锤敲打所有底模条，最后把底版台

推进模压机构，完成底模的制作。

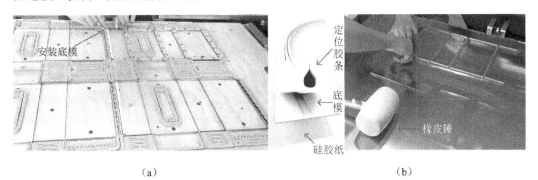

（a）　　　　　　　　　　　　　　（b）

图 8-55　底模制作

5. 调整定位规矩

定位规矩调整主要是对侧规和前规的调整。

① 侧规调整

把底版台升到高点位置，即牙排开牙位置；将模切纸张对折（也可中线前端画线），将纸张折缝对准中间咬牙的中心位置［见图 8-56（a）］；然后将侧规轻轻靠上纸张的侧规面，侧规初步调整完成。

松开侧规锁定旋钮［见图 8-56（b）］，侧规就可前后移动，移动距离的多少可依据侧规导轨上标尺。侧规旋钮用于微调［见图 8-56（c）］，按顺时针方向旋转，侧规向操作面移动；按逆时针方向旋转，侧规向传动面移动。

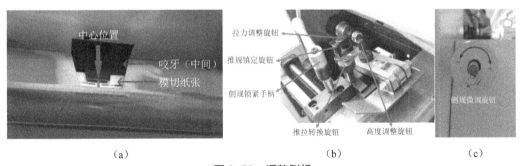

（a）　　　　　　　　　　　　　　（b）　　　　　　　　　（c）

图 8-56　调整侧规

② 前规调整

如图 8-57 所示，手柄推向最里侧（无线），调节前规整体前后挡规位置，按顺时针旋转，前挡规向给纸方向移动，咬口减小；中间是空挡（一线），开车时放置的挡位；拉出手柄到最外面（二线），调节操作面前挡规的大小位置，用以调节前规的倾斜度。

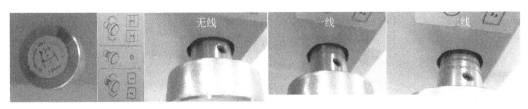

图 8-57　调整前规

6. 调整压力

压力调整分为两个步骤：整体压力调整和补偿压力调整。

①整体压力调整

根据机器类型不同，全自动模切机压力调整有手动调整，也有操作屏数字化调整（见图8-58），每家设备生产商的操作界面也全然不同，但压力调整的方法是完全一致的。压力调整时当纸张≤70被切断，不可再继续加压，而应采取补压方法来实现全部切断。在调节过程中通常根据模切下产品的情况来判断压力的大小，如全切断，则肯定要减压，没切断到一定值还需要加压。

手动调压　　　　长荣自动调压界面　　　　凯马自动调压界面　　　　补偿压力调整

图8-58　调整压力

②补偿压力调整

补偿压力就是采取局部补压方法来平衡压力（见图8-58），达到全部切断目的。黄色补压纸厚度为0.08mm（用得很少），红色补压纸厚度为0.05mm，蓝色补压纸厚度为0.03mm。通常出现毛边位置的刀线可用蓝色补压纸；少于4mm长度未完全切穿刀线位置用红色补压纸；大于5mm长度未完全切穿刀线位置用红色叠加蓝色补压纸。

7. 安装模切清废板

对模切压痕加工后的产品进行多余边料的清除工作称为清废，清理后的产品，切口应平整光洁。全自动模切机清废机构主要分半清和全清，以及清咬口和半全清。

（1）模切清废原理

①模切半清废原理：模切好纸张进入清废机构的中清废板上，此时纸张中间废料区域和清废板的孔洞处于对齐状态，纸张边缘的废料区域处于清废板之外，上清废板自下而下，利用上清废板上的清废钢片将废料打落到废料输送带上送走，从而实现清废。

②模切全清废原理：在半清废完的纸张继续前行到收纸机构部，利用分盒机构将成品打落到收纸卡板上，传送链牙排拖着咬口边的废料到达废料输送带上，开牙后将咬口边废料送到废料输送带上送走。

（2）模切清废方式

通常模切清废方式分三种：①上部顶针＋中间清废板＋下部顶针；②上部清废板＋中间清废板＋下部顶针；③动态清废（见图8-59）。

①第一种是通过上、下顶针及中间清废板完成清废，清废工具可重复使用，理论上成本是最低的。其特点是调整时间长、换版慢，间接成本很高，所以适用于中短单产品生产。

图 8-59 清废方式

②第二种是由刀模供应商制作整套上、中清废板，配合下部顶针，整个清废通过一对一定制的清废模来完成。其特点是换版快、调整快，成本相对较高，适用于长单产品生产。

③第三种动态清废是由刀模供应商定制的整套上、中清废板，依靠上清废板上的异形清废片进行清废，废料通过变形产生的动能下落，无须或仅需极少下顶针就能完成高速清废作业。其特点是换版快速，清废效率最高。但清废板的定制工艺要求高、价格昂贵，对纸张的韧性也有一定要求，所以，这种方式目前尚未普及使用。

（3）安装清废板

全自动模切机通常使用第二种清废方式，它由上清废板、中清废板、下清废板组成。

模切清废板安装流程：①安装中清废模板—②中清废模板与模切纸张对位—③安装上清废板—④上清废模板与中清废模板对位—⑤安装下清废针—⑥下清废针对位。

①安装中清废板

如图 8-60（a）上所示，将中清废板依据中心定位块的位置安装到位，随后用中清废框锁紧手柄摇动将中清废板夹住、锁紧，然后推入机器内并锁紧。

如图 8-60（b）上所示，将已套位准确的模切纸张与中清废板对位，使清废处处于清废孔的居中位置，当左右出现偏差时调整中清废框左右微调手柄；当前后出现偏差时调整中清废框操作边和传动边前后微调手柄，对齐相对位置。中清废板操作手柄具体位置如图 8-61（a）所示。

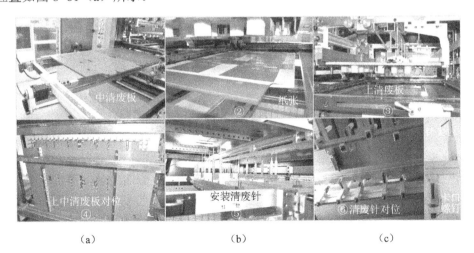

（a）　　　　　　　　（b）　　　　　　　　（c）

图 8-60 清废板安装流程图

②安装上清废板

如图 8-60（c）上所示，将上清废板插入上清废框中，安装到位后，锁紧框架中心定位块。

如图 8-60（a）下所示，以中清废板为基准，进行上清废工具的位置调整。用微调手柄，可以实现走纸前、后、左、右四个方向的微调。上清废工具落下后，清废钢片应进入中清废板，观察清废钢片与清废中板清废孔的对准位置关系，升起上清废工具进行微调，再次落下上清废工具，观察清废钢片与清废中板清废孔的对准位置关系，直到清废钢片与清废中板清废孔居中对正为止。上清废板操作手柄具体位置如图 8-61（b）所示。

③安装下清废针

如图 8-60（b）下所示，点动机器，使上清废板下降到最低点，移动下清废板框上的两根横梁到合适位置锁紧。每个清废孔至少安装一个清废针，根据实际的清废情况增加针数，保证废料能顺利清下。下清废板操作手柄具体位置如图 8-61（c）所示。

如图 8-60（c）下所示，将清废针卡口固定在横梁上每孔的相应位置，每个清废针应穿过中清废板孔，无纸时针尖要能顶到清废钢片，有纸时要能顶到废料的中心位置，最后锁紧清废针上的紧固螺钉。

上清废板、中清废板、下清废板的具体操作手柄位置如图 8-61 所示。

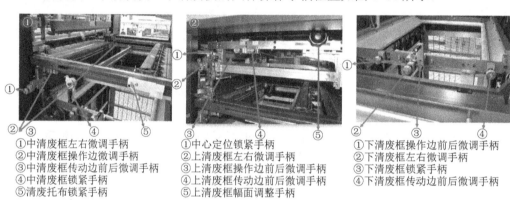

①中清废框左右微调手柄
②中清废框操作边微调手柄
③中清废框传动边前后微调手柄
④中清废框锁紧手柄
⑤清废托布锁紧手柄

①中心定位锁紧手柄
②上清废框左右微调手柄
③上清废框操作边前后微调手柄
④上清废框传动边前后微调手柄
⑤上清废框幅面调整手柄

①下清废框操作前后微调手柄
②下清废框左右微调手柄
③下清废框锁紧手柄
④下清废框传动边前后微调手柄

图 8-61　清废板操作手柄位置图

8. 试样

模切机构安装调试完毕后，还需在模切机上进行试切，主要检查模切后的刀口、压痕线的断裂情况；图文是否正确居中；规格尺寸是否符合质量要求。

开机模切一张样张，如果有 50% 没有切断，则说明模切机的压力调试是合理的。必须注意模切压力要逐步增加，当还有约 25% 没有切断时，就要在局部范围进行垫版，进行压力补偿，以保证压力均匀。在调校模切压力的同时，并调整产品套准的规矩，这样等模切压力调整平衡后，也就可以开始检查完整的首件样了。首件样自检后，再交给质检人员按照施工单的标准要求逐项检查，并签字确认。不管盒型结构简单还是复杂，都要折叠成型后进行符合性检查，以发现工艺或生产中出现的偏差或错误，从而避免由于功能性问题而造成的产品不达标，甚至批量报废。

9. 正式生产

正式生产高速运转时，由于模切速度与模切压力有关，会直接影响到模切产品的质量，通常随着模压速度的增加，模切压力也应有所增加，即速度与压力成正比。生产过程中，还需不定时从取样口拿出纸张，检查套准与压力，发现不良品立即挑出，分类放置，如有问题立刻停机处理。

三、模切质量判定与规范

1. 模切纸张要求

①纸张厚度差 ±5μm。

②纸张有较好的耐折度。

2. 模切成品质量要求

纸质印刷品模切过程控制及检验方法可参照中华人民共和国行业标准 CY/T 59—2009 的规定，对模切质量要求如下。

①模切刀版与印张的套准允差 ±0.5mm。

②压痕线宽度允差 ±0.3mm。

③折叠反弹力符合后续加工及使用要求。

④外观质量要求：切口光滑、痕线饱满、无污渍、毛边、粘边、爆线，无明显压印痕迹。

⑤连接点宽度 ≤ 0.5mm。

思考题：

1. 简述模切刀版的组成与作用。

2. 简述模切版轮廓图工艺设计要求。

3. 简述模切刀版轮廓图过桥工艺设计要求。

4. 简述模切压力调整方法。

5. 简述自动模切机的主要机构。

6. 写出图 8-62 中，自动模切机中的部位名称。

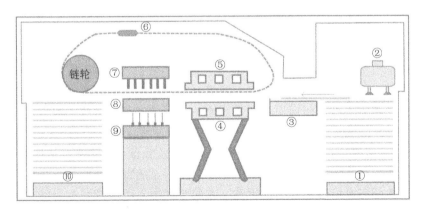

图 8-62　自动模切机工作原理图

7. 简述模切一刀切拼版与双刀切拼版的应用分析。

8. 简述模切产品质量要求。

模块九
糊盒工艺与实战

教学目标

糊盒是将模切压痕后产品的某些部分通过黏合的方法形成所需的形状的加工方式。本项目通过糊盒技术和与之相关的生产工艺设计与制作方法，来掌握糊盒制作中的常见问题与质量弊病，并掌握糊盒质量判定与规范要求。

能力目标

1. 掌握纸盒造型与分类；
2. 掌握纸盒成型方式与结构；
3. 掌握糊盒工艺制作软件的设定。

知识目标

1. 掌握糊盒制作工艺；
2. 掌握糊盒操作技术；
3. 掌握糊盒质量判定与规范。

糊盒是纸张或纸板通过模切压痕后，按纸盒成型要求在纸盒侧边（俗称糊边、糊口）、纸盒底部、纸盒四个角、六个角在黏合剂的作用下黏合在一起，经折叠并压合成型的工艺过程。在纸盒加工环节，糊盒是最后一个环节，其质量好坏直接影响到最终成品率。商品包装中通常以纸盒包装为主流，除了一些蜂蜜、糖浆、药剂等流动性液体或避光液体，需要玻璃、塑料等其他材质进行包装外，90% 以上的商品包装都是纸盒包装形式。

糊盒是指根据纸张材料和盒型的不同，采用哪些工艺流程、配置什么糊盒设备、使用什么黏结材料等手段，按客户的要求来制作出符合质量要求的纸盒。糊盒所需坯料是在模切工序完成的，在模切项目中就用 ArtiosCAD 对自锁底包装盒进行模切版轮廓图进行设计，然后进行打样制作及尺寸数据校正，最后定型进行模切批量生产，所以经模切工序生产的平张纸盒片，都是完全符合糊盒质量要求的平张盒片。

糊盒是印刷包装加工流程中的重要工序，纸盒是通过糊盒机加工完成，由平张盒片成型为立体形态及能容纳物品的纸盒，供包装使用。不同规格型号的糊盒机能够加工的纸盒类型、尺寸、功能也存在一定差异，但基本原理相同。糊盒工序所用胶水也有不同种类、不同特性，适用于不同材料表面的糊盒粘接工艺。糊盒工艺所使用的纸张也有不同的种类，常用的有纸张、卡纸、纸板、半硬塑料和瓦楞板等。

纸包装盒属于容器类包装印刷品（盒、箱、袋、罐）的一种，它具备包装的三大功能，即保护功能、使用功能和促销功能，还具有加工性能好、易成型，且成型制作工艺易于实现机械化、自动化、高速化等优点，是一种可回收、不污染环境的"绿色包装"，目前被世界各国广泛应用。纸盒是纸板经过折叠、糊制等方法组合成型的纸制包装容器，材料多为薄纸板。由于其强度所限，纸盒的容积一般不能过大，且多应用于中小商品的外包装，如食品、香烟、酒类、药品、化妆品、电器、礼品、日用品、物流等销售包装容器。纸盒包装的结构灵活，再加上精美的印刷，能给商品带来很高的附加值，是一种常用的商品包装形式。

纸盒的成型方法有锁合、钉封和糊盒。锁合是利用各盒面的锁口或相互叠压锁口连接成盒；钉封是利用铁丝或镀锌扁钢丝将不同盒面钉封在一起成盒；糊盒是利用黏合剂将不同盒面粘接在一起成盒。本项目主要讲解糊盒工艺与实际应用。

任务一　糊盒工艺

纸合由盒底、盒盖相结合而成为有一定刚性的包装容器，容量相对较小。常见盒型有正方体、长方体、多面体、异形体等；常见纸盒的组成材料有纸张、卡纸、纸板、瓦楞纸等。纸盒对内物体具有较好的保护性能，表面又适合装饰，有利于销售、携带和启用。纸包装盒质地较轻，有一定的机械强度，能较好地保护盒内物体，具有制作简单、成本低，适合机械化、自动化生产制作，又易于回收处理和再生利用的特点。

一、纸盒造型与分类

纸盒是用纸张经折叠、粘贴或其他连接方式制成，主要用于产品的销售包装。纸盒的分类根据其制作方式、形状、用途、材料特征、结构形式、包装对象的不同而不同。对纸盒进行分类，不仅可以为纸盒设计、制作以及用户之间搭起一座信息桥梁，而且有利于纸盒计算机工艺设计和制作的实现，缩短生产周期，促进产品的更新换代。

纸盒的种类、造型样式繁多，通常可以按以下几种方式来进行分类。

1.按纸盒制作形式

按包装纸盒制作方式，可以分为手工纸盒和机制纸盒。

手工包装制盒通常用以 DIY、打样、极其复杂的盒型和批量很少的订单。机制纸盒常用于大批量订单的生产。

2.按纸盒形状

按纸盒形状，有方形、圆形、扁形、多角形、异形等纸盒（见图 9-1）。

图 9-1　不同形状纸盒

纸盒形状是根据被包装物尺寸、性质特点、防护措施、使用性能和包装效果来设计的。

3. 按包装用途

按包装用途，可分为食品、饮料、烟酒、药品、化妆品、日用百货、文化用品、家电、仪器仪表、化学药品、物流包装纸盒等（见图9-2）。

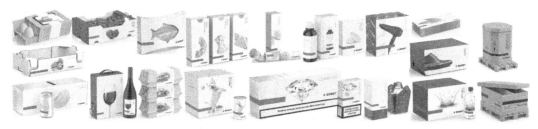

图9-2　不同用途纸盒

在包装领域的大家庭中，工业/运输类包装占世界包装消费量的42%左右，位列第一；食品类包装占世界包装消费量的28%左右，位列第二；饮料、制药、化妆品、家庭和办公用品等依次排列，占比都是个位数。

4. 按纸板厚度

按纸板厚度，可分为薄纸板盒、厚纸板盒、瓦楞纸板盒（见图9-3）。

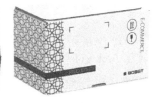

图9-3　不同厚薄材料纸盒

通常包装盒的纸质材料是根据商品重量、尺寸来选择，对于小而轻商品通常选择卡纸类；对于大而重商品则选择厚纸板或瓦楞纸。既要节约材料，又要匹配包装需求。

5. 按纸盒封口形式

按纸盒结构及封口形式，可分为折叠式纸盒、天地盖纸盒、摇盖式纸盒、抽屉式纸盒、包折式纸盒和压盖式纸盒（见图9-4）。

图9-4　不同结构及封口形式纸盒

①折叠式纸盒是一种韧性薄纸板纸盒，其特点是以折叠状盒片储存，方便于仓储、运输，适用于自动包装，加工成本比金属、玻璃、塑料便宜得多，能起到固定商品、保护商品的作用。使用无菌密封方法或冷冻保鲜包装，还可使食品不受腐蚀和变质。

②天地盖纸盒、抽屉式纸盒、压盖式纸盒等，是一种固定式纸盒。固定式纸盒通常硬纸板组成盒体和盒盖，使用钉封或粘接方法制成，但不能折叠。由于固定式纸盒多以成品形式存在，因此仓储、运输都带来了困难及成本的增加，而且制盒速度慢，生产效率也较低。但与折叠类纸盒相比有较高的强度、刚度和漂亮的外观。

6. 按纸盒加工方式

按纸盒加工方式，可分为折叠纸合和粘贴纸盒。

① 折叠纸盒

折叠纸盒是纸盒中应用范围最广、结构变化最多的一种销售包装容器［见图9-5（a）］。纸盒制成后装入商品前可以平板式折叠放置，便于运输储存，适合大批量的机械化生产和机械化包装，成本低、效率高。

② 粘贴纸盒

粘贴纸盒也称固定纸盒，是用贴面材料与基材料黏合裱糊而成［见图9-5（b）］。成型后不能折叠展平，储存运输占用空间大，生产工序多，相对效率也低。

（a）　　　　　　　　　　　　　　　　（b）

图9-5　折叠纸盒、粘贴纸盒

7. 按纸盒材料特征

按纸盒材料特征来分，有平板纸盒、全粘盒纸盒、细瓦楞纸盒、复合材料纸盒（见图9-6）。

图9-6　不同材料特征纸盒

①平板纸盒多用于销售包装，如纸类饭盒、展示盒和分装托盘等。

②全粘纸盒多用于运输包装和销售装，特别是小而重商品包装。

③细瓦楞纸盒多用于精密器件、易碎物品等，需要较强的承载能力和防震性能的包装盒。为了提高细瓦楞纸盒的装潢效果，一般不直接在细瓦楞纸板上进行印刷，而

是采用铜版纸印刷后，再裱贴到细瓦楞纸板上，最后进行模切加工。

④复合材料纸盒主要用纸及铝箔、布绸、玻璃纸等材料合成。如用于牛奶、果汁的液体包装等，又如布绸类可用于首饰盒等。

二、纸盒成型与结构

包装纸盒的种类有很多，造型各异，如方形、圆形、菱形、三角形等几何造型。其中，最为常见的是方形纸盒。

（一）认知纸盒结构部位名称

方形纸盒有长方形和正方形两种，但都为六面体结构，一般由盒面（正面）、盒底（背面）、侧面、顶盖、底盖、插舌、糊头、锁扣、防尘翼片等部分组成。

常用的方形包装纸盒基本结构部位的主要名称如图9-7所示。

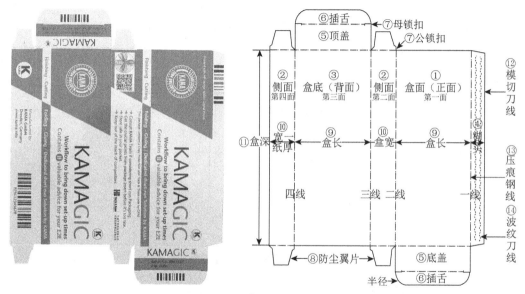

图9-7　方形纸盒结构部位名称

1. 盒面

长方形纸盒（平放）的上部表面，正方形纸盒（竖放）的正面。

盒面是纸盒设计和制作的第一要素，当你浏览货架上琳琅满目的商品时，第一个映入眼帘的就是包装盒的盒面。盒面是通过商品艺术设计来展示包装物品的内容形象，优美的盒面装帧设计和精美的盒面印刷制作，直接影响了人们对该商品的购买欲。

2. 侧面

长方形纸盒的正面和背面，正方形纸盒的两边侧面。

3. 盒底

长方形纸盒的底部，正方形纸盒的背面。

4. 糊头

糊头就是折叠纸盒成型的粘接部位，即纸盒经过折叠后形成盒体，再将两块侧板黏合在一起才能成为立体盒型，而那块突出的黏合襟片就是糊头（接头）。通常糊头的两端各向内收 15° 左右，糊头的宽度与纸盒的大小成正比，通常是 10 ～ 20mm。

5. 顶盖、底盖

顶盖和底盖是包装盒的主盖，主盖有伸长的插舌，以便插入盒体起到封闭作用。

6. 插舌

插舌是插入盒体的襟片，起固定盒盖作用。

7. 公锁扣、母锁扣

公锁扣、母锁扣是插舌锁合处，公锁扣应小于母锁扣 2mm，以确保锁合后的紧密性。

8. 防尘翼

防尘翼的作用不只是防尘，对纸盒整体强度也大有帮助。没有防尘翼，整个纸盒会松懈无力。防尘翼可为 1/2 宽＋ 1/2 插舌，或多于或少于此尺寸，完全视需要而定，但不得大于 1/2 长，否则左右两片会重叠在一起。

9. 盒长

盒长就是纸盒的长度，即纸盒的开口处，盒长是纸盒的第一个尺寸。

10. 盒宽

盒宽就是纸盒的宽度，盒宽是纸盒的第二尺寸。

注意：与糊头粘接的盒宽尺寸，还需减去纸张厚度，以防该盒侧面凸出糊头，甚至割手。

11. 盒深

盒深就是纸盒的深度，即纸盒的高度。盒深是纸盒装载物品的深度或收纳物品的高度。

12. 模切刀线

模切刀线就是需切割的线位，即模切刀版上的刀线位。

13. 压痕钢线

压痕钢线就是需压痕的线位，即模切刀版上的压痕钢线位。

图 9-7 中压痕线可以分为一线、二线、三线、四线，通常在制盒生产工艺中一号线和三号线要进行预先折合，以降低折痕力、提高开合力。纸盒开合力是指打开折叠的纸箱、纸盒所需的力值（本成品样盒为 3N 较为合适），这个力对高速自动化生产线很重要，力值过大会造成纸箱、纸盒的破坏，力值太小，又打不开，从而影响自动化的包装效率和包装质量。

14. 波纹刀线

刺穿或半穿上胶部位表面，使胶水能渗入纸张内层纤维，使纸张间的粘接牢固。

（二）纸盒成型工艺

常用包装纸盒的类型：①折叠纸盒；②粘贴纸盒。

1. 折叠纸盒成型工艺

折叠纸盒通常是把较薄的耐折卡纸（厚度为 0.3 ～ 1.1mm）经过模切和压痕后，折叠组合成型，在装入商品之前以平板状折叠进行运输和储存。这种纸盒的优点是成本和流通费用低、适合大中批量生产、结构变化多的产品，但其强度较低，通常只能包装 2.5kg 以下的物品，长度为 200 ～ 300mm。

折叠纸盒按结构可分为管式折叠纸盒、盘式折叠纸盒、管盘式折叠纸盒、非管非盘式折叠纸盒，其中，管式折叠纸盒和盘式折叠纸盒应用最为普遍。

①管式折叠纸盒成型工艺

如图 9-8 所示，管式折叠纸盒的体积一般较小，其中盒盖在诸个盒面中是面积最小的，具有内装物装取方便、盒盖不易自动打开等特点。常见的管式折叠纸盒，如牙膏盒等，其盒身侧面比较简单，结构变化主要发生在盒盖和盒底的摇翼上。盒盖一般有插入式、插卡式、锁口式、插锁式、连续摇翼折插式、黏合封口式、正揿封口式等形式。盒底有锁底式、自锁底式、间壁封底式等形式。

图 9-8　管式折叠纸盒

②盘式折叠纸盒成型工艺

如图 9-9 所示，盘式折叠纸盒高度相对较小，盒底几乎无结构变化，主要的结构变化表现在盒体位置，与管式折叠纸盒相比其盒底负载面积较大，因此纸盒开启后，可观察的内装物范围较大，有利于消费者挑选和购买。最常见的盘式折叠纸盒如鞋盒等，主要的盒盖结构有罩盖式、摇盖式、抽屉盖式、插别式、锁口式等。

图 9-9　盘式折叠纸盒

③非管非盘式折叠纸盒成型工艺

如图 9-10 所示，通常为间壁式多件包装，其结构较之管式纸盒更为复杂，生产工序和制造设备都相应增多，所以成型特性和制造技术有别于其他盒型。而该盒型成型的重要一步是盒底底部设计一条中央水平压痕线，该线又可使盒底自动成型，因此是一条作业线。

图 9-10 非管非盘式折叠纸盒

2. 粘贴纸盒成型工艺

粘贴纸盒是将贴面材料与基材纸板黏合裱贴而成的又一类纸盒，这类纸盒成型后不能再折叠成平板状，只能以固定盒型运输和储存。它比一般折叠纸盒的刚性好，防戳穿和抗击性能好，但制作所耗费的人员劳动强度大，生产速度慢，因而成本高，不宜大批量生产，适宜做贵重商品的包装。

如图 9-11 所示，粘贴纸盒从盒体结构可分为抽屉盒、罩盖盒、书型盒、摇盖盒、凸台盒、宽底盒、收纳盒、转体盒等。

图 9-11 粘贴纸盒

3. 功能性纸盒成型工艺

纸盒除了基本成型结构之外，还可以根据其不同的功能设计出一些局部特征结构，使其具有特定的功能，如手提盒、组合盒、异形盒等（见图 9-12）。有的盒内还要放置多个物品需要设置间壁；有的盒内放置固体颗粒为了方便倒出而在盒体部位设计一些易开启结构等。

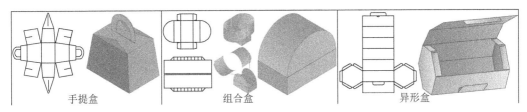

手提盒　　　　　　组合盒　　　　　　异形盒

图 9-12 功能性纸盒

（三）纸盒结构形式

由于不同纸盒的用途、功能、造型的不同，不同纸盒的结构也完全不同，也比较复杂，但常见的纸盒结构主要分为管式包装盒和盘式包装盒。

1. 管式纸盒结构形式

管式包装盒在日常包装形态中最为常见，大多数彩盒包装如食品、药品、日常用品等都采用这种包装结构方式。其特点是在成型过程中，盒盖和盒底都需要摇翼折叠组装（或粘接）固定或封口，而且大多为单体结构（展开结构为一整体），在盒体的侧面有粘口，纸盒基本形态为四边形，也可以在此基础上扩展为多边形。管式包装盒结构特征主要体现在盒盖和盒底的组装方式上。

（1）管式纸盒盒盖结构形式

盒盖是装入商品的入口，也是消费者拿取商品的出口，所以在结构设计上要求组装简便和开启方便，既保护商品又能满足特定包装的开启要求，比如多次开启或一次性防伪的开启方式。如图9-13所示，管式纸盒盒盖的结构主要有以下几种方式。

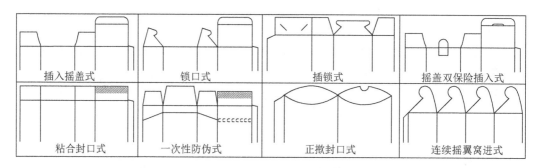

| 插入摇盖式 | 锁口式 | 插锁式 | 摇盖双保险插入式 |
| 粘合封口式 | 一次性防伪式 | 正揿封口式 | 连续摇翼窝进式 |

图9-13　管式纸盒的盒盖结构

①插入摇盖式

插入摇盖式是管式包装盒中使用最广的盒盖，其盒盖有3个摇盖部分，主盖有伸长的插舌，以便插入盒体起到封闭作用。设计时应注意摇盖的咬合关系。

②锁口式

锁口式是通过正背两个面的摇盖相互产生插接锁合，使封口比较牢固，但组装与开启稍有些麻烦。

③插锁式

插锁式是插接与锁合相结合的一种方式，结构比插入摇盖式更牢固。

④摇盖双保险插入式

摇盖双保险插入式结构能使摇盖受到双重咬合，非常牢固，而且摇盖与盖舌的咬合口可以省去，更便于重复多次开启使用。

⑤黏合封口式

黏合封口式结构黏合方法密封性好，适合自动化机器生产，但不能重复开启。主要适合包装粉状、粒状的商品，如洗衣粉、谷类食品等，一旦拆开，无法重复使用。

⑥一次性防伪式

一次性防伪式是利用齿状裁切线，在消费者开启包装的同时使包装结构得到破坏，防止出现有人再利用包装进行仿冒活动。这种包装盒主要用于药品包装和一些小食品包装中，如抽纸巾包装盒等。

⑦正揿封口式

利用纸张的耐折和韧性的特征，采用弧线的折线，揿下压翼就可以实现封口。这种结构组装、开启、使用都极为方便，而且最为省纸，造型也优美，适用于小商品的包装。

⑧连续摇翼窝进式

连续摇翼窝进式结构方式造型优美，极具装饰性，但手工组装和开启较麻烦，适用于礼品包装，如婚礼糖果包装盒等。

（2）管式纸盒盒底结构形式

盒底承受着商品的重量，因此强调牢固性。另外，在装填商品时，无论是机器填装还是手工填装，结构简单和组装方便是基本要求。如图9-14所示，管式纸盒盒底的结构主要有以下几种方式。

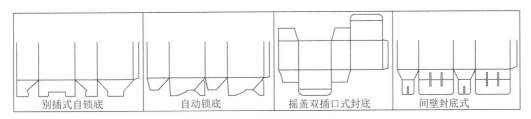

| 别插式自锁底 | 自动锁底 | 摇盖双插口式封底 | 间壁封底式 |

图9-14　管式纸盒的盒底结构

①别插式自锁底

别插式自锁底结构是管式纸盒底部的4个摇翼部分，通过设计使它们相互产生咬合关系。这种咬合通过"别"和"插"两个步骤来完成，组装简便，有一定的承重能力，在管式纸盒中应用较为普遍。

②自动锁底

自动锁底包装盒结构采用了预粘的加工方法，但粘接后仍然能够压平，使用时只要撑开盒体，盒底就会自动恢复锁合状态，使用极其方便，省时省工，并且具有良好的承重力，适用于自动化生产，一般承载高重量物品的包装设计选用此种设计结构。

③摇盖双插口式封底

结构同摇盖插入式盒盖完全相同，这种设计结构使用简便，但承重力较弱，通常适合包装食品、文具、牙膏等小型或重量轻的商品，是最为普遍的包装盒设计结构。

④间壁封底式

间壁封底式结构是将管式包装盒4个摇翼设计成具有间壁功能的结构，组装后在盒体内部会形成间壁，从而有效地分隔固定商品，起到良好的保护作用。其间壁与盒身融为一体，可有效节省成本，而且这种包装盒结构抗压强度较高。

2.盘式纸盒结构形式

盘式包装盒结构是由纸板四周进行折叠咬合、插接或黏合而成型的纸盒结构，这种包装盒的盒底通常没有什么变化，主要结构变化体现在盒体部分。盘式包装盒一般高度较小，开启后商品的展示面较大，这种纸盒包装结构多用于包装纺织品、服装、鞋帽、食品、礼品、工艺品等商品，其中以天地盖和飞机盒结构形式最为普遍。

（1）盘式盒体结构形式

盘式纸盒盒体主要成型方法有：别插组装、锁合组装、预粘组装（见图9-15）。

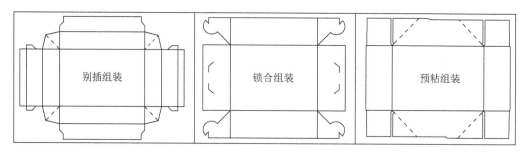

图 9-15　盘式纸盒成型方法

①别插组装

别插组装盒成型方法是没有粘接和锁合，使用简便。

②锁合组装

锁合组装盒成型方法是通过锁合使结构更加牢固。

③预粘组装

预粘组装的成型方法是通过局部的预粘，使组装更为简便。

（2）盘式纸盒盒盖结构形式

盘式纸盒的主要结构形式有：罩盖式、摇盖式、书型式、抽屉式、连杆别插式（见图9-16）。

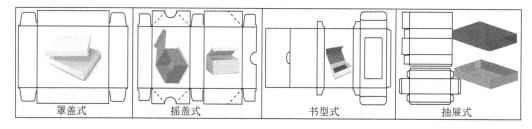

图 9-16　盘式纸盒结构形式

①罩盖式

罩盖式纸盒结构的盒体由两个独立盘型结构相互罩盖而组成，常见于服装、鞋帽等商品的包装。

②摇盖式

摇盖式纸盒结构是在盘式包装盒的基础上延长其中一边设计成摇盖，其结构特征较类似管式包装盒的摇盖。

③书型式

开启方式类似于精装图书，摇盖通常没有插接咬合，而是通过附件来固定。

④抽屉式

抽屉式纸盒结构是由盘式盒体和外套两个独立部分组成。

⑤连续别插式

连续别插式纸盒结构是一种别插方式较类似管式包装盒的连续摇翼窝进式。

3. 瓦楞纸箱结构形式

瓦楞纸箱是瓦楞纸板经过模切、压痕、钉箱或粘箱而制成的纸箱，其用途非常广泛，用量一直处于各种包装制品之首。瓦楞纸板作为包装材料，成本低，重量轻，并有一定的强度和挺度，能采用机械化程度很高的自动线进行生产，废纸板还能回收利用。瓦楞纸板有许多种类，要注意不同瓦楞纸板的特殊构造、性能和使用范围。

（1）瓦楞纸板结构形式

如图 9-17 所示，瓦楞纸板的形状，即从瓦楞纸板横截面看到的波形，瓦楞纸板可以分为 V 形、U 形、UV 形三种。

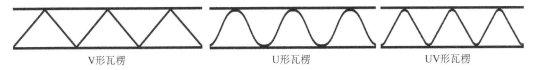

V形瓦楞　　　　　　　　U形瓦楞　　　　　　　　UV形瓦楞

图 9-17　瓦楞纸板结构形式

①V 形瓦楞

V 形瓦楞的夹角一般为 90°左右，楞顶与面、里纸的接触面小，因而上胶量少，较易剥离。V 形瓦楞抗压强度较大，但一旦外加压力超过其承受压力限度，其楞形将被迅速破坏，压力削除后不能恢复原状。

②U 形瓦楞

U 形瓦楞的顶峰成圆弧形，半径较大，楞的顶面与面纸粘接面比 V 形瓦楞宽一些，粘接强度好。U 形瓦楞伸张性好，富有弹性，具有良好的缓冲作用，但耐压强度不高。

③UV 形瓦楞

UV 形瓦楞的波峰介于 V 形和 U 形之间。UV 形瓦楞采用了 U 形瓦楞和 V 形瓦楞的优点，耐压强度较高，承载能力强，黏接强度好，且在外力超过承载能力时不至于使瓦楞形状完全被破坏，外力清除后也能基本恢复原状。目前市场上使用的瓦楞纸板大多采用 UV 形瓦楞。

（2）瓦楞的楞型

如图 9-8 所示，常用的瓦楞有四种，A 型（大）、C 型（中）、B 型（小）、E 型（微）。

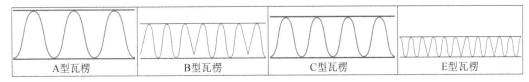

A型瓦楞　　　　　　B型瓦楞　　　　　　C型瓦楞　　　　　　E型瓦楞

图 9-18　瓦楞的楞型

① A 型瓦楞

A 型瓦楞的瓦楞高而宽，富有弹性，缓冲性好，垂直耐压强度高，但平压性能不好，适合包装较轻的物品。

② B 型瓦楞

B 型瓦楞的瓦楞低而密，表面较平，平压和平行压缩强度高，但缓冲性稍差，垂直支承力低，适合包装较重和较硬的物品。

③ C 型瓦楞

C 型瓦楞介于 A 型瓦楞与 B 型瓦楞之间，防震性能近于 A 型瓦楞，而平面抗压能力接近 B 型瓦楞。

④ E 型瓦楞

E 型瓦楞是最细的一种，它的高度约 1mm，单位长度内瓦楞数最多，更薄更硬。它能承受较大的平面压力，而且可适应胶版印刷需要。

（3）瓦楞层数

当瓦楞纸板制作纸箱、纸盒或用途不同时，瓦楞的层数也不一样，可以加工成单面（两层）、三层、五层、七层瓦楞纸板（见图 9-19）。

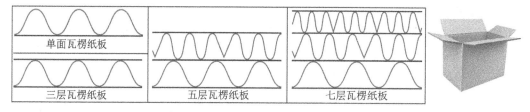

图 9-19　瓦楞的层数

①单面瓦楞纸板

单面瓦楞纸板由一层瓦楞芯纸表面粘上一层纸板而形成。一般用于灯管、灯泡等的缓冲性包装。

②三层瓦楞纸板

三层瓦楞纸板由一层瓦楞芯纸和两层面纸贴合在一起而形成。它适用于做内箱、展销包装和一般运输包装。

③五层瓦楞纸板

五层瓦楞纸板由两层瓦楞芯纸、一层夹层和两层面纸黏合而形成。它的强度高，一般用来制作包装较重、体积较大的物品纸箱。

④七层瓦楞纸板

七层瓦楞纸板由三层瓦楞芯纸、二层夹层和二层面纸黏合而形成。它一般用于制作重型商品包装箱，包装大型电器、小型机器及固体原料等。

任务二　糊盒制作技术

糊盒工艺根据糊制纸盒的纸张材料不同、纸张厚薄不同、纸张结构不同，可分为三种糊盒机：卡纸类、纸板类、瓦楞纸类。同时，卡纸类糊盒机、纸板类糊盒机和瓦楞纸类糊盒机的构造、用途、性能也各不相同。

一、糊盒工艺流程

1. 卡纸类糊盒工艺流程

卡纸类糊盒主要有三种形式：普通型边贴糊盒、带预折糊盒和带勾底糊盒。卡纸类糊盒的工艺流程基本相同，本任务主要讲解带勾底的糊盒工艺流程。

①勾底糊盒工作原理

如图9-20所示，纸盒片由输纸机构输出，一折和二折是通过挂钩将折翼勾起，再经过上下皮带的挤压而折叠成型。一折是简单折、二折是复合折叠。上胶轮对折翼和粘口位置进行上胶。本折是对第二和第四折进行折叠。压折是对粘接处加压定型。收纸是纸盒的收集、堆叠和计数的装置。整机动力由一台整流无级变速电机提供，并配有多台调速电机驱动。

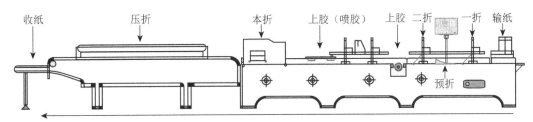

图9-20　勾底糊盒机示意图

②勾底糊盒工艺流程

勾底糊盒工艺流程（见图9-21）：输纸—第一折—预折—第二折—上胶—本折—压折—输送—收纸。

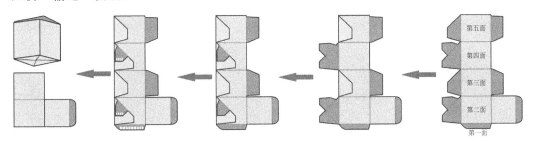

图9-21　勾底糊盒工艺流程

2. 纸板类糊盒工艺流程

纸板类糊盒主要有三种类型：天地盖盒、摇盖折叠盒和书型盒糊盒工艺。

①天地盖盒工艺流程

天地盖盒工艺流程（见图9-22）：贴角—上胶—定位贴合—成型。

天地盖盒的制作工艺相对复杂，首先天地盖盒的面料先要进行模切加工，纸板也要进行开槽加工，而且天盖与地盒也需分开制作，需两次制作才能完成。

无论任何类型的纸板类糊盒机，生产前都需用自动分切开槽机［见图9-23（a）］对纸板进行分切和开槽，纸板类糊盒机才能进行生产。

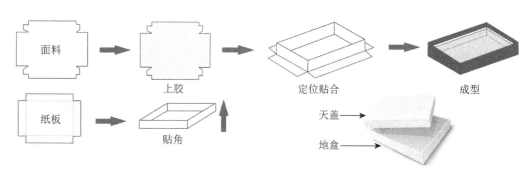

图 9-22　天地盖盒工艺流程

全自动天地盖糊盒机［见图 9-23（b）］采用 PLC 可编程序控制器、光电跟踪系统、液压气动系统、触摸屏人机界面，实现自动送面纸、面纸上胶、纸板自动输送、纸板成型贴四角、定位贴合、纸盒成型等动作一次性完成，整机全自动联机生产效率高。常用于鞋盒、衬衫盒、首饰盒、礼品盒等高档纸盒的生产。

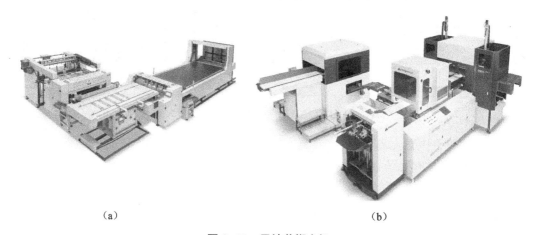

（a）　　　　　　　　　　　　　　　　（b）

图 9-23　天地盖糊盒机

②摇盖折叠盒工艺流程

如图 9-24 所示，摇盖式盒制作工艺较简单，它是由三个包封板组合而成，其中两个是 5 块板的包封板，一个是 3 块板的包封板，此包封壳类似于精装书封壳或台历包封板。

摇盖折叠盒的工艺流程（见图 9-24）：上胶组合—折叠—插入—成型。

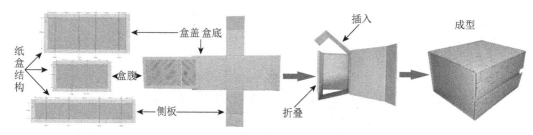

图 9-24　摇盖折叠盒工艺流程

摇盖折叠盒制作方便、简捷，由于设计思路遵循打开盒盖，既能看到商品，又能看到盒面的装潢图形、文字和商标，因此具有开启方便，易于取出商品和便于陈列的特点。

摇盖式折叠纸盒无须动用模切机，只需使用精装书封壳加工的高速皮壳机（见图9-25）就可完成包封板的制作，包封纸板的工艺流程就是精装做壳的工艺流程。摇盖式折叠纸盒采用了展开盒形式存放，大大节省了储放空间有利于纸盒的堆叠、储存与运输，还能有效地防止由于成型盒占空间，包封板如采用2mm荷兰板，则上面能承受100kg压力而不变型及损坏。

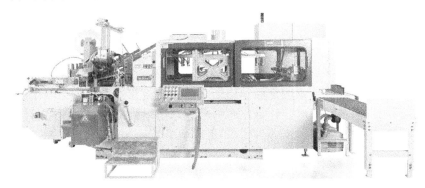

图9-25 浩信高速皮壳糊盒机

③书型盒工艺流程

书型盒工艺流程（见图9-26）：自动送皮壳—皮壳喷胶—输送内盒—自动定位—自动压盒—成型。

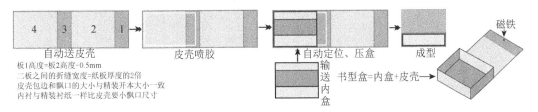

图9-26 书型盒糊盒工艺

书型盒由内盒和皮壳组合而成，内盒就是天地盖盒，皮壳就是书封壳，锁盒机构多采用磁铁锁扣或搭扣，常用于食品、酒水、首饰等高档物品的包装盒。

如图9-27所示，全自动书型盒组装机主要用书型盒自动喷胶、快速定位、自动组装的设备，采用全自动定位热熔胶喷涂，全自动上皮壳、自动对位、自动抓贴底盒，喷枪具有画点、线、面、弧、圆、不规则曲线连续喷胶及三轴联动等功能。书型盒上的磁铁锁扣由专用的全自动磁铁贴片机完成［见图9-27（b）］。

3. 瓦楞纸类糊盒工艺流程

瓦楞纸类糊盒是将模切后的坯类合成纸箱，根据使用材料不同可分为三种结合形式：钉接成箱、粘接成箱、胶带粘接成箱。在瓦楞纸箱设计时，通常根据物品重量、使用要求来选择不同的接合方式。

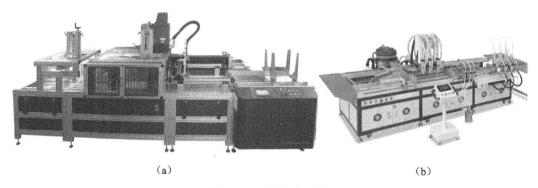

(a)   (b)

图 9-27   书型盒组装机

①钉接成箱

钉接成箱是用钉箱机（见图 9-28）将纸板搭接部分用金属钉沿中线钉合起来的方法，一般采用镀锌铁丝或镀铜铁丝。根据纸箱的规格和负荷量大小，钉箱方法有直钉、横钉、斜钉、单排钉、双排钉等。通常轻载箱用单排钉，重载箱用双排钉，如水果箱、零件箱等。

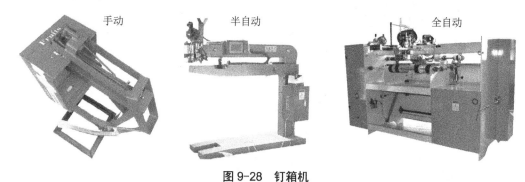

手动   半自动   全自动

图 9-28   钉箱机

②粘接成箱

粘接成箱的工艺流程：输纸—上胶—折叠—成型、计数、输出。

粘接成箱先在箱坯搭接舌上涂上胶黏剂，然后与箱体搭接好，完成粘接，在搭接舌部位施压，增强粘接压力，保证粘接的牢固程度。现在一般采用自动折叠式粘贴机（见图 9-29）来完成，粘接成箱适用于物品重量适中的中小型纸箱。

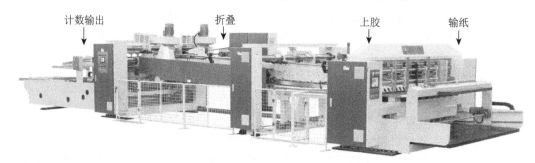

计数输出   折叠   上胶   输纸

图 9-29   自动瓦楞折叠粘箱机

③胶带黏接成箱

胶带接合成箱时，箱坯不需要设计搭接舌，将箱体对接后，用强度较高的增强胶带粘贴即可。这种制品箱内外表面平整，密封性好，而且无须专门设备就可简便操作，如快递物流等要求不高的简便包装箱。

二、纸盒制作工艺参数设置

由于纸盒的造型和结构往往是由包装商品的形状特点来确定，故其式样和类型很多。因此卡纸类糊盒设备类型繁多，结构多样，但基本上都由输纸机构、折叠机构、上胶机构、本折机构、压折机构和收料机构组成。

卡纸类糊盒根据自动化程度可以分为半自动糊盒机、全自动糊盒机。

当今全自动糊盒机（见图9-30）已实现了数字化、智能化、网络化的全自动生产，生产时只需在电脑控制屏上输入糊盒数据，或从网络或U盘导入糊盒数据，就能进行快速换版调整操作，完全实现一键启动快速生产，具有优良的工作性能和使用性能。半自动糊盒机无论结构、控制单元都比全自动糊盒机简单得多，具有占地面积小、使用维护方便，几乎所有盒子都可以在半自动糊盒机上完成。本项目主要讲解半自动卡纸类糊盒机的制作，以具有代表性的带勾底自锁底盒为例。

图9-30　博斯特全自动糊盒机

带勾底的糊盒机是各类糊盒机中相对较复杂的设备，调试难度也相对较高。它不但具备边贴糊盒机、带预折糊盒机的功能，而且还可以对盒子的底部进行折叠和粘贴。勾底糊盒方式制作的盒子在使用时特别容易打开，并且底部已粘好，不用人工再插底，业内称之为自锁底盒。折叠糊盒设备类型多样，结构繁简不一，但基本上都由输纸部、折叠部、喷胶部、本折部、压折部和收纸部构成。

本任务以凯马（KAMA）PROFOLD 74型半自动糊盒机来讲述自锁底包装盒制作工艺及人机界面参数设置与调整方法（见图9-31）。

凯马PROFOLD 74型半自动智能糊盒机（见图9-31）由飞达机构、支架系统和收纸机构和控制台组成，支架系统用以安装不同功能的构件，通过不同构件的任意组合，就能形成不同的功能模块，从而满足信封、CD盒、贺卡、卡套、光盘套、文件袋、包装盒等产品的生产制作，控制台用来完成编辑参数和监控设备的运行状态。

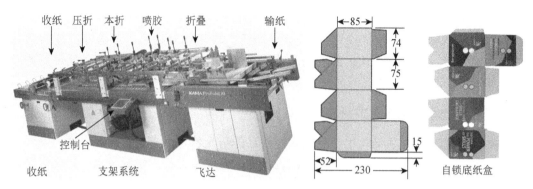

图 9-31　凯马半自动智能糊盒机

凯马半自动糊盒机生产工艺流程：配置构件—输纸—折叠—喷胶—本折—压折、收纸。

（一）配置构件

配置构件就是根据不同的产品，依据 Job Planner 软件来配置该产品制作所需要的不同功能模块的构件，并按照 Job Planner 软件配置的数据指导，手工一步步地将构件安装在横梁架上，横梁架上有工位顺序号用来给不同构件进行定位，从而完成机器设备的简便快速调整。你不用多动脑，一切由 Job Planner 软件帮你来进行傻瓜式的构件配置和参数设置。

1. 认知 Job Planner 软件

Job Planner 软件是一个外置的半自动糊盒机生产设置应用软件［见图 9-32（a）］，在电脑中打开软件只需按部就班填入相应数据，就能对生产作业活源进行自动计算，然后快速完成生产构件［见图 9-32（b）］的配置，自动生成生产效率数据，还包括成本、耗材、生产时间、生产平衡点等。具有灵活简便、快速设置的特点，只要更换不同的功能构件，就可将从前依赖手工的各类产品完成。同时在软件上的模拟机器图型中，清晰注明了每个构件的位置编号和顺序，使操作者能很直观地看图作业。哪怕无操作糊盒机经验者，只需经过短时培训，也能熟练进行换版操作及开机生产。

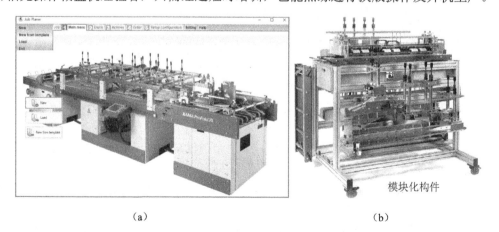

（a）　　　　　　　　　　　　　　　　（b）

图 9-32　Job Planner 软件操作界面

实际上，Job Planner 软件是一款生产工艺制作的规划设计师，生产制作时，只要通过四个简单步骤（版式输入—动作设定—顺序设定—自动配置），就能完成不同活源的生产数据设计与构件配置。每次机器配置信息的数据都保存在机器中，在重复作业时可随时调入生产数据，做到快捷、简便、精确，实现了自动化、智能化、数字化制盒加工生产。

2. 版式设计

如图 9-33a 所示，Job Planner 软件提供了三种版式输入方式：①使用算式编辑生成器；②自动软件模板库选择；③导入电子文档。通常使用最多的是从软件自动模板库或从 U 盘、网络导入生产数据格式文件，本任务从软件模板库中找到所需的自锁底盒型，再进行设计和配置制作构件 [见图 9-33（b）]。

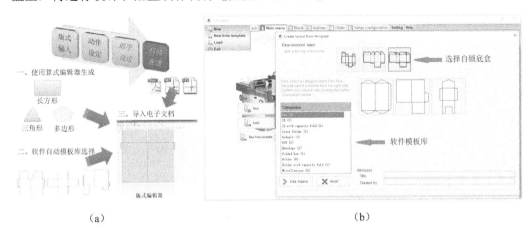

（a）　　　　　　　　　　　　　　　　（b）

图 9-33　Job Planner 版式设计

如图 9-34 所示，Job Planner 软件模板库提供的多种模板图案，也可以增添新图案存储在系统模板中，便于生产制作时随时调用。

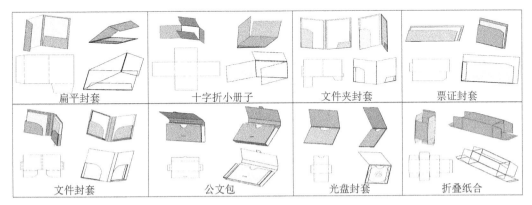

| 扁平封套 | 十字折小册子 | 文件夹封套 | 票证封套 |
| 文件封套 | 公文包 | 光盘封套 | 折叠纸合 |

图 9-34　软件模板部分案例

3. 纸盒制作参数设定

通常糊盒机的机架结构都是固定不变的，而凯马 PROFOLD 74 型半自动糊盒机采用了模块化结构，通过在支架上增加不同功能的多种构件，来实现纸盒制作所需要的功能动作。如锁底盒在支架上所需完成的五个动作步骤为：折叠、Z字折叠、上胶、本折、压折。

① 建立作业工单

单击自锁底盒图标，自动弹出该盒型和对应尺寸子菜单［见图9-35（a）］，按照所需制作的自锁底样盒坯料的尺寸，按菜单栏从上到下顺序，分别输入盒长、盒宽、盒高、盒盖插舌宽度、盖盒方向、盒底襟翼粘舌宽度6个盒型数据，最后按确认跳出存盘信息菜单，输入相关生产作业信息后，按确认键就生成一个"395自锁底盒样本"的新生产作业工单［见图9-35（b）］，并自动进入下一个"Blank"菜单继续进行作业动作设置。

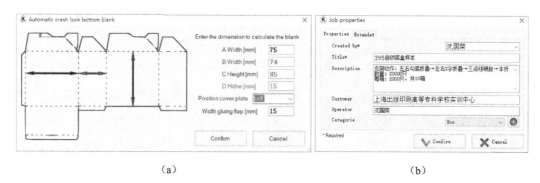

| (a) | (b) |

图9-35 建立制盒作业工单

② 盒型展开图动作设定

如图9-36（a）所示，在"Blank"菜单下，显示出了自锁底盒展开图的盒型，菜单下的子项具有增加、删除、修改、旋转纸盒图形，或对纸张厚度进行选项等编辑功能。同时，用鼠标单击纸盒展开图的任何一个组成部分，就会显示出该部分的长度、宽度和坐标位置，按鼠标右键就能对该部分进行复制、修改、删除等操作。

如图9-36（b）所示，单击主菜单"Actions"，软件就会自动设计出盒型展开图上的折叠位置、折叠方式、折叠方向和喷胶位置、喷胶长度等信息，操作者验证无误后，进入下项设置。

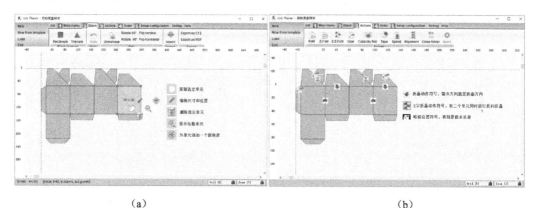

| (a) | (b) |

图9-36 盒型展开图动作设定

③构件动作设定

如图9-36（b）所示，单击主菜单"Setup configuration"，用来设置功能模块的构件配置。

单击子菜单上的"Start"，启动软件自动设置不同构件，并计算出所有构件参数。

系统软件默认"Automatic"自动模式，如手动建立或编辑自锁底盒构件，则需要单击左侧"Manual"手动图标，进行模式的切换。

单击"夹子"图标，显示横梁及上面夹子的位置（见图9-37），此时当鼠标移动到不同横梁时，就会出现此横梁的定位编号，自锁底盒一共需要13根横梁来装置不同的构件，这也是糊盒机支架系统调整的第一步，即在规定位置先装配好支撑构件的横梁。

单击"构件"图标，显示出安装不同构件的位置（见图9-37），根据构件图形选好相应构件装配到横梁上，就是一个照样画葫芦的过程。

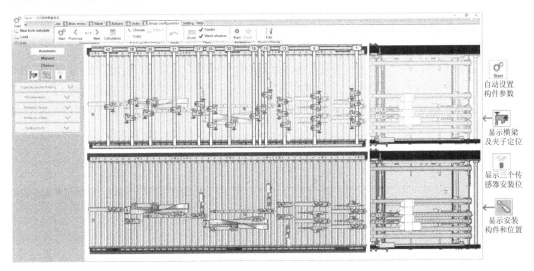

图9-37　构件动作设定

单击"传感器"图标，根据图中显示的三个小红块位置，安装好三个传感器。安装时，用鼠标单击小红块，移动鼠标会显示传感器左右横梁编号，把传感器装在两个横梁中间。

4.糊盒步骤顺序设定

顺序设定是指功能模块动作步骤的先后顺序，每个构件位置顺序必须按照勾底糊盒的制作工艺流程来设置（见图9-21），该次序是不允许颠倒的。

如图9-38所示，单击子菜单上的"Order"，进入顺序设定界面，左侧菜单显示出9个顺序步骤［见图9-38（a）］，如果自动顺序设置和纸盒制作工艺流程［见图9-38（b）］不一致时，就需要对顺序步骤进行位置调整。调整时只需将"三角"标志点亮，单击"三角"点亮标志就可以进行上下移动，重新设置排序。顺序确认无误后，方可进入下一步自动配置步骤。

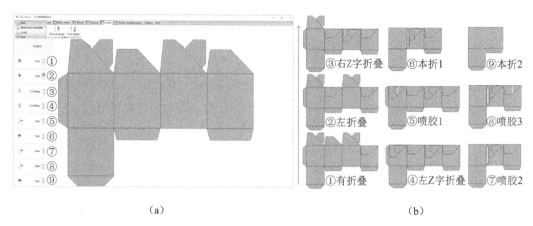

（a）　　　　　　　　　　　　　　　　　（b）

图 9-38　构件顺序设定

5.制作构件自动配置

自动配置是指导生产配置构件的安装顺序、位置、尺寸及上胶等数据，按照屏幕可视化引导，来完成整个机器设备的生产调试，做到一键启动生产。

如图 9-39 所示，打开主菜单"Setup configuration"，单击带齿轮的"Start"图标，则系统重新计算顺序调整后的功能构件参数。单击带方向的"Start"图标，计算机开始用动画模拟糊盒机制作流程，观察各构件的动作，并验证设置的构件数据是否符合制作要求。

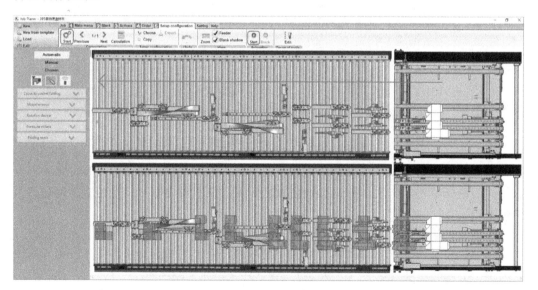

图 9-39　构件自动配置

如图 9-40 所示，完成构件配置后，打开菜单"blank"，单击"Export as PDF"就可在构件配置数据库中生成一个 PDF 的作业工单文件（如 395 自锁底盒样本 .PDF），以便再次生产调用。对于相同的自锁底盒的制作，只需调用此文件后进行数据修改即可使用。实际上，Job Planner 软件也可以反向操作，在确定了客户的盒子类型及长度、宽度、高度等数据后，用作业工单模板输出盒型的 PDF 文件，而这个 PDF 文件可以作为模切刀版框文件，经数字印刷后，就可在数字模切机上进行打样操作了。

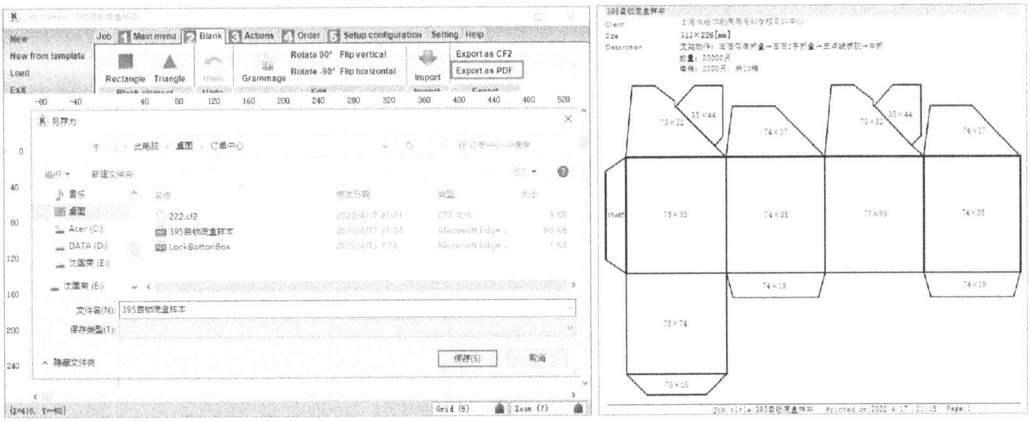

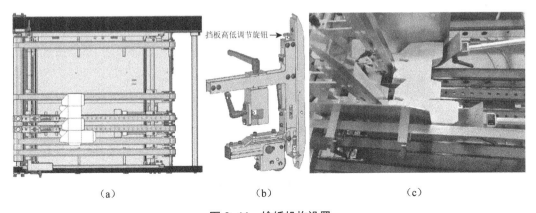

图 9-40　生成配置工单

（二）输纸机构设置

输纸机构调整时，只需按 Job Planner 软件操作界面上的指示，将模切好的坯料按软件界面上的方向［见图 9-41（a）］，放置在输料台上即可。输料机构由输纸皮带、前挡板、侧挡板、输送带压轮、纸堆后挡板等组成。

图 9-41　输纸机构设置

1. 规矩设置

输纸机构是将纸堆上的纸盒坯料片一张一张地分开，传递到折叠部分，其利用的是真空皮带吸附传动原理。操作时将纸盒片堆放在真空送纸皮带上。按照盒纸片尺寸，应尽可能多使用输纸皮带。然后按纸板大小尺寸设置好左右侧挡板，应避免使纸盒片在两块侧挡板之间太挤、一般要留出 1 ～ 2mm 的间隙。

2. 前挡板设置

输纸机构有两块前挡板（也称出纸刀），尽可能使前挡板自动靠近盒纸片中间；尽可能放在最长的前纸板对面。调整时根据纸盒片的厚度，旋转前挡纸板上方的旋钮，设定该挡纸板的高度，使两块挡纸板下沿与输纸皮带之间仅能通过一张纸为佳。按顺时针方向旋转旋钮，挡板上升；按逆时针方向旋转旋钮，挡板下降［见图 9-41（b）］。

（三）折叠机构设置

折叠机构、喷胶机构、本折机构都安装在支架系统的横梁上，因此横梁承载着各种功能模块的构件。支架系统是两根沿输料方向的支持框，在两个支持框之间共有45个工位供横梁定位，相邻横梁的间距为60 mm，操作面的传输台边框平台上都标有对应的网格位置编号。在前面构件动作设定中（见图9-37），可以得到自锁底盒的制作共需安装13根支承构件横梁，调整时，只需根据构件中不同功能的定位，把横梁固定于传输台上的带有位置刻度支持框上，锁紧横梁扣件上的把手即可完成横梁的安装。

根据构件动作设定界面的指引，自锁底折叠机构共需两个折叠动作：勾底折叠；Z字折叠。这两个功能模块都是沿输料方向折叠坯料。

1.勾底折叠设置

根据软件动作设定界面的指引，在1号工位放置一根支承折叠构件横梁，并在横梁上装配2个勾底挂钩，用来对纸盒坯料第三面和第五面进行输料方向的勾底折叠（见图9-42）。

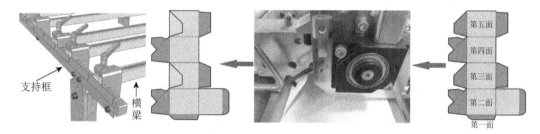

图 9-42　勾底折叠机构设置

2. Z字折叠设置

根据软件动作设定界面的指引，在8号工位放置一根支承Z字折叠构件横梁，并在横梁上装配1个左方向Z字折叠犁和1个右方向Z字折叠犁，用来对纸盒坯料第二面和第四面进行输料方向的Z字复合折叠（见图9-43）。

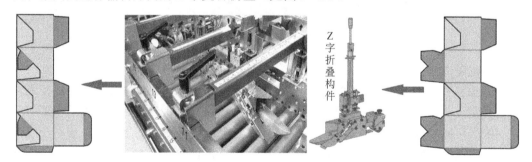

图 9-43　Z字复合折叠机构设置

（四）喷胶机构设置

根据构件动作设定界面的指引，在13、16、27号工位放置三根支承喷胶构件横梁，横梁上要配置3把喷胶枪，用来给纸盒（两个折叠襟片、粘口舌片）进行喷胶黏合（见图9-44）。

图 9-44 喷胶机构设置

（五）本折机构设置

根据构件动作设定界面的指引，在 22 ＋ 25 和 35 ＋ 38 工位放置二根支承大号折叠犁构件横梁，并在横梁上装配 1 个左方向包边折叠犁和 1 个右方向包边折叠犁，用来对纸盒坯料第二面向第三面、第五面向第四面，进行垂直于输料方向的本折折叠（见图 9-45），从而完成纸盒的折叠合拢。本折机构调整时要特别注意折痕部位的平行和对齐，防止粘斜和露胶。

图 9-45 本折机构设置

（六）压折、收料机构设置

根据构件动作设定界面的指引，在 42 工位放置一根支承压力辊构件横梁，横梁上装配一个传送压力辊构件（见图 9-46），作用是把折好合拢的纸盒施以一定的压力并传送到压折、收料机构。

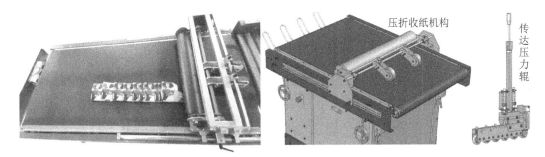

图 9-46 压折、收纸机构设置

压折、收料机构作用是对纸盒加压定型，由于其传输速度低于糊盒机生产速度，就能使一定数量的纸盒在传送皮带上呈鱼鳞状顺序叠加起来传送（见图 9-46），增加纸盒成型和定型时间，使黏合部位粘接更加牢固，并顺利依次到达收料台。

（七）传感器设置

根据电脑软件动作设定界面的定位指引，把第一传感器放置在1工位下方、第二传感器放置在20工位下方、第三传感器放置在44工位的下方，注意：传感器要处于二辊的中间位置（见图9-47）。光电传感器是糊盒机自动化、智能化、数字化控制里面不可缺少的组成部分，光电传感器好比糊盒机的眼睛，有了它计算机就可识别和监控纸盒坯料的输送位置，并根据接收的信号向控制系统传递电子信号，以控制糊盒机工作状态并发出功能指令。如第一传感器可用来检测坯料长度、检测双张或辅助分纸等，第二传感器可用来传送信号以触发喷胶定位或吹风等，第三传感器可用来检测产品质量、计数或实现分批收料，因此，光电传感器是糊盒机信号、动作、质量及生产控制的重要自动化控制部件。

根据电脑软件动作设定界面的指引，三个光电传感器的位置顺序是不能改变的。安装时只需把光电传感器装配在下横梁上，位置可以任意调节，调整到合适位置即可（见图9-47右）。

图9-47　传感器设置

三、糊盒工艺实战

根据电脑构件动作设定界面的指引，把所有功能构件全部安装完毕后，方可进行勾底纸盒的制作。凯马半自动智能化糊盒机上的各种功能构件的配置和操作都由中央控制台完成，操作界面是与语言无关的形象图形界面，只需简单软件升级，就可将新开发的功能构件应用于现有的机器。凯马半自动糊盒机上的所有生产制作指令，都是由中央控制台发出的。

如图9-48所示，中央控制台操作屏底部有七个主界面按钮及诸多子界面，分别为：①开始；②生产概览；③统计；④设置；⑤热熔胶及吹风；⑥选装模块；⑦出错信息。每个按钮负责调出相应的主界面，自锁底盒在生产制作调整中，最重要的是"设置"和"喷胶"两个界面的生产制作参数设置。

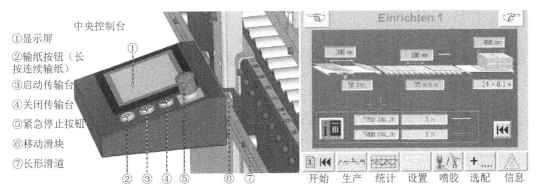

中央控制台

①显示屏
②输纸按钮（长按连续输纸）
③启动传输台
④关闭传输台
⑤紧急停止按钮
⑥移动滑块
⑦长形滑道

开始　生产　统计　设置　喷胶　选配　信息

图9-48　中央控制台

1. 生产制作参数设置

单击中央控制台底部"设置"按钮，生产制作参数共有七个设置项：①纸盒坯料长度设置；②坯料间隔距离设置；③纸盒成品长度设置；④1号光电传感器设置；⑤3号光电传感器设置；⑥飞达速度与生产速度配比设置；⑦生产速度设置（见图9-49）。

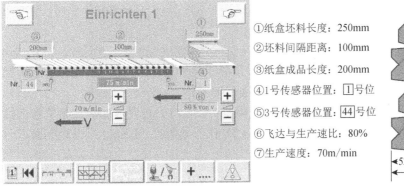

①纸盒坯料长度：250mm
②坯料间隔距离：100mm
③纸盒成品长度：200mm
④1号传感器位置：$\boxed{1}$号位
⑤3号传感器位置：$\boxed{44}$号位
⑥飞达与生产速比：80%
⑦生产速度：70m/min

图9-49　生产制作参数设置

①纸盒坯料长度设置

纸盒坯料长度设置是指纸盒输料方向的长度，实际长度230mm＋伸放20mm＝250mm。

②坯料间隔距离设置

坯料间隔距离是指制作中纸盒坯料之间的距离，设置为100mm。如果坯料间距设置过大，会影响到生产速度；如果坯料间距过小，会导致前后碰撞。坯料间隔距离与生产速度有关。

③纸盒成品长度设置

纸盒成品长度设置是指纸盒坯经过勾底折叠后的实际长度，230mm－52mm＝178mm，再加上伸放设置为200mm。这样光电传感器就会检测纸盒坯料是否被勾底折叠，同时收纸机构就会自动匹配与糊盒机交接速度。

④1号光电传感器设置

根据软件动作设定界面的指引，在1号横梁工位安装了1号光电传感器。因此1号光电传感器需要输入1号横梁工位，这样计算机控制系统就会认知，做到精准控制。

⑤3号光电传感器设置

同样，3号光电传感器输入44号横梁工位即可。

⑥飞达速度与生产速度配比设置

飞达速度与生产速度之比设置为50%，即糊盒机制作速度比飞达输纸速度快1倍。通常为了避免飞达机构输出坯料追尾输纸台坯料，输纸台生产速度＞飞达输纸速度即可。

⑦生产速度设置

生产速度设置为70m/min。生产速度的快慢设置是由纸盒形状、大小、构件配置数量等因素决定的。

2. 喷胶参数设置

单击中央控制台底部"喷胶"按钮，喷胶参数共有五个设置项：①2号光电传感器设置；②喷枪位置设置；③纸盒坯料长度设置；④喷胶长度设置；⑤喷胶部长度设置。

①2号光电传感器设置

根据构件动作设定界面的指引，在20号横梁工位安装了2号光电传感器。因此2号光电传感器需要输入20号横梁工位。

②喷枪位置设置

根据构件动作设定界面的指引，在13号横梁工位安装1号喷胶枪、在16号横梁工位安装2号喷胶枪、在27号横梁工位安装3号喷胶枪。

如图9-50所示，在菜单顶部先选择1号喷枪（Leim 1）设置界面，按菜单右上指引键（指引手指）可以切换到2号喷枪（Leim 2）或3号喷枪（Leim 3）设置界面。

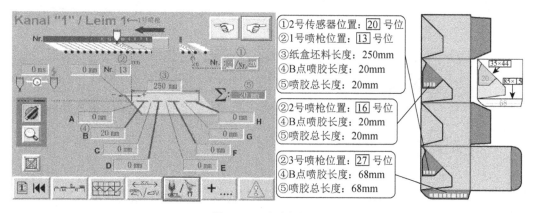

图9-50　喷胶参数设置

③纸盒坯料长度设置

纸盒坯料长度设置是指纸盒输料方向的长度，实际长度230mm＋伸放20mm＝250mm。

④喷胶长度设置

喷胶长度通常比粘接部位要短点，是为了防止胶水的溢出。1 号和 2 号喷胶部位都是 Z 字折叠盒片上，从输出的 PDF 文件工单上可以得知此盒片的尺寸是 35mm×44mm，因此喷胶的长度选择 20mm 较为合适。2 号喷胶部位是盒底襟翼搭接舌上，从输出的 PDF 文件工单上可以得知此盒片的尺寸是 85mm×14mm，因此喷胶的长度选择 78mm 较为合适。

⑤喷胶总长度设置

喷胶总长度设置为 B 点喷胶长度一致即可。中央操作控制的"喷胶设置"提供了点线上胶方式，可以根据需要来进行 A～E 的 8 个胶点参数设置。通常在设置中使用 A 和 B 较为多见，A 是预留空白长度（防止溢胶），B 是胶线长度。

全部设置好后，就可以试生产了，根据成品制作情况，再进行一些局部尺寸的微量调整就可以正式生产了。从半自动糊盒机的制作过程可以看出，在生产不同纸盒活件时，根本无须改变机器的结构属性或重新安装一台新机器就可将这种多样性生产变成现实，适应了新业务品种不断增加的需要。而且只需简单地进行"作业规划师"软件的升级，并配置相应模块化构件，就能将新开发的生产工具构件应用于现有的机器上，实现更多功能的品种拓展与制作生产。同时从本案自锁底盒的生产制作工艺流程可以看出，自锁底盒的设计与制作是一个整体，不可分割。自锁底盒生产制作依赖于纸盒印前设计的数据文件，同时糊盒机输出工单的 PDF 文件又可以反辅纸盒的印前设计。

当今全自动糊盒机（见图 9-51）已集自动化、数字化、智能化、网络化于一身，各种各样（几乎所有的折页、糊封、糊盒）的纸盒都能在这一网络化平台上，完成糊盒不同功能配置、数据调整和制作生产，并实现快速一键启动生产。

图 9-51　凯马化全自动糊盒机

四、糊盒质量判定与规范

影响糊盒质量的因素很多，涉及面很广，包括印前设计、纸张裁切、印刷和印后加工的覆膜、上光、模切、压凹凸等工序，因此糊盒质量的把控相对比较复杂。

（一）糊盒制作工艺质量控制要素

纸盒质量控制的源头在印前设计，因此在印前设计时，除了满足客户对尺寸、强度、外观和质量的要求之外，还要兼顾后道纸盒成型加工的结构和材料适性，包括生产设备、成本等因素，一定要满足印后纸盒机械化生产制作的要求。

1. 明确尺寸、定量

每一个包装盒在设计前，先要确定它的尺寸。在确定纸盒的尺寸时，还要看这个盒子在印后加工所用的材质，也就是纸张材料的品种和厚度。只有确定好纸张的厚度，才能对尺寸进行缩放，以避免造成纸盒尺寸过小装不进物品，而尺寸过大浪费材料或物品太空造成物品在盒内不紧实。纸张定量的选用要考虑到折叠纸盒在装入商品后，在运输过程中能保持挺括，不被损坏，因此必须选用一定定量的适宜纸张。通常纸张定量设计是依据商品自身的重量，使用相匹配定量的纸张，甚至有的折叠纸盒还需要用相同定量的纸再进行对裱，来保证折叠纸盒的挺度和抗压强度。因此，制作时一味强调成本，降低纸张的定量，就会产生质量问题，造成适得其反的浪费。

2. 排版设计与制作关系

纸包装盒是印刷品类，所以要在矢量软件里进行排版和制作。印前拼版和印后制作是完全相关联的，设计包装盒时就要考虑符合印后机械加工的要求，方便机械控制纸盒的高速生产，易于实现包装盒的完全自动化生产。

3. 模切刀版线设定

设计好的纸盒印刷版一定要画出模切刀版线，而且要把所有的刀线组合在一起，因为模切刀版是按照设计的模切刀位和压痕线位来制作的，画出刀版线的文件格式为PDF 或可转换的文件。

4. 纸盒打样校对

纸盒工艺设计时，还要将模切刀版线以 1∶1 数字打印出来，再进行数字切割，并用手工折叠成型，查看盒盖、盒面、盒舌、接口等之间的尺寸结构是否符合要求。

5. 纸盒丝缕因素

纸张丝缕方向很重要，折叠纸盒往往由于丝缕方向用错而报废，所以在开切纸张时特别要注意不能用错或开错纸张的丝缕方向。对于包装折叠纸盒而言，在选择板纸或卡纸的丝缕方向时，一般遵循的原则是使丝缕方向垂直于折叠纸盒的长、宽、高中数目最多的压痕线，即垂直折叠纸盒的主要压痕线，否则折叠纸盒成型后，盒体面会出现凸肚、凹陷等不坚挺平直的现象，影响纸盒的正常使用。如果折叠纸盒需要经过裱瓦楞，那么纸张丝缕方向必须和瓦楞纸板的瓦楞方向垂直，这样才能保证折叠纸盒的抗压强度和挺度。

6. 作业线要求

作业线是指在折叠纸盒自动黏合过程中需折叠的度数，通常纸盒是利用成型线为作业线。需要糊盒的主线要折 180°；上下摇盖和副线要折大于 135°，瓦楞板要反折 90°。

7. 出血位设计

为了避免纸盒在后加工中色位偏移和露白，通常要将纸盒出血位设计为 2mm以上。

（二）糊盒工艺的质量要求

糊盒产品质量要求和检测标准可参考国家标准《平版装潢印刷品》（GB/T 7705—2008）中相关内容。

1. 胶黏剂质量要求

对于由胶黏剂引起的糊盒不牢问题，应选择与纸盒材料相适应的胶黏剂。

（1）黏度要求

我们不能错误地认为胶黏剂的黏度越高，糊盒效果越好。黏度高，胶黏剂强度也变高，起皱率也会随之升高。在全自动糊盒机的涂胶辊以每分钟 112 转的高速运转的情况下，胶黏剂的推荐黏度是 500 ～ 1000cps。

（2）涂层厚度

从图 9-52 中可以清晰看出，胶水的涂层厚度在 0.7mm 左右最佳，过薄或过厚都不会降低黏合强度。

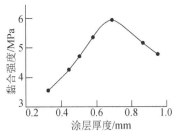

图 9-52　涂层厚度对黏合强度的影响

（3）涂胶位置

涂胶位置要恰当，离折痕线太远，成盒不美观，太近则可能使不该涂胶的位置涂上了胶水，导致成盒困难。

（4）特别提示

已涂有胶黏剂的粘口绝不能再碰到机器的其他部位，否则胶液会在这个部分越积越多，最终蹭到不该涂胶的部位

2. 糊盒质量要求

糊盒工序是印刷加工流程中的最后一个工序，一般纸盒的糊盒加工质量分为表现质量和功能质量。表现质量是指纸盒的外观质量，功能质量是指成型质量。

（1）外观质量

纸外面质量是指纸盒的主要面和次要面。主要面包括纸盒正面上反映主题的部位，如 LOGO、图像、文字等。次要面是指在纸盒内衬面，纸盒摇盖面等一些次要部位。

①糊盒产品的外观质量要求

光洁，无擦伤，无划伤，无脏污，无黏脏，无脱墨等。

②影响糊盒产品外观质量因素

皮带、压轮的压力过大或过小，弯钩、托杆、压杆的边缘刮伤，胶水涂布不当，成型压力过大等。

（2）成型质量

纸盒的成型质量分为黏合质量和成型质量。

①黏合质量

指纸盒所有上胶位置准确，上胶牢度良好，能够按照设计的要求成型。

黏合质量要求做到：无脱胶、无内黏、无外黏、上胶厚薄均匀适当、黏结处牢度高。

②成型质量

指纸盒形状好，不变形、不爆角、无错位。

成型质量要求做到：机包盒开合力适中、自锁底盒自动锁底流畅、摇盖插放自如等。

思考题：

1. 写出图9-53中，纸盒结构名称。

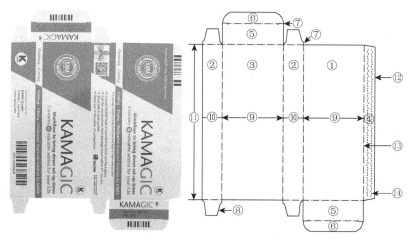

图9-53　纸盒成型结构示意图

2. 写出图9-54中，管式纸盒的盒盖结构名称。

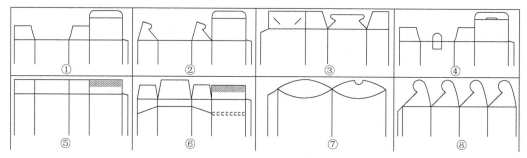

图9-54　管式纸盒的盒盖结构

3. 写出图9-55中，勾底糊盒机的部位名称。

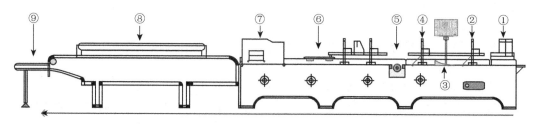

图9-55　勾底糊盒机示意图

4. 写出图 9-56 中，天地盖糊盒工艺流程中的部位名称。

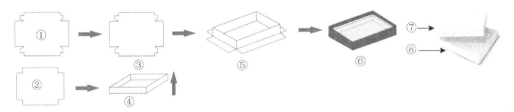

图 9-56　天地盖糊盒工艺流程

5. 写出图 9-57 中，瓦楞纸板的结构形式、楞型和层数。

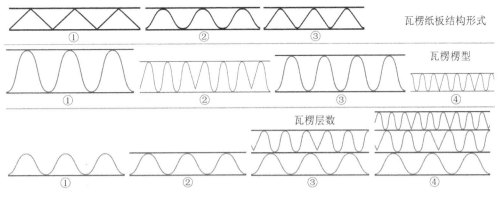

图 9-57　瓦楞纸板结构形式

6. 简述糊盒外观质量和成型质量要求。